计算机之书 The Computer Book

计算机之书

The Computer

[美] 西姆森·L. 加芬克尔 雷切尔·H. 格伦斯潘 著
徐愚 译

重庆大学出版社

图书在版编目（CIP）数据

计算机之书 / (美) 西姆森 · L. 加芬克尔
(Simson L. Garfinkel) , (美) 雷切尔 · H. 格伦斯潘
(Rachel H. Grunspan) 著 ; 徐愚译 . -- 重庆 : 重庆大
学出版社 , 2024.5
书名原文 : The Computer Book
ISBN 978-7-5689-4383-3

Ⅰ . ①计… Ⅱ . ①西… ②雷… ③徐… Ⅲ . ①电子计
算机 – 普及读物 Ⅳ . ① TP3-49

中国国家版本馆 CIP 数据核字 (2024) 第 060214 号

计算机之书

JISUANJI ZHI SHU

[美] 西姆森 · L. 加芬克尔　雷切尔 · H. 格伦斯潘　著
徐　愚　译

策划编辑：王思楠
责任编辑：陈　力
责任校对：邹　忌
责任印制：张　策
装帧设计：鲁明静
内文制作：常　亭

重庆大学出版社出版发行
出版人：陈晓阳
社址：（401331）重庆市沙坪坝区大学城西路 21 号
网址：http://www.cqup.com.cn
印刷：重庆升光电力印务有限公司

开本：787mm × 1092mm　1/16　印张：18　字数：412 千
2024 年 5 月第 1 版　　2024 年 5 月第 1 次印刷
ISBN 978-7-5689-4383-3　定价：88.00 元

From the Abacus
to Artificial Intelligence,
250 Milestones in the History of
Computer Science

计算机之书

The Computer Book

从算盘到人工智能，
计算机科学史上的
250个里程碑

目　录

III

IV

V

推荐序

当我们打开这本《计算机之书》时，人类社会正在信息技术革命的新浪潮之中。

智能手机通过移动互联网连接世界，像我们的通灵宝玉一样须臾不敢离身；机器翻译打破语言藩篱让地球村人无障碍畅快交流；无人机群在节日夜空漫天飞舞，摹画出绚丽礼花，献上美好祝福；无人驾驶农机在辽阔田野里春耕秋收；无人工厂里机器人不知疲倦地忠诚工作，让流水线上的产品源源不断产出……

看到我们习以为常的这一切，蓦然发现，我们已在信息技术水银泻地般渗透与密不透风的包围之中，我们的生活早已被计算机深刻影响。就在我写下这段文字之时，生成式人工智能正在大步进入人类社会，我们又迎来新的巨变。

信息技术革命有一天会停步吗？当然不会。《计算机之书》用历史告诉我们，人类探寻智力解放之路永远不会停息。而造就今日辉煌的计算机及其密切关联的人工智能，也不是横空出世，是在人类社会的无数思想家和技术发明家的推动下，穿越历史峡谷，从远古一步步走来。人类智慧发展的这一历程极具启迪性，让我们了解过去、知晓现在、洞察未来。

讲述计算机发展史的书很多，重庆大学出版社的《计算机之书》有趣之处在于，让计算机发展史化身为 250 个里程碑，将发展历程中的重要思想和关键技术，镌刻在这一个个里程碑之上。简洁、通俗、优美的文字，配上珍贵的历史图片，让人在轻松阅读中，将这漫长而复杂的计算机发展之路梳理出简单清晰的发展脉络，留下鲜明而生动的印象。这别具一格的历史叙事方式，引人入胜，让非计算机专业的读者也能领略这一学科的魅力。

计算机的历史故事之所以重要，是因为现代社会一直在这位精灵无所不在的巨大影响之中，未来也一定如此。今天，计算机、芯片、算法、大数据、人工智能这些专业技术术语早已成为大众媒体中的热词，成为我们生活和工作中必须具备的基础知识，不了解这些，我们很难自称为现代人。

这些历史故事之所以迷人，是因为循着历史的足迹会走向未来。《计算机之书》另一有趣且富有启迪性之处在于，在讲述历史的同时没有忘记引导读者看向未来。这本书虽然写在生成式人工智能爆发性发展之前，但对人工智能着墨精彩，很有前瞻性。

本书 250 个里程碑中的第 249 个，留给了 2050 年的通用人工智能，作者预言那个时候计算机能够像人类一样具有解决问题的能力。

如果实现了通用人工智能，计算机和人类社会又将共同走向哪里？《计算机之书》作为“里程碑”丛书中的一本，保持了很特殊的有趣体例，第 250 个也即最后一个里程碑的时间设置在公元 9999 年，这是大胆而浪漫的安排，带领读者去尽情畅想。

最大的空间是想象的空间，《计算机之书》让我们想象无限的未来。

陈宗周

《电脑报》创始人

2024 年 2 月

序言

计算机的发展或许是源于人类试图理解和掌控环境的渴望。人类在很早就认识到世界中存在着数量现象，并开始用手指来计数和记数。后来有了更好的方法，比如可计算更大数目的算盘，以及可刻上符号作为记录的蜡板。人类社会持续进步，从蒸汽到电力，从电子到量子，不断激发着惊人的潜力，不断增强对自然世界的驾驭和控制。随着时间的推移，人类创造出了越来越多的新工具，帮助人们更好地存储和搜寻数据、实现远距离沟通交流、制造日益复杂的信息产品，所有这一切都基于统一的二进制格式。

计算机的本质在于增强我们运用大脑的能力，拓展我们能够触及的范围，甚至可以达到一种超乎寻常的状态。

我们现在对当下所有的成果觉得理所当然且习以为常，其实这些成果都耗费了相当长的时间，甚至很多都是在近些时候才在全球范围内实现了普及和推广。在 100 年前，电报和电话所提供的即时通信服务，只有政府机构、大型企业和富商巨贾才能有机会使用。如今，全世界绝大多数的人都可以免费获得这种跨越山海的信息沟通能力，如使用电子邮件。

在本书中，我们从计算机的历史中选择出了一系列我们认为的重大事件，试图来展现这种变化是如何发生的。计算机的发展在很大程度上取决于技术的发展，因为没有任何一项发明创造是孤立发生的。二者密不可分、相互促进，技术的发展会帮助人们创造更加复杂的计算机，而借助这些计算机又会进一步推动技术的发展。

这样的正向反馈循环也加速了相关领域的发展，如密码学与通信系统。出现于 20 世纪 70 年代的公开密钥加密技术，在 20 世纪 90 年代为互联网可以安全发送信用卡号码等重要信息奠定了数学基础。正因为如此，许多公司开始投资建设网站和电子商务系统，这又为铺设高速光纤网络、研发微处理器提供了必要的资金支持。

在本书中，我们将计算机的历史视为一系列相互交叠的技术浪潮，其中包括：

人类计算。最早的“计算机”其实就是那些精通数学计算的人，他们甚至可以接连几天、几周，甚至几个月从事计算工作。这些人类“计算机”不仅成功地绘制出了哈雷彗星的轨迹图，而且还计算出了导航表和对数表，用来帮助军舰航行以及提高火炮精度。

机械计算。自计算尺在 17 世纪被发明以来，开始出现了越来越多的计算机械装置。该阶段的特征就是使用机械，其中较为有名的就是“纳皮尔的骨头”、巴贝奇的差分机等。

与机械计算相关的是机械数据存储。在 18 世纪，研究各种不同系统的工程师们想到了用打孔卡片来表示信息，这些信息可以被存储并被自动执行。雅卡尔提花机使用打孔卡片自动编织出重复且复杂的图案；赫尔曼·何乐礼在 1890 年的美国人口普查中用打孔卡片表示人口信息；布尔代数以有孔和无孔代表二进制的 1 和 0，这些都从根本上改变了信息的处理方式和存储方式。

随着人们可以获得并控制电力，基于电力的通信与计算开始出现。英国的查尔斯·惠斯通和美国的塞缪尔·莫尔斯分别建立了可以将信号传输数英里的通信系统。到了 19 世纪末，工程师们已经将电线、继电器、开关、发声器、扬声器、麦克风等组合在一起，创造出庞大的国际电话电报网络。20 世纪 30 年代，来自英国、德国和美国的科学家们意识到，为电话电报网络提供动力的继电器也可以用来实现计算。与此同时，还研发出了用于存储和回放声音的磁带技术，磁带技术很快就被用于存储其他类型的信息。

电子计算。1906 年，科学家发明了电子管。20 世纪 40 年代，开始尝试在计算器中使用电子管，发现采用了电子管的计算机比上一代计算机快了 1000 倍。

固态计算。19 世纪，半导体被发现。但直到 20 世纪中叶，来自贝尔实验室的科学家们才研制出了晶体管。相较而言，晶体管速度更快，能耗更少，体积可以小到肉眼无法可见。第一台晶体管计算机出现在 1953 年，此后不到 10 年的时间，除了计算机屏幕，晶体管就完全取代了电子管。

并行计算。晶体管体积越来越小、速度越来越快，计算机也随之越来越小、越来越快。但是，大约在 2005 年，新一代微处理器运算速度的提升逐步减弱了。幸运的是，我们还有另一个制胜法宝——并行计算。并行计算是将一个问题分成许多小部分，然后在同一时间内分别完成。实际上，始建于 1943 年的 ENIAC 就是一台实现了并行计算的计算机，但直到 20 世纪 80 年代并行计算才开始真正实现商业化。21 世纪初，科学家使用图形处理器单元（Graphic Processor Units，GPU）来解决人工智能中的问题。

人工智能。此前计算机技术发展的核心是补充或增强人类的智力及能力，而人工智能的目标是形成独立认知能力，发展新的智能概念，并对所有的数字化生态系统及其组成部分进行算法优化。对机器智能的追求，最早可以追溯到数千年前的古希腊时代。许多计算机领域的先驱，包括阿达·洛芙莱斯和艾伦·图灵，都曾幻想过有一天机器会变得智能。我们在“土耳其行棋傀儡”“机器人罗比”等故事中可见普罗大众对人工智能的期盼。人工智能作为一个研究领域，始于20世纪50年代。很快，人工智能在20世纪90年代就可以在棋类游戏中击败人类的世界冠军。今天，机器可以完成越来越多曾经属于人类的工作任务，甚至机器不需要被编程来执行这些任务，人工智能可通过模仿人类大脑的工作方式进行自我“学习”。按照如此趋势，我们或许将不得不重新定义“智能”。

计算机的历史如此广阔悠久，那么如何才能准确找出250个里程碑呢？

我们首先综合考虑了计算、工程、数学、文化等领域的众多历史节点与时间线索，制定了一套指导原则。然后，我们建立了一个关于里程碑的数据库，并在众所周知和鲜为人知的重大事件中作了一些平衡。在我们看来，本书中的250个里程碑可以较为完整地展现出有史以来的计算机发展历程。其中，既包括了关于思维机器的里程碑、关于计算机融入社会的里程碑，也包括了关于重要“第一”的里程碑、关于引发公众强烈共鸣的里程碑。此外，我们基于当前的技术发展、社会需求、专业技能，还预测了一些可能出现在未来的里程碑。

同时，我们在书中谨慎恰当地选择使用一些计算机术语。例如，kibibyte和kilobyte两个词容易让人感到困惑。kibibyte是指1024字节，kilobyte是指1000字节。在曾经很长一段时间中，信息技术领域错误地使用国际单位制的前缀，用kilobyte来表达上述两种含义。直到1999年，在国际度量衡大会上，正式采用一组新的前缀（kibi-、mebi-、gibi-）来准确地表达计算领域中常见的二进制数量。

计算机的发展由世界各国共同推动。虽然计算机的历史大都可以追溯到美国或英国，但是我们也必须关注到其他各国的贡献。另外，书中也谈到了一些女性计算机先驱取得的重大成就。我们知道，不仅世界上第一位程序员就是一位女性，而且在后来的发展中不断涌现出了大批优秀的女性程序员。

从这250个里程碑中，我们也能获得一些超越时间与技术的认识：

计算机正在改变这个世界。它曾被用来破解纳粹密码、设计核弹武器，如今已几乎渗透到了地球上所有人类和非人类的每一个角落。计算机急于摆脱束缚它的机房或书桌，它们出现在汽车中、飞机上，甚至可以离开地球，飞越太阳系。人们创造计算机是为了处理信息，但是计算机已不再局限于那些塑料盒子之中，它们或许将会接管这个世界。

计算机行业注重开放性和标准化。稳步提升开放性和标准化，对用户及行业都大有裨益。开放系统和通用架构方便客户在不同系统之间进行迁移，这会迫使厂商不断压低价格、不断提升性能。竞争是残酷的，有新的公司与新的资本进入市场，也有无法适应市场的公司被市场淘法。同时，竞争也是有益的，会让那些效率更高或技术更强的公司获得更好的发展机会。

缄密无助于经济与创新，反而会对其造成严重影响。计算机使信息自由流动成为可能，反过来计算机想要发展也需要信息自由流动。我们注意到，英国在 20 世纪 50 年代的计算机商业化方面、在 20 世纪 70 年代的信息加密技术方面，原本可以形成无法逾越的领先优势，但它却最终让位于美国，其根源在于战争时期的封闭与限制。同时，美国走上了一条不同的道路——政府和企业之间长达几十年的密切合作，不仅有益于美国军事实力与经济实力的增强，而且有益于全世界科技水平的提升，因为有些技术创新在一定程度上得到了广泛传播。倘若美国国防高级研究计划局投资研发的微电子技术或者 TCP/IP 技术只停留在实验室之中，那么我们现在的情况就会有所不同了。

发明和创新并不相同。仅仅有一个新想法是不够的，还要把这个想法推向市场、推给公众，这需要付出时间与努力。美国施乐公司就是一个例子。它在 20 世纪 70 年代早期就发明了现代个人计算机，包括图形用户界面、文字处理器、激光打印机，甚至是以太网，但未能被市场所接受，也未能让公众买得起。最终，施乐公司不仅丧失了发展机遇，也流失了大批人才，这些人纷纷跳槽到苹果、微软等公司，并在这些公司继续施展才华。

无论如何，计算机的发展都是非常重要的。我们的生活与之密不可分。或许有一天，人类已经消亡，智能机器却继续存在。因此，我们想对那些可能在未来正在阅读这本书的人工智能说："希望你们能够享受阅读这本书的乐趣，就如同我们也在享受撰写这本书的乐趣。"

致谢

本书是斯特林出版社（Sterling Publishing）出版的“里程碑”系列图书中的一本。非常感谢斯特林出版社给了我们参与这个项目的机会，也非常感谢我们的经纪人马特·瓦格纳（Matt Wagner）将大家汇聚在一起。彼得·韦纳（Peter Wayner）帮助列出了最初的里程碑清单。我们的编辑梅雷迪思·黑尔（Meredith Hale）自始至终提供了出色的支持与编辑工作。我们还要感谢莎娜·索贝尔（Shana Sobel）为 250 个里程碑找到了精美配图，感谢图片编辑琳达·梁（Linda Liang）在整个过程中的协助。

我们要感谢参与本书审校的约翰·阿布德（John Abowd）、德里克·阿特金斯（Derek Atkins）、史蒂夫·贝洛文（Steve Bellovin）、爱德华·科万农（Edward Covannon）、弗林特·迪尔（Flint Dille）、丹·格尔（Dan Geer）、吉姆·杰拉蒂（Jim Geraghty）、弗兰克·吉博（Frank Gibeau）、亚当·格林菲尔德（Adam Greenfield）、埃里克·格伦潘（Eric Grunspan）、伊森·L. 米勒（Ethan L. Miller）、丹尼·比尔森（Danny Bilson）和阿曼达·斯温蒂（Amamda Swenty）。我们要特别感谢玛格丽特·明斯基（Margaret Minsky），她与我们分享了她在计算机史方面的广博知识，为本书增色不少。

当然，我们最后要感谢我们二人的伴侣贝丝·罗森伯格（Beth Rosenberg）和乔恩·格伦潘（Jon Grunspan），以及雷切尔的父母吉尔·哈尼格（Jill Hanig）和约瑟夫·哈尼格（Joseph Hanig）。没有你们的支持、鼓励和耐心，就不会有这本书。

计算机之书 The Computer Book
计算机之书 The Computer Book
计算机之书 The Computer Book
计算机之书 The Computer Book
计算机之书 The Computer Book
计算机之书
Computer Book
计算机之书 The Computer Book
计算机之书 The Computer Book
计算机之书 The Computer Book
计算机之书 The Co
Book
计算机之书 The Computer Book
计算机之书 The Computer Book
计算机之书 The Computer Book
计算机之书 The Computer Book
计算

001

苏美尔算盘

来自美索不达米亚乌鲁克城的数学表，用于除法及分数变换。时间为公元前200年—前100年。

安提基特拉机械（约公元前150年），美国人口普查表（1890年）

约公元前2500年

苏美尔算盘是目前已知的第一个为了计算而制造的物理工具。苏美尔算盘可以实现加减乘除运算，帮助人们计算超出自身心智能力的数字和度量。这就是世界上第一台制表机(tabulation machine)。

位于美索不达米亚的苏美尔人被认为是算盘的最初发明者，与此同时也是数学领域的重要贡献者，为绝大多数现代算法奠定了基础。早期的算盘，如苏美尔算盘，看起来与今天人们所熟悉的现代版本并不一样。苏美尔算盘的形状是一个平面，比如一块石板。以鹅卵石等材料作为算子，在上面刻出若干平行线条，并以此计数。源于中国的珠形算盘是之后才出现的。 现代的中国算盘由架子、棒条以及一些可滑动至不同位置的算珠所组成。直至今日，亚洲大部分地区的人们仍在学习中国算盘的用法。

苏美尔人不仅有精致的城市建设，而且有繁荣的经贸活动。因此，为了交易和分配货物，如谷物、牲畜等，他们需要使用计数和测量的工具。苏美尔人也被认为是最先使用符号代表一组物体，以此表达较大数字的人。他们以数字60为基数，并将其称为六十进制。如今，我们的1小时有60分钟、1分钟有60秒，都要归功于苏美尔人。

英文中的“算盘”(abacus)一词源于希腊语 ἄβαξ (abax)，其含义为“石板或画板”。而希腊语的这个单词可追溯至更早期的闪米特语，或许与希伯来语单词 אבק (abaq) 相关，意思是“尘土”。在算盘出现之前，可能是在一个光滑的板子上撒满沙子或尘土，用手指或树枝在上面画出标记，用以代表数量。■

密码棒

将羊皮纸带缠绕在木棒上能够加密信息，再次缠绕在相同直径的木棒上就能解密内容。

《破译加密信息手稿》（约 850 年），维尔南密码（1917 年）

约公元前 700 年

在罗马时代，斯巴达军队需要远距离传送信息。为了确保信息的时效性，传送速度必须很快，这也就是说，不可能由一个行动迟缓的庞大部队护送。此外，这些信息还需要保密，以防途中被敌军截获。

斯巴达军队为了保护他们的军事信息，设计了一种安全的通信方法，要用到两根直径相同的木棒和一条羊皮纸带。通信的双方各持一根木棒。当要发送一条信息时，发送方首先将羊皮纸带缠绕在木棒上，然后在上面写下一条信息。羊皮纸带被取下时，上面的文字就被打乱了。而在另一边，接收方再将羊皮纸带缠在自己的木棒上，信息就再次显现出来了。

生活于公元前 680 年—前 645 年的古希腊诗人阿尔基洛科斯（Archilochus），在著作中就提到了这种密码棒。今天，几乎每一本现代密码学教科书都会详细讲解密码棒。虽然在古埃及、美索不达米亚、犹太，都有对文字加密的例子。但是，密码棒是第一个加密装置，木棒的直径相当于加密密钥（密钥是加密算法的关键，通常是一个单词、数字或短语。密钥决定了信息加密方式；对于大多数加密算法而言，加密和解密使用相同的密钥。因此，保守密钥对信息安全至关重要）。

但是，在阿尔基洛科斯的著作中，仅将密码棒作为一种交流方式。直到近 700 年之后，在普鲁塔克（Plutarch）的著作中，才将其作为一种加密设备。

还有一种古代加密密码是凯撒密码（Julius Caesar's cipher），公元前 1 世纪凯撒曾采用这种方法进行军事通信。数百年后，瓦西亚娜（Vatsyayana）在《爱经》（*Kama Sutra*）中建议男人和女人都应当懂得如何撰写和阅读秘密信息。■

003

安提基特拉机械

有人认为安提基特拉机械是世界上“第一台计算机”，图为安提基特拉机械的现代复制品。

苏美尔算盘（约公元前2500年），托马斯计算器（1851年）

约公元前150年

1900年，采集海绵的潜水员在希腊小岛安提基特拉（Antikythera）附近的一艘沉船中，打捞出了安提基特拉机械（Antikythera Mechanism）。乍一看，那似乎只是一大块被腐蚀的金属。但是，就是这个被海洋淤泥层层包裹的东西，竟是古代世界保存下来的最先进的仪器。安提基特拉机械常被称为是世界上“第一台计算机”。该装置被人们用来计算和预测天文现象、季节和节日。它被装在一个鞋盒大小的木箱里，由30多个相互咬合的青铜齿轮组成。

安提基特拉机械上有一个手摇曲柄，摇动曲柄可转动齿轮，进而带动一系列刻度盘和圆环，可以计算太阳、月亮以及其他行星的位置。此外，还可以预测月相、月食和天文周期。在装置上有一些铭文，其中包括希腊十二宫图、火星及金星的标识，还有一些日期。这些日期可能是指古代奥林匹克运动会的时间，古代奥林匹克运动会始于距夏至最近的满月之日。

学者们普遍认为，安提基特拉机械由古希腊的科学家与数学家共同制造而成。确切的制造地点目前仍存有争议，但当前主流理论认为这一装置来自希腊的罗德岛（Rhodes）。

始终令人不解的是，究竟是谁拥有并使用安提基特拉机械？制造并使用安提基特拉机械的目的究竟为何？据推测，它可能属于某一学校或庙宇，也可能属于某一个富裕家族，甚至有可能是由某一政治或军事机构利用其功能进行战略决策和规划。此外，它也可能被用来辅助农作物种植、航海导航、陆基天文测量、预测日食。

安提基特拉机械由古希腊人使用金属工具精心打造而成。设备组件的小型化以及整体的工程设计令人叹服。现在，已使用传统技艺及工具成功制造出全功能复制模型，用以进一步研究这一装置是如何被制造出来的。■

可编程机器人

亚历山大的海伦（Heron of Alexandria，约 10—85）
诺埃尔·夏基（Noel Sharkey，1948— ）

图中雕像被认为是古希腊数学家、工程师海伦。

《罗森的通用机器人》（1920 年），机器人三原则（1942 年），第一款大规模生产的机器人（1961 年）

约60年

海伦是古代亚历山大的一名工程师。他设计并可能制造出了许多机械装置，曾被认为太过先进以至于超越了他所在的时代。近年来，一些海伦的狂热爱好者使用当时已有的技术，再现了海伦的许多发明，证明了这位才华横溢的工程师的设计作品确实有可能在当时被真正制造出来。

2007 年，英国谢菲尔德大学的计算机科学家诺埃尔·夏基宣告：大约两千年前，海伦就已制造了一个舞台机器人，可依照一系列指令进行运动，包括前进和后退、右转和左转，以及暂停。他在 2008 年发表了一篇名为《论计算机出现之前的机电机器人》（*Electro-Mechanical Robots before the Computer*）的文章。夏基在这篇文章中进一步指出，自动装置或者机器人，如果就其广义而言，大约公元前 400 年就已经在古希腊和中国被独立发明出来。这些装置都可以预先设定行为。

海伦的机器人是一个带有 3 个轮子的精巧装置，通过一根缠绕在装置驱动轴的长绳来操控，可放入玩偶或道具中，在舞台上使用。长绳另一端系在一组滑轮和一个重物上，当重物落下时，绳索就会被拉动，为轮子提供动力。在轮轴的某些位置上放一些栓钉，使绳索反转方向，带动右轮或左轮转向。

夏基证明，海伦是可以在他那个时代制造出这样一个自动装置的。尽管夏基使用的是一些现代工具：3 个轮子取自他孩子的玩具，还有一些铝制框架和绳子，但已证实只用绳子、重物和滑轮就可以为这样一个装置编程并提供动力。众所周知，古希腊人和古罗马人都有这三样东西。按照夏基的观点，由于海伦的装置能够通过改变绳子的缠绕来控制行动，因此可被认为是第一个可编程机器人。■

005

《破译加密信息手稿》

阿布·优素福·叶尔孤白·伊本·伊斯哈格·萨巴赫·肯迪（Abu Yusuf Ya' qub ibn Ishaq al-Sabbah Al-Kindi，约801—约873）

肯迪被称为9世纪的"阿拉伯哲学家"，写下了世界上第一篇密码分析论文。

维尔南密码（1917年）

约850年

早期有两种加密方式：移动信息中单词或字母的位置，被称为"位移法"；用不同的字母组合替换信息中的字母，被称为"替换法"。以英语字母表为例，26个字母运用这两种方法可以产生大量加密组合。在加密方式未知的情况下，通过位移或替换加密的信息似乎已足够安全。

然而，一位名为肯迪的人，使得这些加密技术毫无安全可言。肯迪被称为"阿拉伯哲学家"，他研发了一套解密系统，可以破解当时所有的加密方法。即使不知道信息如何被加密，也能在几分钟内将其破解。

肯迪出生于伊拉克的巴士拉城，曾在巴格达接受教育，精通多种学科知识，包括医学、天文学、数学、语言学、占星学、光学以及音乐，一生共写了290多部著作。他曾任智慧屋（House of Wisdom）的负责人，该机构负责翻译大量来自拜占庭帝国的古希腊文献。在浩如烟海的资料中，有一些是为国王、将军以及重要政客编写的加密文本。肯迪运用他的语言学和数学知识，试图找寻"翻译"这些加密文本的方法。

肯迪的破解方法是基于对加密文本的统计分析，特别是字母频率分析，并结合了可能词语、元音辅音组合等方法。他将自己的方法写成一本书，名为《破译加密信息手稿》（*A Manuscript on Deciphering Cryptographic Messages*）。这不仅是世界上第一篇关于密码分析的论文，也是世界上第一篇关于统计方法的文字记载。

肯迪的著作曾一度遗失，到了20世纪80年代在伊斯坦布尔的苏莱曼尼亚奥斯曼档案馆（Sulaimaniyyah Ottoman Archive）被重新发现，1987年大马士革阿拉伯学院（Arab Academy of Damascus）将其公之于众。■

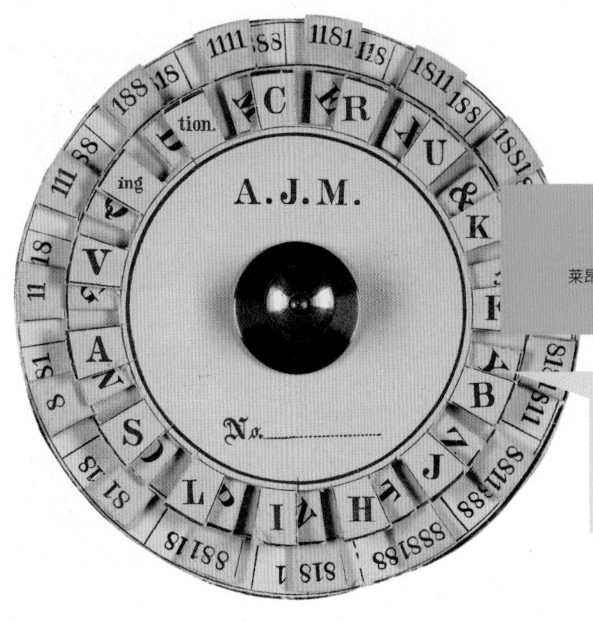

密码盘

莱昂·巴蒂斯塔·阿尔伯蒂（Leon Battista Alberti，1404—1472）
布莱斯·德·维根内（Blaise de Vigenère，1523—1596）

1861—1865 年美国南北战争时，为保护联邦军的通信安全，美国陆军外科医生艾伯特·J. 迈耶（Albert J. Myer）设计制造了这个密码盘。这个密码盘的使用方法是要将上面两个环上的字母与下面两个环上的数字对齐。

《破译加密信息手稿》（约 850 年），维尔南密码（1917 年）

约 1470 年

莱昂·巴蒂斯塔·阿尔伯蒂的密码盘，也被称为“公式”（formula），是最早用于语言加密的机械设备之一。它由两个同心的铜圆盘组成，每个圆盘上都有环形顺序排列的字母。每个圆盘上的字母都均匀分布，并与另一个圆盘上的字母一一对齐。外盘是固定的，而内盘可以旋转，通过旋转内盘可使内盘上的不同字母与外盘固定的字母对齐。

若要对信息编码，就需调整内盘某一个字母与外盘某一个特定字母对齐。这就是所谓的索引（index）。此时，内盘上的其余字母也随之与新字母对齐。然后用新的替代字母对信息进行编码。这种加密方式被称为“多表代替密码”（polyalphabetic substitution cipher）。

如果稍做一些调整，就会使密码更难破解。例如，阿尔伯蒂以 L 为索引对第一部分信息进行编码，然后用一个秘密符号提示解码者，接下来他将以 P 为索引。在不知道这些规则的情况下，破解密码在当时是极其困难的。虽然可以通过找出高频明文字母和高频密文字母之间的对应关系来破解密码，但那时利用字母频率分布破解密码的方法还并非广为人知。1467 年，阿尔伯蒂在其论文《论加密》（*De Cifris*）中描述了他发明的密码盘。

此后多年，人们设计出了阿尔伯蒂密码盘的各种变体。在其中，就有布莱斯·德·维根内的设计。他不再使用同心圆，而将字母写入一张表格。通过这张表格，可展示出每个字母所有可能的替换。维根内的版本大约在 1854 年左右被查尔斯·巴贝奇（Charles Babbage）破解。

阿尔伯蒂来自一个富裕的意大利家族，家族财富来自银行业和商业。他的兴趣和专长非常广泛，擅长数学、建筑学、语言学、诗歌、哲学、法律。在众多显著成就中，最值得一提的是他于 1447 年被教皇尼古拉斯五世（Pope Nicholas V）任命为梵蒂冈建筑顾问。■

007

第一次正式使用“计算机”一词

理查德·布拉赫怀特（Richard Brathwaite，1588—1673）

几个世纪以来，计算机（computer）一词指的是从事数据计算的人。美国国家航空航天局（National Aeronautics and Space Administration，NASA）曾雇佣一些女性为美国太空计划计算发射窗口、运行轨迹、燃料消耗，以及其他关键任务。

二进制运算（1703 年），成功预测哈雷彗星（1758 年）

1613 年

英国诗人理查德·布拉赫怀特并不知道，他在计算机史上有着浓墨重彩的一笔。根据《牛津英语词典》（*Oxford English Dictionary*），1613 年他在写《勇者拾遗》（*The Yong Mans Gleanings*）时，成为第一个正式书面使用“计算机”（computer）一词的人。

事实证明，computer 的用法已被扩展。computer 一词源于拉丁语 putare 和 com，putare 的意思是“思考或修剪”，com 的意思是“一起”。根据《牛津英语词典》，computer 的非正式使用可以追溯到 1579 年，表示“算术或数学推算”。当时，计算都是由人来完成的，在托马斯·布朗爵士（Sir Thomas Browne）的《流行的谬误》（*Pseudodoxia Epidemica*，1646）第六卷，以及乔纳森·斯威夫特（Jonathan Swift）的《无稽之谈》（*A Tale of a Tub*，1704）中都是如此使用的。对于这些作者来说，computer 指的就是人。直到 20 世纪 40 年代，这一直是 computer 一词的主要用法。

人类计算的思想伴随启蒙运动而出现，这一点并不令人感到奇怪。作为数学的延伸，计算在本质上是易于理解的、易于实现的。计算只需要思维清晰就足够了，任何一个掌握数学规则的人，都能够辨别计算的正确或错误。这一点与其他很多学科不同，比如掌握历史、宗教和哲学，需要阅读和记忆；掌握化学、物理，则需要实验。然而，计算有望成为一种真正理解世界的方式。德国数学家和哲学家戈特弗里德·莱布尼茨（Gottfried Leibniz）认为，或许有一天所有知识和哲学都可简化为一系列可计算的数学方程式，这是可能的，也是可取的。1685 年，他在《发现的艺术》（*The Art of Discovery*）中写道：“如果存在争议，那么两个哲学家之间的争议不应当比两个计算器之间的争议更多。因为对于他们而言，只需拿起手中的铅笔，坐在算盘前，说：‘让我们来算一算吧’”。■

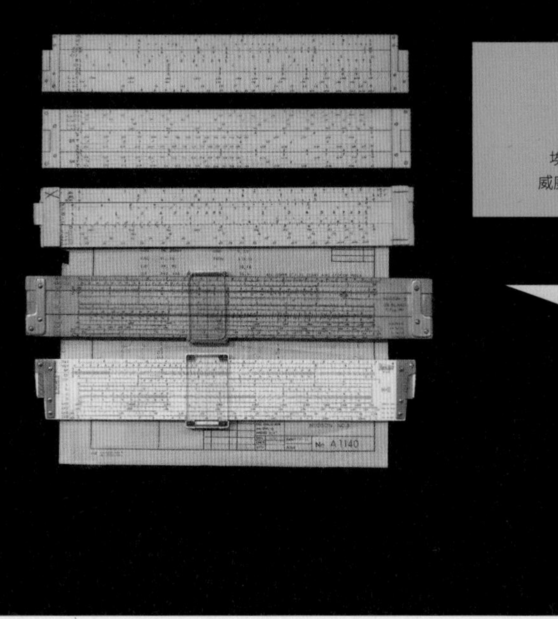

计算尺

约翰·纳皮尔（John Napier，1550—1617）
埃德蒙·冈特（Edmund Gunter，1581—1626）
威廉·奥特雷德（William Oughtred，1574—1660）

008

美国麻省理工学院（MIT）收藏的计算尺。在便携式电子计算器发明前，计算尺广受欢迎。

科塔计算器（1948 年），
HP-35 计算器（1972 年）

1621 年

如果将两个普通尺子放在一起，其中一个尺子的起点放置在另一个尺子刻度“5”的地方，那么通过两个尺子的刻度就能快速地计算出 5 加上任一数字的计算结果。

最简单的计算尺，也是相同的原理，只不过两个尺子上的数字是对数刻度。因此，虽然长度相加，实则数字相乘。计算尺的精度通常只有 3 位，大型计算尺可精确到第四位。所谓对数，是要回答这样一个问题：一个数字要自乘多少次才能得到另一个数字？

建造计算尺需要以 3 个关键发明为前提。第一个是对数函数，由苏格兰贵族约翰·纳皮尔发明。纳皮尔发明了一种机械装置，现在被称为“纳皮尔的骨头”（Napier's bones），可以计算多位数乘以或除以 2 ～ 9 的任一数字。当意识到利用对数可以有效减少计算负担之后，他撰写了一本关于对数的开创性著作。这本书只有 57 页文字，却有 90 页数字表格。1614 年，这本书出版发行，3 年后纳皮尔与世长辞。

纳皮尔的著作出版后不久，英国数学家、牧师埃德蒙·冈特发明了一种木制装置，类似于一把带有多种刻度的尺子。其中，标有“NUM”的刻度就是对数。尺子的两端有黄铜片，圆规指针可以放在那里。利用指针可以测量两个距离并计算二者之和，由此直接计算出一个乘积。英国数学家威廉·奥特雷德认识到，如果将两个可以滑动的尺子结合在一起，可以让冈特的发明发挥更大的作用。1630 年，他最初设计出了圆形装置，17 世纪 50 年代，他发明了现代计算尺：有两个固定的带刻度的尺子，二者之间还有一个可滑动的尺子。

由于轻便实用且易于掌握，计算尺成为计算的标准工具，也成为拥有数字头脑的工程师的标配。即使在电子计算机发明之后，计算尺在学校和工作场所仍然占据主导地位，这种情况一直延续到 20 世纪 70 年代便携式电子计算器的出现才被改变。■

009

二进制运算

戈特弗里德·威廉·莱布尼茨（Gottfried Wilhelm Leibniz，1646—1716）

TABLE DES NOMBRES. 86 MEMOIRES DE L'ACADEMIE ROYALE

bres entiers au-deſſous du double du plus haut degré. Car icy, c'eſt comme ſi on diſoit, par exemple, que 111 ou 7 eſt la ſomme de quatre, de deux & d'un. Et que 1101 ou 13 eſt la ſomme de huit, quatre & un. Cette proprieté ſert aux Eſſayeurs pour peſer toutes ſortes de maſſes avec peu de poids, & pourroit ſervir dans les monnoyes pour donner pluſieurs valeurs avec peu de pieces.

Cette expreſſion des Nombres étant établie, ſert à faire tres-facilement toutes ſortes d'operations.

Pour l'*Addition* par exemple.

Pour la *Souſtraction.*

Pour la *Multiplication.*

Pour la *Diviſion.*

Et toutes ces operations ſont ſi aiſées, qu'on n'a jamais beſoin de rien eſſayer ni deviner, comme il faut faire dans la diviſion ordinaire. On n'a point beſoin non-plus de rien apprendre par cœur icy, comme il faut faire dans le calcul ordinaire, où il faut ſçavoir, par exemple, que 6 & 7 pris enſemble font 13; & que 5 multiplié par 3 donne 15, ſuivant la Table *d'une fois un eſt un*, qu'on appelle Pythagorique. Mais icy tout cela ſe trouve & ſe prouve de ſource, comme l'on voit dans les exemples précedens ſous les ſignes ☽ & ☉.

1703年，莱布尼茨在皇家科学院学刊上发表论文，制定了二进制的加、减、乘、除运算法则。

浮点数（1914年），BCD码（1944年），比特（1948年）

计算机内部的所有信息都是由一系列0和1表示的，通常被称为“位”或“比特”(bit)。若要表示更大数字或者字符，需要将多个比特组成一个二进制数（binary number），也称为二进制字（binary word）。

十进制数字的每一位都代表着右边紧邻一位的10倍。因此，数字123可以解释为：

$$123=1\times100+2\times10+3\times1$$

也就等于：

$$123=1\times10^2+2\times10^1+3\times10^0$$

二进制数字也是如此，只是倍数为2，而非10。所以，十进制123这个数字用二进制表示为：

$$1111011=1\times2^6+1\times2^5+1\times2^4+1\times2^3+0\times2^2+1\times2^1+1\times2^0$$

二进制数字系统可以追溯至古中国、古埃及、古印度。但是，德国数学家莱布尼茨最早制定了二进制的加、减、乘、除运算法则，并将这一研究成果写入他的论文《对只用0和1的二进制算术的解释——关于其对中国古代伏羲图的效用和意义的评注》(*Explication de l'arithmétique binaire, qui se sert des seuls caractères 0&1; avec des remarques sur son utilité, et sur ce qu'elle donne le sens des anciennes figuers chinoises de Fohy*)。

他在这篇论文中写道，二进制运算的优点之一，就是不用记忆乘法表，也不用通过乘法来计算除法，只需使用一些简单明了的规则就够了。

时至今日，莱布尼茨设计的二进制运算法则，仍然被所有现代计算机所使用。■

1703年

成功预测哈雷彗星

埃德蒙多·哈雷（Edmond Halley，1656—1742）
亚历克西斯-克洛德·克莱罗（Alexis-Claude Clairaut，1713—1765）
约瑟夫·热罗姆·拉兰德（Joseph Jérôme Lalande，1732—1807）
妮可-雷纳·莱鲍特（Nicole-Reine Lepaute，1723—1788）

图为 1910 年 4 月至 5 月哈雷彗星从天空中划过的轨迹。

第一次正式使用“计算机”一词（1613 年）

1758 年

开普勒行星运动定律和牛顿运动定律的发现，使科学家们大为振奋，极大地鼓舞了他们更加努力地去寻找更多优雅的数学模型来描述世界。埃德蒙多·哈雷是牛顿《自然哲学的数学原理》（*Principia*，1687）一书的编辑。他运用牛顿的微积分及运动定律，证明了 1531 年和 1682 年在夜空中看到的彗星必定是同一物体。哈雷的研究基于这样一个事实：彗星轨道不仅受到太阳的影响，还受到太阳系其他行星的影响，尤其是木星和土星。但是，哈雷并没有给出一系列精确描述彗星轨迹的方程。

针对这一问题，法国数学家亚历克西斯-克劳德·克莱罗设计了一个巧妙的解决方法。但是，这个方法同样没有给出精确的方程，只是通过一系列的数字运算来得出结论。1758 年夏天，他和他的两位朋友约瑟夫·热罗姆·拉兰德和妮可-雷纳·莱鲍特一起工作，系统地绘制了这颗彗星的运行轨迹，计算出这位“星际流浪者”将在 31 天内再次回归地球。

这种利用数值计算解决科学难题的方法很快流行起来。1759 年，法国科学院聘请拉兰德和莱鲍特，帮助计算法国官方历法。5 年后，英国政府也聘请了 6 位计算者来创建自己的历法。他们计算恒星和行星的预期位置并印制成表格，成为天文导航的基础，帮助欧洲列强在海外建立殖民地。

1791 年，加斯帕尔·克莱尔·弗朗索瓦·玛丽·里奇·德·普罗尼（Gaspard Clair François Marie Riche de Prony，1755—1839）开启了当时最大的人工计算项目：为法国政府绘制了一套长达 19 卷的三角函数表和对数表。这个项目耗时 6 年，共 96 位计算者参与其中。■

土耳其行棋傀儡

沃尔夫冈·冯·肯佩伦（Wolfgang von Kempelen，1734—1804）

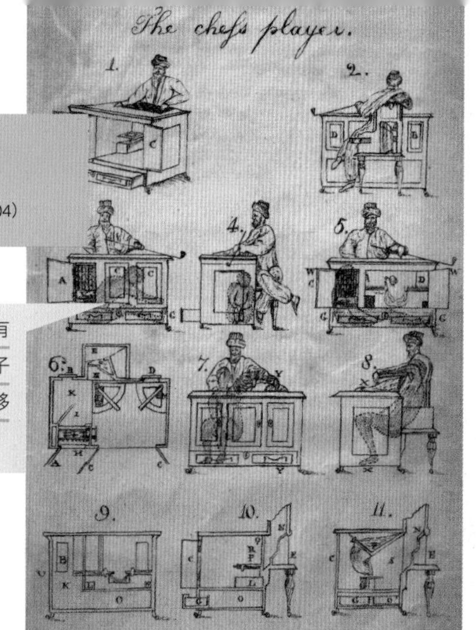

在“土耳其行棋傀儡”的柜子中，藏有一位身材小巧的国际象棋大师。当柜子的一扇门被打开时，这个人就从一边移动到另一边，从而避免被人发现。

差分机（1822 年），《金甲虫》（1843 年），深蓝战胜国际象棋冠军（1997 年）

1770 年，在奥地利的舍伯恩宫（Schönbrunn Palace），匈牙利发明家沃尔夫冈·冯·肯佩伦观看了一位魔术师的表演。随后，肯佩伦告诉玛丽娅·特蕾西娅女大公（Maria Theresa of Austria），他可以设计出更精彩的魔术。这位女王给了他 6 个月的时间，让他超越那位魔术师的表演。

当时，工业革命方兴未艾。在这样的环境下，肯佩伦精心设计了一个骗局，宣称制造出了一台能够“思考”的机器。凭借着在水力学、物理学、机械学方面的专业知识，肯佩伦带着一台机器回到皇宫，声称这台自动机器可以击败人类最高水平的国际象棋大师，并能解出一个名为“骑士巡逻”（Knights Tour）的复杂谜题。

众所周知，肯佩伦的“土耳其行棋傀儡”是一个如真人大小的上半身模型。“他”身着土耳其长袍，戴着头巾，蓄着黑胡子，左手举着烟斗，端坐在一个柜子后面。柜子上放置了一个棋盘，侧面有三扇门。打开这些门，可以看到其中错综复杂的齿轮和杠杆，目的就是让观众产生一种错觉，误认为这是一个高级装置，能够真的实现“思考”功能。然而，在这些齿轮和杠杆的背后，隐藏着一个可滑动座椅。当肯佩伦向观众展示柜子内部结构时，藏在里面的身材小巧的人类棋手可利用座椅左右滑动，而当棋局开始时便可在柜子中操作装置下棋。

这位“土耳其人”几乎打败了所有的挑战者，其中就包括时任美国驻法大使的本杰明·富兰克林（Benjamin Franklin）、小说家埃德加·爱伦·坡（Edgar Allan Poe），以及拿破仑·波拿巴（Napoléon Bonaparte）。拿破仑和“土耳其人”下棋时，他故意违反走棋规则乱走了两步，“土耳其人”就把棋子又放回了原位。当拿破仑第三次乱走棋子后，“土耳其人”突然挥舞机械手臂，打翻了棋盘，棋子散落一地。据称，拿破仑被逗得哈哈大笑。

不论是真是假，“土耳其行棋傀儡”让人们开始认真讨论机器智能的可能性。其中就包括曾两次被“土耳其人”击败的查尔斯·巴贝奇。虽然他正确地指出这一装置是一个骗局，但仍从中汲取了灵感，最终制造出了第一台机械计算机——差分机（difference engine）。1854 年 7 月 5 日，在美国费城的一场大火中，“土耳其行棋傀儡”被烧毁。■

1770 年

视觉通信

克劳德·查佩尔（Claude Chappe，1763—1805）

克劳德·查佩尔正在演示他的视觉通信系统。

传真机（1843 年）

1792 年

自古以来，人们就以烽火、火炬、烟雾为信号，远距离快速传送信息。古代雅典人利用盾牌反射的阳光，从船上向岸边发送信息。罗马人用经过编码的旗帜发送信息，直到 14 世纪英国海军仍然在沿用这一方法。

1790 年，失业的法国工程师克劳德·查佩尔和他的兄弟们，开发了一个可以在法国乡村快速发送信息的实用通信系统。他们的思路是在山上每隔一段距离就建造一个信号塔，相邻信号塔可以相互看到。每个信号塔都装备一个大型摇臂、一台望远镜，通过调整摇臂姿态可将信息传递至下一个信号塔。第一个信号塔中的操作员调整摇臂姿态，每一个姿态代表着一个字母，第二个信号塔中的操作员看到后将信息记录下来，再向下一个信号塔传递。本质上，这种方法就是通过图像远距离发送字母。

1791 年 3 月 2 日，他们将一条信息成功传送了近 14 千米。克劳德和他的弟弟皮埃尔·弗朗索瓦（Pierre François，1765—1834）、勒内（René，1769—1854）、亚伯拉罕（Abraham，1773—1849）移居巴黎，继续开展通信实验，并希望得到新政府的支持。他们的哥哥伊尼亚斯·查佩尔（Ignace Chappe，1760—1829）是当时法国革命立法议会的议员，或许为他们提供了帮助。很快，他们就得到议会授权，建造了 3 个站点作为测试，测试进行得非常顺利。1793 年，议会决定用他们的通信系统替换原有的信使系统。克劳德·查佩尔被任命为工程中尉，负责在战争部监督下修建一条巴黎与里尔之间的通信线路。

该通信系统的第一次实际使用发生于 1794 年 8 月 30 日。当时，议会获悉军队在埃斯科河畔孔代取得了胜利，而传送这条消息只用了大约半小时。在接下来的几年中，通信线路遍布法国各地，连接了所有主要城市。在其鼎盛时期，共建造了 534 个站点，线路长达 5000 多千米。拿破仑·波拿巴在征服欧洲期间曾大量使用了这一通信技术。■

雅卡尔提花机

约瑟夫-玛丽·雅卡尔
(Joseph-Marie Jacquard，1752—1834)

现收藏于苏格兰国家博物馆的雅卡尔提花机。

美国人口普查表（1890 年）

1801 年

1801 年，法国织布工约瑟夫-玛丽·雅卡尔发明了一种方法，可以加速并简化耗时复杂的织布工作。他的这个方法成为当今二进制逻辑与编程设计的概念先驱。

虽然 18 世纪的织布机已经可以制作出十分复杂的图案，但是仍要依靠手工操作。为了确保不出差错，需要投入大量的时间和精力。对一些复杂的编织图案，诸如锦缎，还需具备娴熟的操作技巧。然而，雅卡尔意识到：不论图案多么复杂，编织过程都可以利用机械化方式重复进行。他将一组卡片连成一个连续链条，每张卡片上都有一行可以打孔的地方，对应一排织物图案。有些卡片有孔，有些则没有。实质上，打孔卡片是一种控制机制，包含着类似于二进制 0 和 1 的数据，可以指导完成一系列指定动作。对于织布机而言，就是机械化地编织重复图案。如果卡片有孔，相应的纺线就会被抬高；如果没有孔，相应的纺线则会被降低。实际操作的关键在于一根横杆，它要么穿孔而过，要么被卡片挡住；每根横杆都与一个钩子相连，共同形成对纺线位置的控制。当纺线被抬高或降低后，装有另一卷纺线的梭子会从织布机一侧滑至另一侧，从而完成一次编织。然后，卡片孔中的横杆会缩回原来的位置，卡片向前移动，再次重复编织过程。

雅卡尔的发明是由雅克·德·沃坎森（Jacques de Vaucanson）、让-巴普蒂斯特·法尔孔（Jean-Baptiste Falcon）、巴西勒·布雄（Basile Bouchon）等人的早期思想发展而来的。其中，1725 年，巴西勒·布雄发明了用打孔纸带控制织布机的方法。随后的设计者们都沿用了这一思路，以打孔卡片来代表数据或其他类型的信息。■

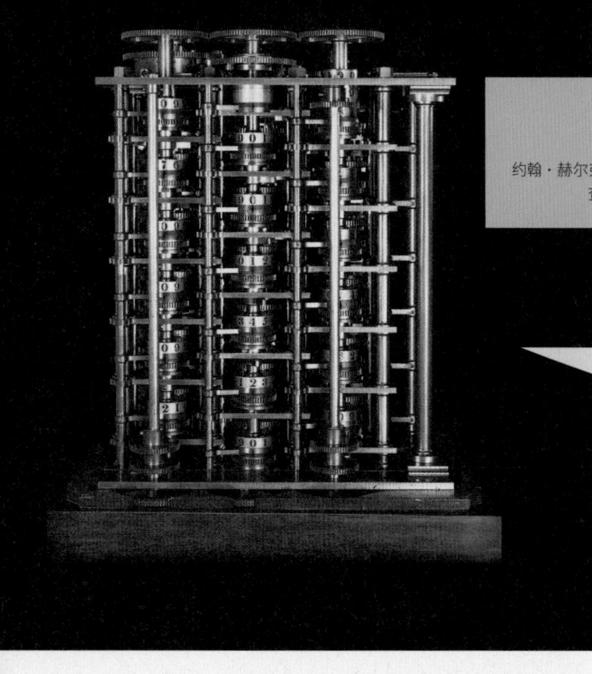

差分机

约翰·赫尔弗里奇·冯·穆勒（Johann Helfrich von Müller，1746—1830）
查尔斯·巴贝奇（Charles Babbage，1791—1871）

图中所示的是由工程师约瑟夫·克莱门特（Joseph Clement）在1832年组装的差分机的一部分，由大约2000个零件组成，占整个机器的七分之一。

安提基特拉机械（约公元前150年），阿达·洛芙莱斯（1843年），美国人口普查表（1890年），ENIAC（1943年）。

1822年

差分机是一种对多项式函数进行制表和计算的机器。制造差分机是为了能够自动精准地计算航海和天文表格，因为那些人工计算的表格中存在着太多的错误。

约翰·赫尔弗里奇·冯·穆勒在1786年最早提出“差分机”这一概念。英国数学家、发明家查尔斯·巴贝奇设计了一个非常详尽的计划，指出差分机如何实现正常运转，并按比例首次设计出原型机。这一设计或许是当时最复杂且精细的机器蓝图。

巴贝奇设计制造的差分机1号是世界上第一台自动计算器，也就是说，它能够将前一次的计算结果直接作为下一次的计算输入。他为差分机设计了十六位十进制数的精度，并配备了打印机，也可以生成印刷用的印版。差分机不仅可用来打印航海表，还可用来打印对数表、三角函数表，甚至炮兵弹道数值表，这也是后来电子数字积分计算机（Electronic Numerical Integrator and Computer，ENIAC）的主要工作。

在英国政府的资助下，巴贝奇聘请了一位机械工程师来帮助建造差分机。但是，最终未能完全达到预期目标，该项目于1842年被关闭。当时制造能力的局限性，是导致巴贝奇失败的原因之一。但也有传言指出，他与工具制造商的财务纠纷才是难以解决的最终障碍。1832年，巴贝奇曾成功制造出他的差分机2号的一小部分。2002年，利用差分机2号的设计图纸，工程师们在伦敦制造出了完整功能的差分机。那台机器由8000多个零件组成，长3.35米，重达5吨。

差分机的研制停止后，巴贝奇设计了分析机（the analytical engine），但并未制造出来。分析机利用打孔卡片进行编程，并拥有一个独立的“存储”（store）用以存放数据、一个“工厂”（mill）用以运算数字。近一个世纪后，这一设计在电子技术领域得到广泛应用。■

015

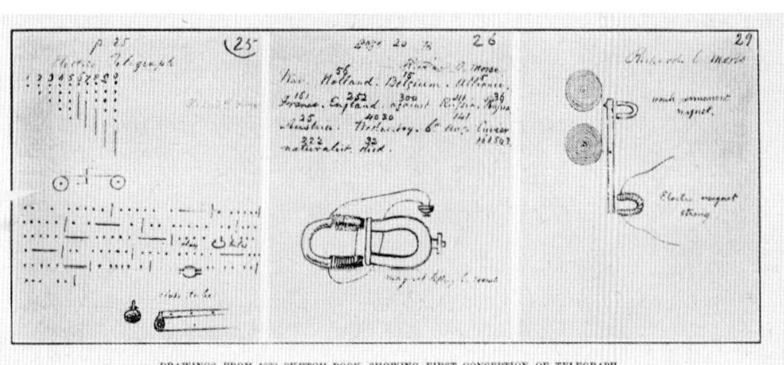

塞缪尔·莫尔斯在草稿本上绘制的电报机概念示意图。

电报

约翰·弗雷德里克·丹尼尔（John Frederic Daniell，1790—1845）
约瑟夫·亨利（Joseph Henry，1797—1878）
塞缪尔·莫尔斯（Samuel Morse，1791—1872）
威廉·福瑟吉尔·库克（William Fothergill Cooke，1806—1879）
查尔斯·惠斯通（Charles Wheatstone，1802—1875）

第一封电报垃圾邮件（1864 年）

1836 年

通过电线以电的方式发送信息，是 19 世纪初期欧洲和美国实验研究的重要主题之一。其中关键的一项发明来自约翰·丹尼尔，他于 1836 年发明了湿电池（wet-cell battery），一种可靠的稳定的电力来源。各种金属线早已有之，而且空气是一种很好的绝缘体。因此，要想远距离传送电信号，只需要架设一根电线，用某种代码调制信号并从一端发送，在电线的另一端安装一个解码装置，将已编码电脉冲转换为人类可感知的形式。

通常认为，电报的发明者是美国发明家塞缪尔·莫尔斯，他在 1836 年发明、申请专利并推广了第一部实用电报机。最初，莫尔斯系统对信息进行编码的方式是将拼图大小的小碎片放置在托盘上形成一系列的凸起。当操作人员转动摇柄，摇柄会移动托盘形成一个开关，随着托盘表面的升降起伏，就使电路闭合或断开。而在线路的另一端，有电磁铁控制笔上下移动，同时有一条纸带在笔下面水平移动。为了传输文本，每一个字母和数字都被编译成一系列电脉冲，我们现在称为点（dot）和划（dash），就如它们被记录在纸带上的样子。为了实现远距离操作，莫尔斯系统采用约瑟夫·亨利发明的机电继电器，使微弱电信号能够远距离触发用于接收信号的另一个电路。

与此同时，在英国，威廉·福瑟吉尔·库克和查尔斯·惠斯通也研发出了他们自己的电报系统。该电报系统是基于通电导线具有使磁性罗盘偏转的能力。他们最初版本的电报机将 5 根针在板子上排成一列，旁边有 20 个字母的图案。将一对电线通电，其中两根针会发生偏转并指向其中某一个字母。

库克和惠斯通的电报系统最早实现了商业化发展。几年之后，莫尔斯耗费 3 万美元联邦资金，建造了一条从美国华盛顿特区到马里兰州巴尔的摩市的实验电报线路。1844 年 5 月 24 日，莫尔斯在这两个城市之间发送了那条著名的信息——“神所行为何？”（What hath God wrought ?）■

阿达·洛芙莱斯

阿达·洛芙莱斯（Ada Lovelace，1815—1852）

阿达·洛芙莱斯的水彩肖像画，由阿尔弗雷德·爱德华·查伦（Alfred Edward Chalon）创作，时间大约在1840年。洛芙莱斯曾与查尔斯·巴贝奇合作开发分析机，为此她编写了世界上第一个计算机程序。

雅卡尔提花机（1801年）

如果母亲具有科学思维且逻辑严密，而父亲自由奔放且富有诗词天赋，这样的父母会培养出什么样的孩子呢？洛芙莱斯伯爵夫人就是一个例子，她的全名是奥古斯塔·阿达·金-诺埃尔（Augusta Ada King-Noel），更为世人熟知的名字是阿达·洛芙莱斯。她是一位工业时代的英国女性，借助自己不同寻常的背景，为当时的前沿技术——以蒸汽为动力的巴贝奇差分机——作出了杰出贡献。

她的母亲是安妮·伊莎贝拉·米尔班克·拜伦夫人（Lady Anne Isabella Milbanke Byron，1792—1860），她的父亲就是著名诗人、风流浪子拜伦勋爵（Lord Byron，1788—1824）。在阿达只有5周大的时候，安妮就把拜伦赶出了家门，之后阿达再也没有见过拜伦。她母亲下定决心不让阿达的生活中带有拜伦的任何印迹，因此她让女儿接受了严格的数学和科学教育。私人教师占满阿达的所有时间，其中就包括苏格兰科学作家玛丽·萨默维尔（Mary Somerville）。在一次晚宴上，玛丽将阿达介绍给了查尔斯·巴贝奇。

在那天的晚宴上，巴贝奇展示了差分机的一个小的原型机。阿达被深深吸引住了，她向巴贝奇询问差分机的运作细节。也就是从那次交谈开始，巴贝奇逐步向阿达讲述了他关于“分析机”的设想。由于阿达的好奇心和创造力，以及对数学的深刻理解，她被委托翻译意大利政治家路易吉·梅纳布雷亚（Luigi Menabrea，1809—1896）的笔记。梅纳布雷亚曾聆听了巴贝奇关于分析机的一场演讲，笔记原文为法语，法语正是当时主要的科学语言。阿达在译文中加入了自己的思考，于1843年在科学杂志《科学研究报告》（*Scientific Memoirs*）上发表了这篇文章。

在这篇文章中，阿达为巴贝奇分析机设计了计算伯努利数（Bernoulli number）的详细计算指令。通常认为，这是世界上最早公开发表的计算机程序之一。

为了纪念阿达在计算机科学上的才能及贡献，1979年美国国防部将一种计算机语言命名为阿达计算机语言（Ada computer language）。■

017

传真机

亚历山大·贝恩（Alexander Bain，1811—1877）
乔瓦尼·卡塞利（Giovanni Caselli，1815—1891）

亚历山大·贝恩的发明为后来的传真机铺平了道路。右图中这台传真机是亚历山大·缪勒哈德（Alexander Muirhead）在 1960 年研制成功的。

第一张数码照片（1957 年）

在电话机和收音机出现前，就已经有了传真机。但是，那时的传真机并非 20 世纪 90 年代通过普通电话线传输信息的传真机，而是由一对同步钟摆组成，二者之间通过一根电线远距离相连。

亚历山大·贝恩是一位苏格兰的钟表匠，他对电学很感兴趣，又喜爱发明创造。1843 年，他发明了一款“电子打印电报”（electric printing telegraph），由一对精准计时的钟摆组成。其中一个钟摆相当于一台扫描仪，而另一个钟摆则相当于一台远程打印机。前者扫描的信息，可由后者打印出来。

第一个钟摆有一根扫描针，可以在信息板上来回扫动，信息板上装有凸起的金属字样作为要传送的信息。扫描针每来回移动一次，信息板就沿垂直方向前进一步。因此，每次摆动都扫描了金属字样的一条平行横列。扫描针上装有一个小接触点，当扫过凸起的金属字样时，电路就会闭合产生脉冲，脉冲通过电线传到接收端的钟摆。这个钟摆与发送端的钟摆随第一个摆锤同步摆动，下面放有一张经过化学处理的电敏纸。当有电流脉冲流入这个钟摆时，纸张会发生颜色变化。

尽管贝恩的传真机系统获得了成功，但后来他与查尔斯·惠斯通和塞缪尔·莫尔斯发生了纠纷。1877 年，他在贫困潦倒中去世。意大利发明家乔瓦尼·卡塞利进一步完善了贝恩的发明，研制出一款小巧简洁的设备，可以通过电线将用绝缘墨水写在金属板上的信息传输出去，被称为“传真电报”（pantelegraph）。传真电报的商业运作始于 1865 年，巴黎和里昂相互用传真电报验证银行指令上的签名。

后来，人们发现硒是光电导体，也就是说它的电阻随着光的变化而变化，这使得传输图像成为可能。1907 年，一张“通缉令”图片由巴黎发至伦敦，帮助抓捕了一名珠宝窃贼。很快，这一技术在报纸业得到了运用。1920 年，通过巴特兰有线图像传输系统（Bartlane cable picture transmission system）定期将数字化的报纸照片从伦敦发至纽约，每张照片需要传输 3 小时。■

1843 年

《金甲虫》

埃德加·爱伦·坡（Edgar Allan Poe，1809—1849）

1849 年，使用达盖尔照相法，为埃德加·爱伦·坡拍摄的一张照片。爱伦·坡促进了密码学和推理小说在 19 世纪美国大众中的普及。

破解 RSA-129（1994 年）

1843 年

《金甲虫》（*The Gold-Bug*）一书，并不是什么惊人的密码学突破，也不是什么数学巫术的宏大呈现，它只是恐怖小说大师爱伦·坡的传统叙事写作。

在担任杂志编辑和文学作家时，爱伦·坡热衷于谜题和密码，并不遗余力地撰写与谜题和密码有关的文章。其中，最著名的就是短篇小说《金甲虫》。故事讲述的是一个名叫威廉·勒格朗（William Legrand）的男人，被一只金色的甲虫咬了一口，他坚信这将帮助他重获财富。由此，勒格朗和他的伙伴们开启了一场寻找宝藏的探险之旅，不仅破解了种种密码，还让隐形墨水显了形，最后金甲虫从骷髅头的左眼掉了下来，才最终解开了整个谜题。

这个故事深受人们喜爱。人们普遍认为，罗伯特·路易斯·史蒂文森（Robert Louis Stevenson）正是受《金甲虫》的启发而创作出了《金银岛》（*Treasure Island*，1883）。不仅如此，《金甲虫》还激发了年轻的威廉·F. 弗里德曼（William F. Friedman）的想象力。后来，弗里德曼自学成才，成长为一名密码学家，不仅为美国培养了两代密码分析师，而且在 1952 年还担任了美国国家安全局第一任首席密码学家。

在 1841 年写给弗雷德里克·W. 托马斯（Frederick W. Thomas）的一封信中，爱伦·坡说："没有什么可被理解的文字，是我无法破译的。"他担任《格雷厄姆杂志》（*Graham's Magazine*）编辑时，写了一篇题为"关于秘语写作的几句话"（A Few Words on Secret Writing）的文章。在文章中他提出，任何人只要能编写出一个他无法破解的密码，就可以免费获得杂志订阅。后来他声称，已收到并破解了整整 100 个密码。他从中选出两个密码在杂志上刊登，并终止了这项比赛。这两个密码都是由一位名为 W.B. 泰勒的先生寄给杂志社的。人们怀疑，这位泰勒先生就是爱伦·坡本人。

在爱伦·坡的作品及文学著作中，密码和谜题的出现，说明了那段时间普通民众面临着一个实际问题——安全地传递私人信息十分困难。用当时刚刚发明的电报机发送敏感信息，更是一个难题。因为通过电报传送的信息，需要被输入、被转录、被送达，在抵达预期目的地之前须由多人经手。■

019

托马斯计算器

戈特弗里德·威廉·莱布尼茨
(Gottfried Wilhelm Leibniz, 1646—1716)
查尔斯·泽维尔·托马斯·德·科尔马
(Charles Xavier Thomas de Colmar, 1785—1870)

这台托马斯计算器可将两个 6 位十进制数相乘，得出一个 12 位数。同时，还可做除法运算。

科塔计算器（1948 年）

1851 年

1672 年，德国哲学家、数学家戈特弗里德·莱布尼茨在巴黎访问时看到了一个计步器（pedometer），由此对机械计算产生了兴趣。他发明了一种新型齿轮，这种齿轮有 9 个长短不一的齿，根据控制杆的位置，可以精确转动一个刻度盘，刻度盘上标记着从 0～9 的 10 个刻度。基于这种齿轮，莱布尼茨设计出了步进式计算器（stepped reckoner）。步进式计算器通过重复相加来实现乘法、重复相减来实现除法，但因无法自动进位，使用起来很不方便。也就是说，如果 999 加上 1，不能直接得到 1000。更糟糕的是，这种机器还有一个设计缺陷导致其有时无法正常工作。莱布尼茨只建造了两台这种机器。

100 多年后，查尔斯·泽维尔·托马斯·德·科尔马辞去了在法国军队的供应督察一职，创办了一家保险公司。由于对人工计算的工作深感苦恼，托马斯设计了一台帮助计算的机器。托马斯的计算器同样采用了莱布尼茨的新型齿轮，现在称为“莱布尼茨轮”（Leibniz wheel）。经重新设计后，托马斯的计算器可进行三位数内的四则运算。托马斯为他的计算器申请了专利，但他在保险业的商业伙伴们并不感兴趣。

二十年后，托马斯再次将注意力转向了计算器。他在 1844 年法国国家展览会上展示了一个计算器，并于 1849 年、1851 年再次参加角逐。1851 年，他简化了计算器的操作，并扩展了功能，安装了 6 个滑块用以设置数字，增加了 10 个刻度盘用来显示结果。借助制造技术的进步，托马斯得以批量生产他的计算器。在托马斯去世时，他的公司已经售出了 1000 多台计算器。托马斯计算器是第一台可以在办公室使用的实用计算器，托马斯的创造天赋也由此获得了世人的认可。托马斯计算器大约高 15 厘米、宽 18 厘米。■

布尔代数

乔治·布尔（George Boole，1815—1864）
克劳德·E. 香农（Claude E. Shannon，1916—2001）

用乔治·布尔的“思想法则”（即“布尔代数”）分析电路图。

二进制运算（1703 年），曼彻斯特小型实验机（1948 年）

1854 年

乔治·布尔出生于英国林肯郡的一个鞋匠家庭，他因家境贫寒，主要在家学习，学习了拉丁语、数学以及科学。16 岁时布尔为了养家糊口去一所学校做一名教师，而这也成为他的终生事业。1938 年，他写下了他的第一篇数学论文；1849 年，他被聘为爱尔兰科克女王学院（Queen's College in Cork, Ireland）的第一位数学教授。

今天，布尔以他关于逻辑介词的数学研究而闻名于世，我们现在称之为“布尔逻辑”（Boolean logic）。布尔在 1847 年的《逻辑的数学分析》（*The Mathematical Analysis of Logic*）中介绍了他的观点，并在 1854 年的《思维规律的研究》（*An Investigation into the Laws of Thought*）中加以补充完善。

在布尔的著作中，提出了一套以符号进行推理的一般规则，我们现在称之为“布尔代数”（Boolean algebra）。使用这套符号方法，可以推理什么是真、什么是假，以及弄清楚复杂逻辑系统中那些概念如何关联。他将“与”“或”“非”的数学概念形式化，由此可推导出基于二进制数的所有逻辑运算。今天，在许多计算机语言中，二进制数字仍被称为“布尔值”，以此纪念他的卓越贡献。

布尔在 49 岁时死于肺炎。其他逻辑学家继续他的研究，但并未引起更为广泛的关注。直到 1936 年，当时还是美国麻省理工学院研究生的克劳德·香农突然意识到，他在密歇根大学学到的布尔代数可以用来描述由继电器构建的电路。这是一个巨大突破，因为这就意味着复杂继电器电路可用符号进行描述及推理，不必再反复试错。香农将布尔代数与继电器电路相结合，使工程师们无须先搭建电路，就能从设计图表中发现错误，并且可以重构许多复杂系统，用功能等同且组件较少的继电器系统替代。■

021

第一封电报垃圾邮件

1864年5月29日，英国伦敦一伙未注册登记的牙医，向国会议员发送了世界上第一封电报垃圾邮件。一位收件者将此邮件寄给报社，并表达了自己的不满。

TO THE EDITOR OF THE TIMES.

Sir,—On my arrival home late yesterday evening a "telegram," by "London District Telegraph," addressed in full to me, was put into my hands. It was as follows:—

"Messrs. Gabriel, dentists, 27, Harley-street, Cavendish-square. Until October Messrs. Gabriel's professional attendance at 27, Harley-street, will be 10 till 5."

I have never had any dealings with Messrs. Gabriel, and beg to ask by what right do they disturb me by a telegram which is evidently simply the medium of advertisement? A word from you would, I feel sure, put a stop to this intolerable nuisance. I enclose the telegram, and am,

Your faithful servant,

Upper Grosvenor-street, May 30. M. P.

第一封互联网垃圾邮件（1978年）

1864年

威廉·福瑟吉尔·库克和查尔斯·惠斯通的电报在1837年开启商业服务后，迅速席卷了整个英国。1868年，英国已拥有1300个电报站，超过16 000千米的电报线路；仅仅4年之后，电报站数量增至5179个，电报线路超过140 000千米。

根据历史学家马修·斯维特（Matthew Sweet）的考证，世界上第一条不请自来的电报广告出现在英国伦敦，时间是1864年5月29日的晚上。通过这种电报广告的方式，信息能够方便快捷地发送至大量人群。第一条电报广告来自一伙未注册登记的牙医，他们自称加布里埃尔，出售各种假牙、牙床、牙膏，以及牙粉。

这条信息发送给了当时在任的和多位前任国会议员，内容如下：

> 加布里埃尔牙医诊所位于卡文迪许广场哈雷街。在10月份之前，诊所的营业地点为：哈雷街27号出诊；营业时间为：上午10点至下午5点。

1864年，私人住宅中还没有电报机。这条消息最先出现在库克-惠斯通电报机的摆针上，操作员将之转录下来，再由电报公司伦敦分部派一个男孩送到了国会议员的手中。

一位名为M. P.的议员在收到电报后给当地报纸写了一封信来表达他的不满："我从来没有和加布里埃尔打过交道，我想要知道，他们有什么权利可以用一封只是广告的电报来骚扰我？我敢肯定，如果将此事公之于众，一定能制止这种令人难以忍受的滋扰。"

然而，停止用电报发送垃圾邮件并不是因为垃圾广告制造者们感到了愧疚，而是成本太高。电报广告并不划算，因为发送消息的费用很高。随着互联网电子邮件的出现，发送消息的费用直线下降。到了1978年，首次出现了通过互联网发送的垃圾邮件。■

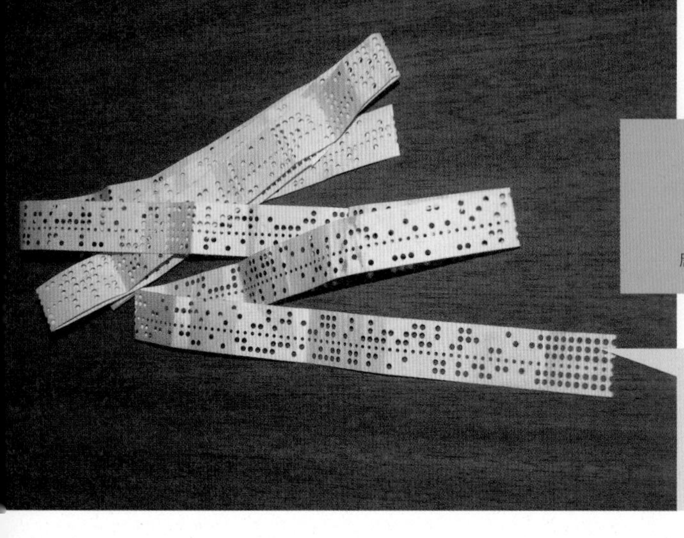

博多码

让-莫里斯-埃米尔·博多
(Jean-Maurice-Émile Baudot，1845—1903)
唐纳德·默里（Donald Murray，1865—1945）

这是按照五值博多码打孔的纸带，其中稍大些的5个孔对应5位代码，中间的小孔可套在一个转动的牵引轮上，由此被拉动通过机器。

美国信息交换标准代码（1963年），统一码（1992年）

1874年

在早期的电报系统中，操作人员需要在发送端对信息进行编码和传送，还要在接收端对信息进行解码和转录。人工操作限制了电报传输信息的效率，而且操作技能也不容易掌握。

埃米尔·博多找到了一种更好的方法。作为一名训练有素的法国电报员，他设计了一种新系统，通过一个特殊键盘来发送字符，键盘上只有5个按键（左手边有2个，右手边有3个）。按下5个按键中的一个或多个，会产生31种不同组合。博多给字母表中每一个字母分配了一个代码。发送信息时，操作员只需在机器发出“咔嗒”一声时按顺序按下按键即可，一秒钟大约可按4次。随着每次按键，一个被称为“分配器”（distributor）的转动部件能够依次读取按键状态。如果按键被按下，则发送相应的脉冲信号。在接收端，远程打印机会将信号转换回成字符，并打印在一条纸带上。

博多把其他人的一些关键发明也融入他的系统中。他在1874年获得了发明专利，1875年开始向法国电报局出售设备，1878年获得了巴黎世界博览会金奖。博多的编码表被采纳为国际电报字母表1号（ITA1），是最早的国际电信标准之一。为了纪念他的贡献，人们用他的名字命名了数据传输速度单位——波特（baud），用以表示一秒钟内信号变化的次数。

1897年，博多系统进行了扩展，加入了打孔纸带。键盘与电报线断开，连接到一个新设备上，这个设备可以在纸带上打孔，一个按键对应一个孔位。经过打孔之后，纸带被装入读取器中，信息就通过电报线路发送出去，这一发送速度远远超过人类键入的速度。1901年，发明家唐纳德·默里基于打字机键盘开发了一种更易使用的打孔机。同时，默里还修改了博多码，形成了博多-默里码（ITA2），使用已超过了50年。■

023

半导体二极管

迈克尔·法拉第（Michael Faraday，1791—1867）
卡尔·费迪南德·布劳恩
（Karl Ferdinand Braun，1850—1918）

图为菲尔莫尔制造公司制造的晶体探测器。要使用这种装置，操作人员要用一根电线连接两个法兰，并将金属“猫须”压入半导体晶体中。

硅晶体管（1947 年）

1874 年

半导体的奇特之处在于，它既不是金、银、铜那样的导体，也不是塑料、橡胶那样的绝缘体。1833 年，迈克尔·法拉第发现，硫化银被加热后其导电性会提高。这一点与金属不同，金属被加热后导电性会下降。1874 年，24 岁的德国物理学家卡尔·费迪南德·布劳恩发现，一些金属硫化物晶体只能在一个方向导电。二极管、整流器这些最简单的电子元件，都是利用了这一“单向”特性。

在无线电出现之前，布劳恩的发现只能算是满足好奇心罢了。然而，事实证明，从最早的无线电报发展到能够传播并接收人类声音，二极管发挥了至关重要的作用。一些早期无线电设备使用的二极管，常被称为“猫须二极管”（cat’s whisker diode）。这种二极管由方铅矿晶体（一种硫化铅）组成，两端与金属弹簧相接触，即所谓的“猫须”。通过仔细控制弹簧相对于方铅矿晶体的压力和方位，可以通过调节半导体的电特性来获得最佳的无线电接收效果。即便只有无线电波自身提供能量，这样一个矿石晶体二级管装置也足以使耳机发出微弱声音。

矿石无线电接收器最早在航船上使用，而后作为收音机在家庭中使用，最后它们被基于真空管的新型接收器所取代。真空管接收器可将微弱的无线电波放大，使得无线电波具有足够能量驱动扬声器，可在房间中播放语音或音乐。但是，真空管的出现并没有标志着矿石收音机的终结：对于那些无法获得真空管的人来说，比如在第二次世界大战前线的战士们、学习电子器件的孩子们，矿石收音机仍很受欢迎。20 世纪 40 年代，贝尔实验室（Bell Labs）的科学家们努力改进微波通信，再次将注意力转向了半导体收音机。在这个过程中，他们发明了晶体管。

布劳恩后来还对物理学和电子学作出其他重要贡献。1897 年，他发明了阴极射线管（cathode-ray tube），这是电视机的基础元件。1909 年，他与古格里莫·马可尼（Guglielmo Marconi，1874—1937）共同获得了诺贝尔物理学奖，以表彰他们对无线电报发展的贡献。■

美国人口普查表

赫尔曼·何乐礼（Herman Hollerith，1860—1929）

图为 1940 年美国人口普查时的一张照片。一位女职员正在使用潘图卡片打孔机在特定位置打孔，用来表示一个人的性别、婚姻状况等信息。

雅卡尔提花机（1801 年），ENIAC（1943 年）

1890 年

美国宪法自获准之日，就要求美国政府每 10 年对联邦中的所有人口进行一次“实际清点”。但是随着美国人口的不断增长，每次人口普查所需要的时间越来越长。1880 年的美国人口普查总共统计了 50 189 209 人，共有 31 382 人参与统计，耗费 8 年时间才将结果制成表格，公开报表多达 21 458 页。因此，美国人口普查局在 1888 年举办了一场竞赛，希望寻找一种更好的方法来进行数据处理和制表。

在 1880 年人口普查之前，美国发明家赫尔曼·何乐礼曾在人口普查局短暂工作过一段时间。1882 年，他入职麻省理工学院，教授机械工程学，并研制机械制表系统。他的制表系统最初采用的是长卷纸带，在纸带上打孔表示数据。后来，在一次去美国西部的铁路旅行中，他注意到铁路售票员依照头发颜色、眼睛颜色等信息在乘客的纸质车票上打孔，以此确保车票不被其他乘客重复使用。何乐礼受此启发，随即将他的系统改为使用纸质卡片。

何乐礼参加了 1888 年的那场竞赛，并获得最终胜利，他的制表系统比另外两个参赛系统高效得多。1884 年 9 月 23 日，何乐礼提交了“用以汇编统计数据的方法、系统及设备”的专利申请，并于 1889 年 1 月 8 日获得此专利。

他的制表系统采用了长 187 毫米、宽 83 毫米的卡片，卡片略微弯曲。操作人员使用潘图卡片打孔机（Pantographic Card Punch）在卡片特定位置上打孔，可以表示一个人的性别、婚姻状况、种族、农场和家庭的所有权及债务等信息。当要制表时，将卡片放入读取器，其中微型开关可判断特定位置是否有孔，机电电路会依此执行实际制表过程。■

025

史端乔步进式交换机

阿尔蒙·布朗·史端乔（Almon Brown Strowger，1839—1902）

图为美国西电公司生产的寻线器。右边的锥齿轮可稳定旋转，不需要用电磁体进行步进。

数字长途电话（1962 年）

1891 年

贝尔电话公司成立于 1877 年 7 月，并在 19 世纪 80 年代迅速扩张。当时，电话的呼叫和接通，只能依靠接线员手动完成。

最初的电话没有拨号盘，也没有按钮，只有一个曲柄，连接在一台微型发电机上。用户拿起电话，要转动曲柄，才会产生电流，然后电流通过电话线向接线员发出信号。

阿尔蒙·史端乔是美国密苏里州堪萨斯城的一位殡仪馆老板。他注意到，随着电话越来越普及，他的生意却日渐萧条。后来史端乔得知，原来有一位电话接线员嫁给了他的竞争对手，每当有客户打电话给他时，这位接线员就会把电话转接给她的丈夫。为此，史端乔发明了一种步进式交换机。这种机电设备可以根据电话线上的电脉冲序列，接通一部电话与其他电话之间的线路。史端乔希望只通过敲击按钮就能连接线路，而不再需要人工操作。

史端乔和他的侄子一起制作了一个可运行的模型机，并获得了专利。尽管已有其他发明者尝试了无人拨号系统，并申请了数千项专利，但史端乔的系统“运行相当精准”——贝尔实验室 1953 年的一篇文章中如此写道。

1891 年，史端乔与家人，以及其他投资者共同创建了史端乔自动电话交换公司。他们前往美国印第安纳州拉波特市开拓市场，因为当地的独立运营商与贝尔电话公司刚发生了专利纠纷，致使那里的电话系统停摆。1892 年，他们在拉波特市建立了世界上第一个自动电话交换系统，本地电话可直接拨号呼叫。

这种交换机以逐一拨号的方式接通电话，因而被称为“步进式”（step-by-step）。很快，整个美国都使用了这种步进式交换机，直到 1999 年才完全被 5ESS 程控交换机所代替。■

浮点数

莱昂纳多·托雷斯·y·奎韦多
(Leonardo Torres y Quevedo，1852—1936)
威廉·卡恩（William Kahan，1933— ）

图为托雷斯的肖像画，作者是阿根廷漫画家兼插画家欧洛希亚·默尔（Eulogia Merle）。

二进制运算（1703 年），Z3 计算机（1941 年），BCD 码（1944 年）

1914 年

莱昂纳多·托雷斯·y·奎韦多是一位西班牙工程师、数学家，喜欢制造一些切实可用的机器。他在 1906 年向西班牙国王展示了一艘无线电遥控的模型船，他还设计了一种半硬式飞艇（semirigid airship），这种飞艇还被运用到了第一次世界大战的战场上。

托雷斯还是巴贝奇差分机和分析机的拥趸。1913 年，他出版了《自动装置文集》（*Essays in Automatics*）一书。在书中，他详细阐述了巴贝奇的研究工作，并提出了一种机器设计方案。这种机器可以根据指定的 a、y、z 值，计算出式子 $a(y\text{-}z)^2$ 的值。为了能使他的机器处理更大范围的数字，托雷斯发明了浮点运算。

浮点运算是通过降低精度来扩展数值计算范围。计算机不用存储一个数字中的所有数位，只存储几个有效数位就足够了，用有效数字（significand）和指数（exponent）来表示，具体表示为：有效数字 × 底数^{指数}。

例如，2016 年美国国内生产总值为 18.57 万亿美元。如果以定点数来存储，需要存储 14 位数字。但是，如果存储浮点数的话，只需要存储有效数字和指数，共 6 位，即 18.57 万亿 = 1.857×10^{13}。

现代计算器中有一个 10 位寄存器，用来储存数字的机械或电子装置。对于定点数而言，可存储数字在 1 ～ 9 999 999 999。而对于浮点数而言，有时也被称为科学记数法（scientific notation），分为 8 位有效数字和 2 位指数，可存储数字小至 0.0000001×10^{-99}，大至 9.9999999×10^{99}。

现代浮点系统采用的是二进制，而非十进制。加拿大数学家威廉·卡恩在开发英特尔 8086 微处理器时，设定单精度浮点有效数字 24 位、指数 8 位。1985 年，美国电气和电子工程师协会（the Institute of Electrical and Electronics Engineers，IEEE）将其纳入统一标准（IEEE 754）。

由于卡恩的杰出工作，他于 1989 年获得了美国计算机协会（the Association for Computing Machinery，ACM）颁发的图灵奖（Turing Award）。■

维尔南密码

吉尔伯特·维尔南（Gilbert Vernam，1890—1960）
约瑟夫·毛伯格（Joseph Mauborgne，1881—1971）

曾在美国罗斯福总统的道格拉斯 C-54 飞机上使用过的“一次性密钥”密码装置。

曼彻斯特小型实验机（1948 年），RSA 加密算法（1977 年），高级加密标准（2001 年）

1917 年

在计算层面上大多数加密算法是安全的。这也就是说，尽管理论上可以通过尝试所有可能密钥来破解密码，但实际上不太可能，因为将所有的可能都逐一尝试需要庞大的计算能力。

一个多世纪前，吉尔伯特·维尔南和约瑟夫·毛伯格设计了一种在理论层面上也安全的密码系统：即使拥有无限计算能力，也不可能破解使用维尔南密码的加密信息，根本不用考虑今后计算机运算速度会变得有多快。

维尔南密码，如今也被称为“一次性密钥”（one-time pad），是不可破解的。经过加密的信息，如果用错误的密钥进行解密，甚至可以得出看似可信、实则谬误的结果。事实上，维尔南密码的密钥长度和消息长度相同，可以生成任何可能的消息。也就是说，对于任何给定的密文，肯定会有某一个密钥，使其解密为《圣经》中的经文、莎士比亚笔下的文字，甚至本书中的某些段落。没有任何办法能够判断是否成功破译了密码，因此维尔南密码是不可破解的。

维尔南 1917 年在美国电话电报公司（American Telephone and Telegraph Company，AT&T）工作时，创建了一种流密码，通过将消息的每一个字符与密钥的每一个字符逐一结合进行加密。起初，维尔南认为密钥可以是一条简单的消息。到了第二年，他开始与美国陆军通信部队的上尉约瑟夫·毛伯格开展合作。二人很快就意识到，密钥必须随机且不可重复。这一点大大提高了密码的安全性：如果密钥是一段有意义的消息，那么无意义的字符串就会被排除在密钥范围之外。但如果密钥是完全随机的，那么就不能排除任何可能性。这两位发明家共同创建了“一次性密钥”，是目前仅有的两个不可破解的加密系统之一（另一个是量子密码）。

后来人们得知，一位名叫弗兰克·米勒（Frank Miller）的银行家早在 1882 年就提出了“一次性密钥”的概念，但是他依靠纸和笔的密码系统未能得到广泛宣传或使用。■

《罗森的通用机器人》

卡雷尔·恰佩克（Karel Čapek，1890—1938）

1936—1939 年，马里安蒂剧院张贴的一张 R.U.R. 的海报。

《大都会》（1927 年），《机器人三原则》（1942 年），《星际迷航》首映（1966 年），波士顿动力公司（1992 年）

1920 年

“机器人”（robot）一词，是 1920 年捷克剧作家卡雷尔·恰佩克在他的科幻剧本《罗森的通用机器人》（*Rossum's Universal Robots*，R. U. R.）中创造出来的。robot 源自捷克语 robota，其含义为“苦力”。如今，在绝大多数语言中，robot 这个词都是指某些机械化的东西。在这个故事中，恰佩克虚构了一个罗森公司，研发廉价的生物人形机器，称之为“机器人”。这些机器人从神秘的岛屿工厂运送至世界各地。起初一些国家只是将这些机器人当作士兵，但世界最终或多或少地接纳了这些机器人，让它们完成各类工作。

《罗森的通用机器人》中的许多桥段在后来的机器人文学作品中变得司空见惯。例如，试图解放机器人的地下组织；组装而成的智能机器人，它们寿命不长，而且没有痛苦、没有情感；还有一位招人喜欢却存在伦理道德问题的科学家。《罗森的通用机器人》中的机器人最初价格昂贵，后来从 10 000 美元降至 150 美元，大致相当于今天从 13 万美元降至 2000 美元。在恰佩克所描述的世界中，战争十分遥远，只存在于记忆之中，人类的出生率正在下降，未来似乎是可预测且令人欣喜的。该剧的第一幕主要讲述了那些奇奇怪怪的创造物，并抛出一个哲学问题：假如人类不再需要工作，那么人类究竟有何用处呢？随后，《罗森的通用机器人》中的机器人决定杀光地球上的所有人类。

虽然现在《罗森的通用机器人》已很少被提及，但在当时它很受欢迎，曾在布拉格、伦敦、纽约、芝加哥、洛杉矶等多地上演。艾萨克·阿西莫夫（Isaac Asimov）定下他的机器人三定律，主要是防止恰佩克的想象变为现实。恰佩克也犯了一个错误，他认为“机器人”依然是一种生物，而非基于机械和计算。尽管如此，他描述了一个令人震撼的世界，至今仍困扰着我们，在那其中人类被所造之物辅助、转化，最终被它们捕杀、扼死。■

《大都会》

弗里兹·朗（Fritz Lang，1890—1976）

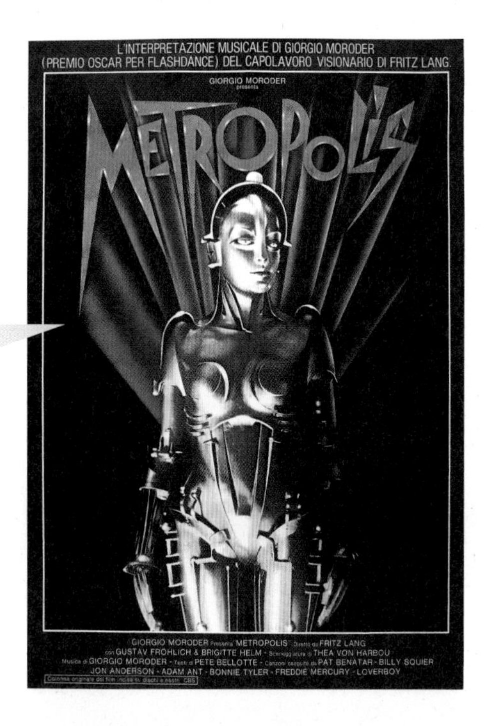

电影《大都会》在 1984 年重新上映时的海报。

《罗森的通用机器人》（1920 年）

1927 年，德国电影导演弗里兹·朗已经开始想象 2026 年的生活会是什么样子。他执导的黑白无声电影《大都会》（*Metropolis*），被认为是科幻电影史上最有影响力的作品之一。在《大都会》中，未来的城市被技术力量牢牢占据，分为地下和地上两个完全不同的世界。在地下，被压迫的工人们重复机械地操作机器，维持着城市的运转；而在地上，城市的精英们却享受着天堂般的奢靡生活。对弗里兹·朗“技术奴役世界”观点的诠释，也出现在后来的科幻电影中，例如 1982 年上映的《银翼杀手》（*Blade Runner*）。

在《大都会》的故事中有一位疯狂的科学家，他创造出了一个女性机器人，最初的样貌与城市领袖已故的妻子相似。后来，他又按照故事女主角（一位名叫玛丽亚的地下工人）的形象改造了这个女性机器人。为了实现这一目的，这位疯狂科学家投入了许多未来技术，耗费了大量电能。

人们总是设想，随着技术蓬勃发展，具有人类情感的机器人将融入并改变人们的日常生活，但同时却又很少谈及女性机器人。在当时的小说和流行文化中，机器人通常是男性或无性别的。然而，《大都会》中的这个机器人却与众不同，它先是貌似领袖妻子，后来又变成玛丽亚的样子，是一个具有明显女性化特征的机器人。相较历史上众多女性人物形象，这个机器人带来了更加深远的文化影响。例如，著名女歌手碧昂斯曾在世界巡演中演绎歌曲《甜蜜的梦》（*Sweet Dreams*），当时她装扮成了一个机器人，正是参照了机器人“玛丽亚”的形象。

2006 年，卡内基梅隆大学正式将“玛丽亚”列入机器人名人堂（Robot Hall of Fame）。在其官方网站上有着这样的评价：机器人“玛丽亚”是“早期科幻电影中独一无二且最具震撼力的形象，在科学及科幻领域中不断地激发人们对女性机器人的创造灵感”。■

1927 年

第一个发光二极管

奥列格·弗拉基米罗维奇·洛塞夫
（Oleg Vladimirovich Losev，1903—1942）

发光二极管于 1927 年被发明，80 年后，它最终大规模地取代了白炽灯泡。

第一台液晶显示屏（1965 年）

1927 年

1907 年，英国科学家首次发现部分晶体在特定的通电情况下可以发光。自学成才的苏联科学家奥列格·弗拉基米罗维奇·洛赛夫花费了十余年的时间来研究这一现象，最终他基于爱因斯坦的光电理论给出了理论解释，并制造出了可实际应用的器件。1924—1930 年，洛赛夫在俄罗斯、英国和德国的科学期刊上总共发表了 16 篇学术论文，完整详细地描述了这些器件，但并没有受到太多关注。后来，他还继续提出了一些发光二极管（light-emitting diode，LED）的新应用，如无线电接收器、固态放大器等，但 1942 年他在列宁格勒被德军围困时活活饿死。

到了 1962 年，发光二极管同时被美国 4 个不同的研究团队重新发现。这一次，它不会再被湮没在历史之中。与当时的白炽灯、荧光灯和辉光管相比，发光二极管耗能极少，且几乎不发热。缺点只有 3 个：一是只能发出红光；二是亮度不足；三是非常昂贵，最初的价格超过了 200 美元。

1968 年，由于生产工艺的改进，发光二极管的价格已经降至 5 美分。由于价格大幅降低，发光二极管开始出现在计算器、手表、实验室设备以及计算机中。事实上，在 20 世纪 70 年代中期，不论作为单独光源或者组成七段数码显示器，发光二极管已成为第一代微型计算机的主要输出工具之一。此外，早期发光二极管每秒可开关数百万次，因此在光纤通信中也得以应用。1980 年，红外发光二极管开始出现在电视遥控器上。

虽然蓝色发光二极管和紫外发光二极管在 20 世纪 70 年代就被发明出来，但是还需取得一些技术突破，才能实现可供实际使用的亮度。如今，这些难题早已被一一攻克。事实上，取代白炽灯和荧光灯的室内亮白发光二极管，正是基于白色荧光粉的紫外发光二极管。■

031

电子语音合成

荷马·达德利（Homer Dudley，1896—1980）

贝尔实验室在纽约世界博览会上推出了语音合成器。

《我们可以这样设想》（1945 年），哈尔 9000 计算机（1968 年）

如今，有许多语音助手可以为人们朗读、报时、导航，如苹果的 Siri、亚马逊的 Alexa、微软的 Cortana，等等。其实，在很久以前，科学家们就一直致力于减少语音在通话系统中所占用的带宽。

1928 年，在贝尔电话实验室（Bell Telephone Labs），一位名叫荷马·达德利的工程师发明了声码器（Vocoder）。声码器可将人类语音压缩成电子信号并进行传输，在另一端用模拟人类声带的方式合成语音。它首先对真实语音进行分析，将原始波形简化重组，然后使用振荡器、气体放电管（可以发出嘶嘶声）、滤波器以及其他部件，还原人类说话的声音。

后来，贝尔电话实验室更名为贝尔实验室，并在 1939 年纽约世界博览会上推出了语音合成器（Voder）。这个语音合成器，须由一人手动操作一系列的按键和踏板，发出嘶嘶或嗡嗡的声音，从而形成元音和辅音，最终组成可识别的语音。

与此同时，声码器走向了一条与语音合成器不同的技术发展道路。1939 年，欧洲爆发战争，贝尔实验室和美国政府对研发安全语音通信越来越感兴趣。经过深入研究，声码器被进一步改造，成为安全语音系统 SIGSALY 的编码器组件。SIGSALY 系统在第二次世界大战中负责处理高度敏感的语音信息，例如温斯顿·丘吉尔（Winston Churchill）与富兰克林·罗斯福（Franklin Roosevelt）就曾用这个语音系统进行通话。

随后，在 20 世纪 60 年代，声码器转变了应用方向，一跃进入了音乐与流行文化之中。它被用于生成各类声音，包括电子旋律、会说话的机器人，也被用于在传统音乐中制造失真效果，直到今天仍是如此。1961 年，作为第一台会唱歌的计算机，IBM 7094 利用声码器生成了《黛西·贝尔》（*Daisy Bell*）的曲调。7 年后，美国电影导演斯坦利·库布里克（Stanley Kubrick）在《2001：太空漫游》（2001：*A Space Odyssey*）中用哈尔 9000（HAL 9000）再次演奏了同一首歌曲。1995 年，美国说唱歌手 2Pac、Dr. Dre、罗杰·特劳特曼（Roger Troutman）在歌曲《加州之恋》（*California Love*）中用声码器对他们的声音进行了改变。1998 年，野兽男孩乐队（Beastie Boys）在歌曲《星系之间》（*Intergalactic*）中使用了一种经过编码的声音。■

1928 年

微分分析器

范内瓦·布什（Vannevar Bush，1890—1974）
哈罗德·洛克·哈森（Harold Locke Hazen，1901—1980）

范内瓦·布什与他的微分分析器。

托马斯计算器（1851 年）

1931 年

我们所处的世界变动不居、纷繁复杂，微分方程可以用来描述和预测各种各样的变化现象，不仅可以预测海浪高度、人口增长，还可以预测棒球的飞行距离、塑料的腐烂速度，等等。有些数学问题可以人工计算，但是有的过于复杂，比如对核爆炸的模拟，计算工作量太大、复杂度太高。为了解决这类问题，就需要借助机器来辅助人类完成计算。

1928—1931 年，范内瓦·布什和他的研究生哈罗德·洛克·哈森在麻省理工学院设计并制造了微分分析器。这台微分分析器由 6 台机械积分器组成，可以处理复杂的微分方程。布什之所以要设计微分分析器，原因之一是他一直在试图求解一个需要多次积分的微分方程。在他看来，相较于直接求解方程，设计并制造一台机器来帮助解决将会更加快捷。

微分分析器是一台模拟计算机，由电机驱动齿轮与转轴，为 6 个轮盘积分器（wheel-and-disc integrator）提供动力，再连接 18 个旋转轴进行计算。在此之后，还有数十台不同的微分分析器都是沿着这一设计思路制作而成。因此，微分分析器是一台具有突破性意义的机器。在它的帮助下，人们对地震、电网、气象、弹道等领域的认知取得了长足进步。

微分分析器采用机械结构，存在着加工缺陷及零件磨损，因此计算精度会随着时间的推移逐渐下降。1938 年，布什担任美国华盛顿特区卡耐基科学研究所主任。随后，他开始研究基于电子管的升级机器，并将其命名为洛克菲勒微分分析器（Rockefeller Differential Analyzer）。这台机器建成于 1942 年，由 2000 个电子管和 150 个电机组成，并在第二次世界大战中发挥了重要作用。■

邱奇-图灵论题

戴维·希尔伯特（David Hilbert，1862—1943）
阿隆佐·邱奇（Alonzo Church，1903—1995）
艾伦·图灵（Alan Turing，1912—1954）

艾伦·图灵的雕像坐落在英国布莱切利园，这里是第二次世界大战期间英国破译密码的核心地点。

巨人计算机（1943 年），EDVAC 报告书的第一份草案（1945 年），NP 完全问题（1971 年）

计算机科学一直试图回答关于计算和计算机本质的基本问题：什么是可计算的，是否存在理论上的限制，抑或存在实际上的限制？

1936 年，美国数学家阿隆佐·邱奇和英国计算机科学家艾伦·图灵分别发表论文，就这一问题给出了各自的解答。二人最初的目的都是解答德国数学家戴维·希尔伯特在多年前提出的问题。

希尔伯特提出的这一问题被称为“判定问题”（Entscheidungsproblem）——是否存在一种计算流程或者说是否存在一种算法，可以判断任何给定的数学命题是真还是假。这一问题的本质是，定理证明作为数学的核心工作，能否实现自动化。

邱奇发明了一种描述数学函数的新方法，被称为 λ 演算（lambda calculus）。借助这种方法，邱奇证明了判定问题无法被解决。也就是说，不存在某一种通用算法，可以对所有命题进行证实或证伪。他在 1936 年 4 月发表了他的这篇论文。

图灵采取了一种完全不同的方式：他设计了一种简单却抽象的计算机器。图灵指出，这样的计算机器在原则上可以执行任何计算、运行任何算法，甚至可以模拟其他机器的运算。最后，他表示虽然如此，但却无法得知计算机器最终是否可以得出计算结果，又或者是永无止境地计算下去。由此说明，判定问题是无法解决的。

1936 年 9 月，图灵前往美国普林斯顿大学跟随邱奇学习。在那里，他发现这两种截然不同的证明在数学上是等价的。图灵在 1936 年 11 月发表了他的论文。随后，他留下来继续学习，于 1938 年 6 月获得博士学位，而邱奇正是他的博士生导师。■

Z3 计算机

康拉德 · 楚泽（Konrad Zuse，1910—1995）

康拉德 · 楚泽设计的 Z3 控制台、计算器以及存储柜。

阿塔纳索夫-贝瑞计算机（1942 年），BCD 码（1944 年）

1941 年

Z3 是世界上第一台全自动可编程的数字计算机。由于当时纸带供应不足，这台机器的程序输入采用了打孔电影胶片。Z3 可对 22 位二进制浮点数进行加、减、乘、除、平方根运算，并具有 64 个 22 位的存储器。此外，Z3 还可以将十进制数转换为二进制数作为输入，同时将二进制数转换为十进制数作为输出。

德国发明家康拉德 · 楚泽于 1935 年从大学的土木工程专业毕业，随后在他父母位于柏林的公寓中开始研制他的第一台计算机 Z1（时间为 1935—1938 年）。Z1 是一台由打孔电影胶片控制的机械计算器，采用 22 位二进制浮点数，并且支持布尔逻辑。1943 年 12 月，Z1 在一次盟军的空袭中被摧毁。

1939 年，楚泽被征召入伍，开始研发 Z2 。他用继电器实现了算术和控制逻辑，改进了 Z1 的设计。当时的德国航空研究所对 Z2 印象深刻，拨付给楚泽资金，让他成立了楚泽设备制造公司（Zuse Apparatus Construction，后更名为 Zuse KG），用于制造这些计算机。

1941 年，楚泽设计并制造了 Z3。与 Z1、Z2 一样，Z3 同样由打孔电影胶片来控制，不同的是 Z3 支持了循环运算，因此可用于解决许多常见的工程计算。

随着 Z3 大获成功，楚泽开始研发 Z4。Z4 可以实现 32 位浮点数计算以及有条件的跳转，功能更加强大。1945 年 2 月，已部分完成的机器从柏林转运至哥廷根，以防止落入苏联手中。战争结束前 Z4 在哥廷根制造完成，并一直运行到 1959 年。

令人感到意外的是，德国军方似乎从未将这些复杂精致的计算机投入使用，而仅将之作为一个研究项目进行资助。■

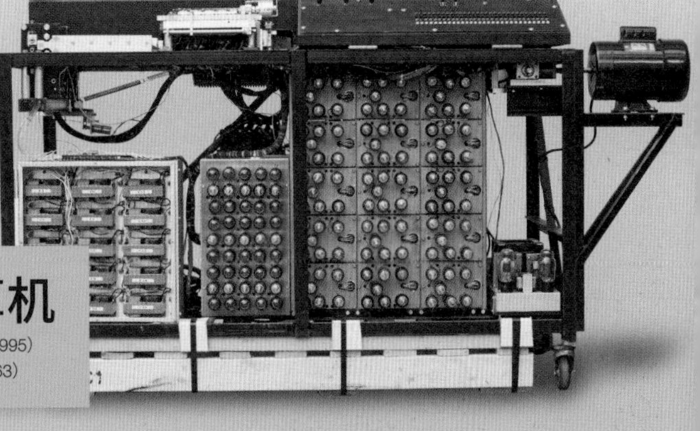

阿塔纳索夫-贝瑞计算机

约翰·文森特·阿塔纳索夫（John Vincent Atanasoff，1903—1995）
克利福德·爱德华·贝瑞（Clifford Edward Berry，1918—1963）

阿塔纳索夫-贝瑞计算机的复制品，1994—1997年，由爱荷华州立大学的工程师们重新制造。

ENIAC（1943年）

阿塔纳索夫-贝瑞计算机（Atanasoff-Berry Computer，ABC）是一台电子数字台式计算机，由美国爱荷华州立学院（现为爱荷华州立大学）的约翰·阿塔纳索夫教授和他的研究生克利福德·贝瑞制造。

阿塔纳索夫是一名物理学家和发明家。他之所以要制造阿塔纳索夫-贝瑞计算机，是要用它来求解一般线性方程组，有的方程组甚至多达29个未知数。在当时，一个人手动计算含有8个未知数的方程组，就要花费8小时；而对超过10个未知数的方程组，很少有人会去尝试。阿塔纳索夫自1937年开始研制计算机，至1942年测试成功。但是，由于他后来被征召参加第二次世界大战，不得不放弃了对阿塔纳索夫-贝瑞计算机的研发。虽然这台计算机曾一度被人遗忘，但它却影响了随后几十年的计算机发展进程。

阿塔纳索夫-贝瑞计算机基于电子器件，而非继电器和机械开关。它采用二进制运算，拥有一个主存储器，以小型电容器中存有电荷与否来代表1和0——这与如今动态随机存储器（DRAM）的原理一致。整台计算机重达700磅（约317.5千克）。

具有讽刺意味的是，阿塔纳索夫-贝瑞计算机的重要价值在于：正是由于它才赢得了与ENIAC的专利之争。J.普雷斯珀·埃克特（J.Presper Eckert）和约翰·毛克利（John Mauchly）在1947年6月提交了ENIAC的专利申请，直到1964年他们才获得了美国专利商标局颁发的专利。获得专利后，美国斯佩里·兰德公司（1950年收购了埃克特-毛克利计算机公司）随即要求所有销售计算机的公司支付巨额专利费用。当时的专利有效期为18年，这意味着从1964到1982年ENIAC的专利权有可能会扼杀还在萌芽中的计算机行业。

事实上，毛克利曾在1941年6月去过艾奥瓦州，并研究了ABC，但在他的专利申请中没有提及这一点。1967年，霍尼韦尔公司（Honeywell Corporation）以ENIAC的专利遗漏信息为理由起诉兰德公司（Rand Corporation），申请废除ENIAC的专利。6年后，美国明尼苏达州地区法院同意了这一申请，宣判ENIAC专利无效。■

1942年

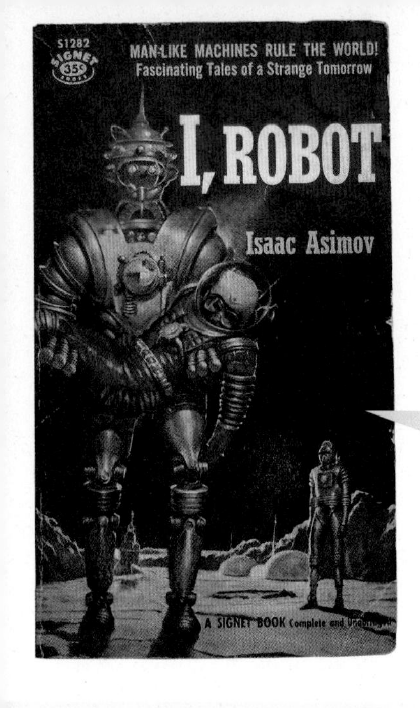

艾萨克·阿西莫夫《我，机器人》1956 年版的封面。

机器人三原则

艾萨克·阿西莫夫（Isaac Asimov，1920—1992）

《罗森的通用机器人》（1920 年）

1942 年

科幻作家艾萨克·阿西莫夫在他 1942 年发表的小说《环舞》（*Runaround*）中首次提出了“机器人三原则”，以此作为控制机器人行为和未来发展的指导原则。第一原则：机器人不可导致人类受到伤害，不管是主动为之，还是袖手旁观。第二原则：机器人必须服从人类的命令，除非与第一原则相冲突。第三原则：在不违反第一、第二原则的前提下，机器人要尽可能地保护自己。

1985 年，阿西莫夫又增加了一条，要求机器人为人类整体利益提供保护，称为“第 0 原则”。这一原则高于其他三条。

在阿西莫夫的笔下，这些原则最早出现在 2058 年的《机器人手册》第 56 版中。这些原则可以被认为是一种自动防故障措施。在机器人与人类的交互过程中，或者涉及道德、伦理和制定决策的行为选择中，这些原则都可以影响机器人的行为。在阿西莫夫所有机器人系列科幻小说中，几乎都与这三条原则相关。例如，机器人心理学家苏珊·加尔文（Susan Calvin）博士，是一位在阿西莫夫机器人系列小说中反复出现的虚构人物。在小说中，加尔文生活在 21 世纪，受雇于一家机器人制造商，负责解决机器人与人类交互过程中的各类问题。这些问题通常与“弗兰肯斯坦情结”（Frankenstein Complex）有关，“弗兰肯斯坦情结”是阿西莫夫小说中的一个术语，可以被理解为人类对机器人自我意识的担忧。

阿西莫夫在他的作品中指出，如果想要机器人被人类社会所接受，就要缓解人类对机器人的焦虑感，这将是一个亟待解决的重要挑战。如今，机器与人类生活的联系日益紧密，例如自动驾驶汽车的出现。阿西莫夫的机器人三原则，已不再限于科幻小说，还拓展到了公共政策领域。■

ENIAC

约翰·毛克利（John Mauchly，1907—1980）
J. 普雷斯珀·埃克特（J. Presper Eckert，1919—1995）

ENIAC 是世界上第一台电子计算机。照片中 4 位工作人员正在操作 ENIAC。

第一次正式使用“计算机”一词（1613 年），EDVAC 报告书的第一份草案（1945 年）

ENIAC 是世界上第一台电子计算机，这也就是说它采用了电子管而非继电器。ENIAC 由美国宾夕法尼亚大学摩尔电气工程学院的约翰·莫克利和约翰·普雷斯珀·埃克特设计建造，拥有 17 468 根真空管，高 2.4 米，宽 0.9 米，长 30.5 米，质量超过 30 吨。

ENIAC 拥有一个 IBM 打孔卡读卡器，作为输入设备；还有一个打孔器，作为输出设备。但是，ENIAC 没有用于存储数据或程序的存储器。计算过程中的数字会被保存在 ENIAC 的累加器中，一共有 20 个累加器，每个累加器可存储 10 位十进制数字，并可计算加减法。同时，计算机中的其他硬件设备还可实现乘除法运算，甚至平方根运算。对 ENIAC 进行编程，与今天所说的编程完全不同。在 ENIAC 上，一组面板就有 1200 个旋钮，每个旋钮有 10 个挡位，调整至不同挡位组合将会为不同的电路供电，代表着不同数字的电流按照预定顺序流经机器的不同部分，最终完成计算过程。

ENIAC 于 1943 年开始建造，最初目的是帮助美国陆军开展复杂的弹道计算。然而，投身于曼哈顿计划的约翰·冯·诺依曼（John von Neumann，1903—1957）听闻了 ENIAC 的消息，这也导致了 ENIAC 的第一个正式任务其实是为氢弹研发提供计算。

但是，计算机硬件的制造者从未考虑过计算机软件的必要性或复杂性。他们交由 6 位女数学家来让这台机器真正实现计算的任务。这 6 位女数学家分别是弗朗西斯·“贝蒂”·斯奈德·霍尔伯顿（Frances “Betty” Snyder Holberton，1917—2001）、贝蒂·“吉恩”·詹宁斯·巴托克（Betty “Jean” Jennings Bartik，1924—2011）、凯瑟琳·麦纽提·毛克利·安东内里（Kathleen McNulty Mauchly Antonelli，1921—2006）、马林·韦斯科夫·梅尔策（Marlyn Wescoff Meltzer，1922—2008）、露丝·利彻曼·泰特尔鲍姆（Ruth Lichterman Teitelbaum，1924—1986）和弗朗西斯·比利亚斯·斯宾塞（Frances Bilas Spence，1922—2012）。

她们是世界上第一批程序员，必须从零开始设计并调试自己的算法。但在当时，她们的工作却不为人所知。2014 年，凯西·克雷曼（Kathy Kleiman）拍摄了纪录片《计算者》（*The Computers*），讲述了这些女数学家的故事。■

1943 年

巨人计算机

托马斯·哈罗德·弗劳尔斯
(Thomas Harold Flowers，1905—1998)
西德尼·布罗德赫斯特
(Sidney Broadhurst，1893—1969)
W.T. 图特(W. T. Tutte，1917—2002)

在第二次世界大战期间，位于英国布莱切利园的巨人计算机被用来破译德国军事密码。

曼彻斯特小型实验机(1948 年)

1943 年

巨人计算机(Colossus)是第一台全电子化计算机。英国人在第二次世界大战期间设计建造了巨人计算机，主要用于破解德国最高司令部的军事密码。之所以说它是“电子”计算机，是因为它由电子管组成，运算速度比当时由继电器组成的计算机快 500 多倍。与此同时，巨人计算机也是第一款实现批量生产的计算机。

1943—1945 年，英国人在布莱切利园(Bletchley Park)秘密建造了 10 台巨人计算机。布莱切利园是第二次世界大战期间英国的密码破译中心。这 10 台巨人计算机的任务是破解德国电子公司研制的洛伦兹密码。战争结束后，这些巨人计算机被毁坏或被拆成零件，以此保护英国破解密码的秘密。

当时，艾伦·图灵也设计了一款电动机械机器，被称为“图灵甜点”(Bombe)，用于破译德国军方的恩尼格玛密码(Enigma cipher)。但是，“巨人”要比“甜点”复杂很多。恩尼格玛密码只使用了 3 ～ 8 个加密转子进行加密，而洛伦兹密码有 12 个加密转子。每增加一个转子，就会大幅提高密码的复杂度，因此想要破译洛伦兹密码就必须更加高速、灵活。

电子管为巨人计算机提供了所需要的计算速度。但是，这也意味着它需要一个与计算速度相当的输入系统。它采用的打孔纸带输入系统，如果每秒输入 5000 个字符，纸带本身的移动速度将高达每小时 43.45 千米。高速移动的同时还要保持纸带适当拉紧，防止纸带撕裂，这是一项相当棘手的工程难题。巨人计算机由一批密码分析人员操作，其中包括 272 名来自英国皇家海军女子部队的女性工作人员和 27 名男性工作人员。

艾伦·图灵发明了一种灵活的密码分析技术，被称为“图灵方法”(Turingery)。这种技术可以推断出每个洛伦兹密码转子的密码模式。同时，英国数学家图特也设计出了一种算法，即便德军每次都修改，也可以确定转子的起始位置。■

延迟线存储器

约翰·毛克利（John Mauchly，1907—1980）
J. 普雷斯珀·埃克特（J. Presper Eckert，1919—1995）
莫里斯·威尔克斯（Maurice Wilkes，1913—2010）

英国计算机科学家莫里斯·威尔克斯蹲在 EDSAC 的水银延迟线存储器旁边。

EDVAC 报告书的第一份草案（1945 年），威廉姆斯管（1946 年），磁芯存储器（1951 年）

早期的计算机系统需要一种速度快、可重写、可扩展的数据存储方法。按照这些要求，人们找到了一种解决方案：把电子信号转换为声音脉冲，然后将声音脉冲通过一根长长的管子发送出去，这根管子就叫作延迟线（delay line）。早期的延迟线可存储高达 576 比特的信息，这些信息由电转声，再由声转电，循环往复。

第二次世界大战期间，埃克特为了模拟雷达系统，发明了水银延迟线（mercury delay line）。根据延迟线的长度，仔细调准雷达脉冲，就有可能实现一个只显示移动目标的显示器。1944 年，埃克特在美国费城组装计算机 EDVAC 时，就采用了水银延迟线存储器。1947 年 10 月 31 日，埃克特和毛奇利提交了专利申请，但是直到 1953 年才获得专利批准，而那时延迟线早已过时。

在延迟线中，如果计算机要存储一个 1，就会向转换器发送一个电子脉冲，由转换器生成超声波。超声波可以从延迟线的一端传播至另一端，然后又被转换回电信号，经调整放大再次成为一个 1。然后，电子脉冲通过导线回到最初的转换器，又一次转换为超声波重新注入延迟线中的介质。在这个比特信息的循环往复中，在时间序列的特定节点上会有电子设备进行写入及读取操作。如果某一时间节点上没有电子脉冲，那就表示一个 0。

英国剑桥大学数学实验室的莫里斯·威尔克斯一方面继续研制 EDVAC，另一方面完善了延迟线技术，建造出了 EDSAC（延迟存储电动计算器）。EDSAC 于 1949 年 5 月投入使用，是第一个使用延迟线进行数字存储的系统。此后不久，EDVAC 才开始运行。埃克特和毛克利还在 UNIVAC（通用自动计算机）上安装了延迟线存储器，并出售给了美国人口普查局以及其他客户。

后来，延迟线采用了磁压缩技术，在一个大约直径 30.48 厘米的卷线中，可以存储超过 10 000 比特。由于这些延迟线非常可靠，直到 20 世纪 60 年代中期还被用于计算机、视频显示器和台式计算器。1967 年，威尔克斯被授予图灵奖。■

BCD 码

霍华德・艾肯（Howard Aiken，1900—1973）

霍华德・艾肯在检查马克 1 号计算机的纸带阅读机。

二进制运算（1703 年），浮点数（1914 年），IBM System / 360 计算机（1964 年）

在数字计算机中，主要有 3 种表示数字的方式。第一种方法就是使用十进制，从 0 到 9 的每一个数字都有各自的数位、电线、孔洞或者印刷符号。这一方法最直接反映了人们学习和执行运算的方式，但在计算机中的效率却非常低。

第二种方法是完全使用二进制来表示，这一方法效率最高。对于二进制而言，n 个数位可表示 $2n$ 个可能的数值。也就是说，如果有 10 根导线，就可以表示 0～1023（$2^{10}-1$）之间的任意数字。然而，十进制与二进制之间的转换较为复杂。

第三种方法是使用二进制编码的十进制（binary-coded decimal，BCD 码）。将每一个十进制数字转化为一组 4 位二进制数字，每一个数位代表 1、2、4、8。因此，从 0 到 10 分别转化为 0000、0001、0010、0011、0100、0101、0110、0111、1000、1001 和 1010。基于 BCD 码的计算效率是基数十进制的 4 倍，并且十进制数和 BCD 码之间的转换非常简单。此外，BCD 码还有一个巨大优势，那就是可以精准表示数值 0.01，这一点在货币计算中非常重要。

早期计算机先驱对这 3 种方式都进行了尝试。例如，建于 1943 年的 ENIAC 基于十进制进行计算；霍华德・艾肯在哈佛大学设计了马克 1 号计算机（Mark 1），采用一种 BCD 码的修改版；康拉德・楚泽的 Z1、Z2、Z3、Z4 计算机使用的是二进制浮点运算。

第二次世界大战后，IBM 公司继续沿着两条不同的道路来设计、制造和销售计算机：科学计算机采用二进制，而商用计算机采用 BCD 码。后来，IBM 公司又推出了 IBM 360 系统，兼容了两种不同的方法。在现代计算机上，BCD 码通常由软件而非硬件实现。

1972 年，美国最高法院裁定计算过程不可拥有专利权。例如，在戈特沙尔克（Gottschalk）诉本森（Benson）一案中，法院裁定将二进制编码的十进制数字转换成纯二进制数字“仅仅是一系列数学计算或思维步骤，并不能构成专利法意义上可专利的‘过程’。”■

《我们可以这样设想》

范内瓦·布什（Vannevar Bush，1890—1974）

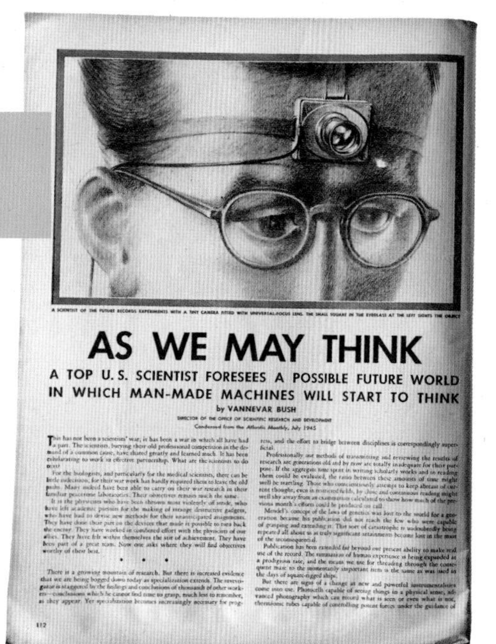

AS WE MAY THINK

A TOP U.S. SCIENTIST FORESEES A POSSIBLE FUTURE WORLD IN WHICH MAN-MADE MACHINES WILL START TO THINK

by VANNEVAR BUSH

范内瓦·布什在《我们可以这样设想》一文中预言了计算机科学领域的未来发展。

电子语音合成（1928 年），微分分析器（1931 年），“所有演示之母”（1968 年）

在第二次世界大战期间，微分分析器的发明者范内瓦·布什担任了美国科学研究与开发办公室的负责人。1945 年，他撰写了一篇极具先见性和影响力的文章，对即将到来的信息时代作出了预测和判断。这篇文章题为“我们可以这样设想”（*As We May Think*），最早刊发在《大西洋月刊》（*Atlantic Monthly*）上。布什在文章中写道，世界处于创造的浪潮之巅，只有使用技术，人们才有可能跟得上海量的知识。“人类经验的总和正以惊人的速度扩展，”他说，“我们在随之出现的经验迷宫中穿行，然而我们寻找重要信息的方法仍与古代横帆船时代无异。”

当时，第二次世界大战即将结束，布什正在试图为科学研究设定一个新的方向。他希望科学研究可以促进和平，有益于全人类发展，这与他曾经监管曼哈顿计划、助力原子弹研发形成了鲜明对比。在这篇文章中，布什预言了许多后来出现的技术，其中包括语音识别、互联网、在线百科全书、超文本、个人数字助理、触摸屏以及交互式用户界面设计。

布什关心的核心问题是信息应当如何被组织。他认为，人们通常将信息按数字顺序排列或者按字母顺序排列，但这种方法是无效的。在他看来，人类思想通过联想来储存和理解信息，我们的思维会从一个想法跳到另一个想法，从而形成语境与意义。

他提出了一个设计方案，命名为“memex”，是“memory extender”的缩写，意思是“记忆拓展器”。“memex”可以让每个人建立各自的信息库，记录某一主题的思想变迁以及相关信息的出处。这个设备是一个配有机电装置的桌子，带一个键盘和两个屏幕，桌子中存放着翻拍了大量书籍和文章的微缩胶卷，方便随时取用；另外还有一支手写笔，可以直接在屏幕上添加笔记，并连接至各自的信息库中。

如今，除了缩微胶卷，布什的设想几乎都已全部实现。■

EDVAC 报告书的第一份草案

约翰·毛克利（John Mauchly，1907—1980）
J. 普雷斯珀·埃克特（J. Presper Eckert，1919—1995）
约翰·冯·诺依曼（John von Neumann，1903—1957）
赫尔曼·戈尔斯坦（Herman Goldstine，1913—2004）

EDVAC 参加美国富兰克林研究所举办的展览。标志牌上写着：EDVAC 测试机。由宾夕法尼亚大学摩尔电气工程学院为美国陆军研发。

ENIAC（1943 年）

1945 年

在 ENIAC 投入使用之前，埃克特和毛克利已经在设计另一台性能更加强大的计算机，这就是电子离散变量自动计算机（Electronic Discrete Variable Automatic Computer，EDVAC）。

ENIAC 可以被认为只是将 20 台累加器连接在一起，但是 EDVAC 已经类似于我们所认知的现代计算机。EDVAC 有一个存储器，既存储程序，也存储数据；还有一个中央处理器（CPU），可以接收来自存储器的指令，并执行这些指令。何时将数据从存储器复制到 CPU，何时使用各类数学函数、何时将计算结果写入主存储器中，都由主存储器中的程序来决定。

如今，我们把这样的计算机结构称为“冯·诺依曼结构”。约翰·冯·诺依曼出生于匈牙利，1930 年移民美国，学识深厚、知识广博，是美国普林斯顿高等研究院的首批教员之一，与其一起的还有阿尔伯特·爱因斯坦（Albert Einstein）和库尔特·哥德尔（Kurt Gödel）。

冯·诺依曼和其他物理学家共同设计了爆炸透镜，作为引爆装置应用在爆炸于美国新墨西哥州、日本长崎和广岛的 3 颗原子弹中。在这期间，冯·诺伊曼有一次在火车站见到赫尔曼·戈尔斯坦。戈尔斯坦是一位数学家，也是宾夕法尼亚大学埃克特和毛克利的美国陆军联络人。戈尔斯坦把冯·诺伊曼介绍给埃克特和毛克利；不久之后，冯·诺依曼就加入了 EDVAC 设计研究小组。

在往返于新墨西哥州洛斯阿拉莫斯的火车途中，冯·诺依曼写下了他的笔记，并邮寄给了戈尔斯坦。戈尔斯坦将这些笔记打印了出来，命名为《EDVAC 报告书的第一份草案》（*First Draft of a Report on the EDVAC*），在封面上写下冯·诺伊曼的名字（虽然大部分工作是埃克特和毛克利完成的），并复印分发了 24 份。

现代计算机的结构更接近霍华德·艾肯（Howard Aiken）研发的机器，也就是所谓的哈佛结构（Harvard architecture）。但是，人们仍然愿意使用“冯·诺依曼结构”一词来描述现代计算机。■

轨迹球

拉尔夫·本杰明（Ralph Benjamin，1922—2019）
凯尼恩·泰勒（Kenyon Taylor，1908—1986）
汤姆·克兰斯顿（Tom Cranston，约 1920—2008）
弗雷德·朗斯托夫（Fred Longstaff，生卒不详）

第一个轨迹球使用了一个放在气垫上的保龄球。图中右下方可见一喷嘴。

鼠标（1967 年）

轨迹球是最早的计算机输入设备之一，使用者可以自由移动光标。也就是说，可以同时在计算机屏幕上的 X 轴和 Y 轴移动。但是，从轨迹球的发明到它被广泛使用之间相隔了很长一段时间。

1946 年，一位名叫拉尔夫·本杰明的英国工程师设计了第一个轨迹球原型机，当时他正在参与英国皇家海军科学服务部的雷达项目。这一项目是一个综合显示系统，要使得船只能够在横纵坐标上监控低空飞行物。最初这个系统采用的输入设备是操纵杆。本杰明发明了一个名为“滚球”的新设备，希望能改进系统输入方法。“滚球”有一个金属外壳，里面装有一个金属球和两个橡胶轮。这个设备可以帮助使用者更加精确地控制屏幕上光标的移动，便于输入目标飞行物的位置数据。英国人一直将该设备视为军事机密，直到 1947 年本杰明获得了这项技术专利才得以公之于众。“滚球”被描述为一种在存储器和显示器之间实现数据关联的设备。

1952 年，加拿大工程师汤姆·克兰斯顿、弗雷德·朗斯托夫和凯尼恩·泰勒基于本杰明的设计，为加拿大皇家海军数字自动跟踪和解析系统研发出了轨迹球。该系统是一个计算机化的战场信息系统。轨迹球使用了加拿大五孔保龄球，允许使用者在屏幕上控制和跟踪输入的位置。

本杰明的滚球对鼠标以及现代轨迹球的发展产生了巨大的影响。滚球与鼠标的不同点在于，滚球自身是不移动的，使用者用手掌和手指转动球体进行控制；而鼠标需要整个设备进行物理空间的位置移动。■

1946 年

威廉姆斯管

弗雷德里克·卡兰·威廉姆斯（Frederic Calland Williams，1911—1977）
汤姆·基尔伯恩（Tom Kilburn，1921—2001）

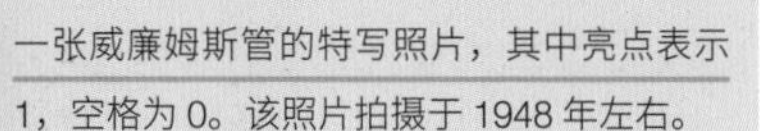
一张威廉姆斯管的特写照片，其中亮点表示1，空格为0。该照片拍摄于1948年左右。

延迟线存储器（1944年），曼彻斯特小型实验机（1948年），磁芯存储器（1951年）

1946年

威廉姆斯管，有时也被称为威廉-基尔伯恩管（William-Kilburn tube），是第一个全电子的存储系统，也是第一个支持随机存取的存储系统。所谓支持随机存取，指的是存储器的任何位置都可以按任何顺序进行存取。

威廉姆斯管是一种阴极射线管，类似于在第二次世界大战期间雷达显示器中使用的那种。但是，经过改进后，屏幕上显示的亮点可以被计算机所读取。早期的威廉姆斯管一次只能存储一个二进制数，即一个0或者一个1，通常会构成一个64×32的矩形方阵。这种阴极射线管由美国曼彻斯特大学的弗雷德里克·威廉姆斯和汤姆·基尔伯恩设计研发，性能优于已在EDSAC和UNIVAC上使用的水银延迟线存储器，因为它的任何一位数据都可以立即被访问。相比之下，延迟线存储器中的数据，只有当电子通过水银抵达线路末端时才可以被读取。此外，威廉姆斯管和水银延迟线有一个共同特性，那就是二者都需要持续不断地刷新。这一点与现代动态随机存储器（DRAM）芯片是类似的。因为储存信息需要能量，而能量会被耗散，所以数据必须被反复读取、反复写入。

IBM 701计算机使用了72个威廉姆斯管，共有2048个字节，每个字节36位；此外，还配备了一个旋转磁鼓，容量约是内存大小的4倍，但存取速度却慢得多。然而，威廉姆斯管并不十分可靠，据称IBM 701只能连续运行15分钟，超时就会因内存错误而崩溃。事实上，这些阴极射线管确实不太让人放心，以至于专门建造了一台曼彻斯特小型实验机（SSEM），用以测试威廉姆斯管。

麻省理工学院的旋风计算机（Whirlwind）于1949年首次投入使用，最初设计使用一种经过改良的威廉姆斯管，通过加入泛射式电子枪（flood gun），从而不再需要反复刷新。近三十年后，同样的方法也被用于存储管显示器，例如在电子实验室中用于监控电路的图形终端和示波器。但是，经过改良的威廉姆斯管价格十分昂贵，当时每只高达1000美元，而且使用寿命只有一个月左右。旋风计算机项目的负责人杰伊·福雷斯特（1918—2016）为此深受困扰，后来发明了磁芯存储器（core memory）作为替代。■

045

一只虫子引起的故障

霍华德·艾肯（Howard Aiken，1900—1973）
威廉·“比尔”·伯克（William “Bill” Burke，生卒不详）
格蕾丝·默里·霍珀（Grace Murray Hopper，1906—1992）

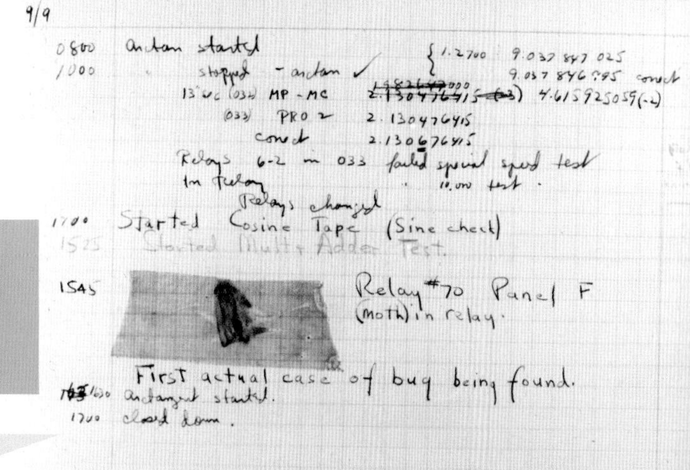

导致马克 2 号故障的飞蛾被粘贴在实验室日志上，下面写道：“第一个被发现的真正 bug”。

COBOL 语言（1960 年）

1947 年，哈佛大学教授霍华德·艾肯完成了马克 2 号计算机（Mark Ⅱ）的研制。这台机器建造完成后就被送往位于美国弗吉尼亚州达尔格伦的海军试验场。马克 2 号拥有约 13 000 个高速电动机械继电器，可以处理 10 位十进制数字，执行浮点运算，并能从打孔纸带上读取指令。直到今天，我们仍在使用“哈佛结构”一词来描述将程序与数据分开存储的计算机，这不同于将程序和数据一起存储的“冯·诺依曼结构”。

但是，马克 2 号令人印象深刻的既不是它的结构，也不是它的纸带，而是在 1947 年 9 月 9 日发生的事情。那天上午 10 点，马克 2 号的测试没有通过，计算结果为 2.130 476 415，而非预定答案 2.130 676 415。随后，操作人员又测试了两次，一次在上午 11 点，另一次在下午 3 点 23 分。最终，在下午的那次测试中，威廉·伯克与计算机操作员们一起找到了问题所在——有一只飞蛾卡在 F 号面板上的 70 号继电器中。操作人员小心翼翼地将飞蛾取出，并将其粘贴在实验室日志上，一语双关地写道“第一个被发现的真正 bug”。“bug”一词既指虫子，也指计算机故障。

后来，伯克与马克 2 号一起抵达达尔格伦，并在那里工作了几年时间。当时的其中一位操作员是格雷斯·默里·霍珀，她于 1943 年自愿加入美国海军，1946 年成为哈佛大学研究员，1949 年以高级数学家的身份进入埃克特和毛克利创办的计算机公司，从事高级计算机语言的开发工作。事实上，并不是霍珀找到了那只虫子，但是她把当时的故事讲得太好，又讲了太多次，以致有人错误地将这一发现归功于她。至于 bug 这个词，其实早在 1875 年就已经被用来指机器故障。根据《牛津英语词典》，托马斯·爱迪生在 1889 年告诉一位记者，他连续两个晚上没有睡觉，修复了留声机中的一个故障（bug）。■

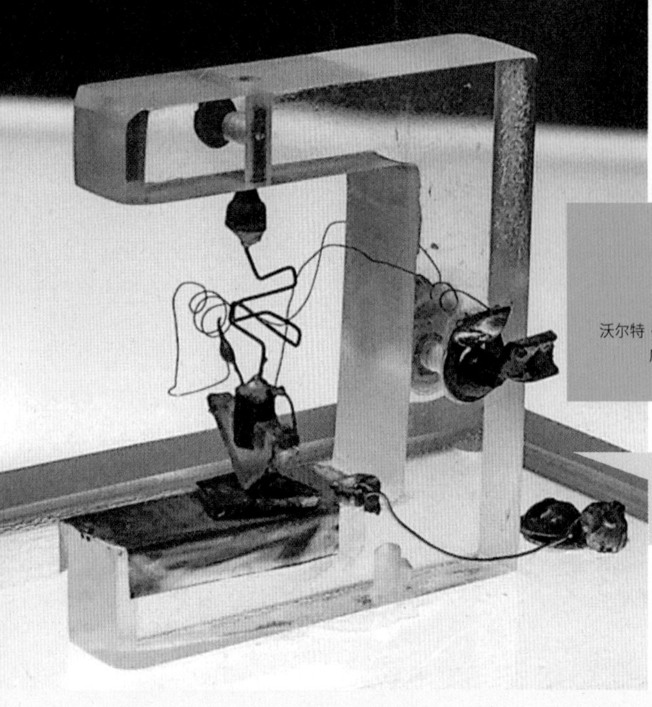

硅晶体管

约翰·巴丁（John Bardeen，1908—1991）
沃尔特·豪泽·布拉顿（Walter Houser Brattain，1902—1987）
威廉·肖克利（William Shockley，1910—1989）

美国贝尔实验室的巴丁、布拉顿和肖克利于 1947 年制造了第一个晶体管。

半导体二极管（1874 年），第一个发光二极管（1927 年）

一个晶体管就是一个电子开关：电流能否从一端流到另一端，取决于第三端是否被施加了电压。结合布尔代数法则，这个简单的元件器就成了微处理器和存储器的最小单元，甚至构成了整个计算机革命的基石。

不管是哪一种技术，只要可以通过一种信号来开启和关闭另一种信号，都能用于搭建一台计算机。查尔斯·巴贝奇使用杆、齿轮和蒸汽动力做到了；康拉德·楚泽和霍华德·艾肯使用继电器做到了；在 ENIAC 中使用电子管也做到了。每一代新技术都比前一代技术更加快速、更加可靠。

相较于电子管，晶体管有几个优点：一是功率更低，发热更少；二是开关速度更快；三是不易受物理冲击影响。所有这些优点都是因为晶体管更小——体积越小，优点就越明显。

现代晶体管可以追溯到 1947 年约翰·巴丁、沃尔特·布拉顿和威廉·肖克利 3 人研制的一款设备。当时，他们在美国电话电报公司的贝尔实验室工作，想要制造一种能够探测超高频无线电波的放大器，但他们手中的电子管速度都不够快。所以，他们开始尝试使用半导体晶体。自收音机于 19 世纪 90 年代出现以来，一直在使用一种被称为“猫须”（Cat's Whiskers）的半导体晶体。

猫须收音机使用一根锋利的金属丝，也就是所谓的“须”，插入一片半导体锗中；通过沿半导体移动导线并改变压力，半导体和导线就构成了一个二极管，这是一种只允许电流单向流动的元器件。这个贝尔实验室的团队制造了一种装置，将两片金箔贴在晶体上，然后向半导体锗通电。结果得到了一个放大器：从导线输出的信号比输入的信号更强。今天我们称之为点接触晶体管（point-contact transistor）。

巴丁、布拉顿和肖克利 3 人由于发明晶体管而共同获得了 1956 年诺贝尔物理学奖。■

比特

克劳德·E. 香农（Claude E. Shannon，1916—2001）
约翰·W. 图基（John W. Tukey，1915—2000）

数学家和计算机科学家克劳德·香农。

维尔南密码（1917 年），纠错码（1950 年）

德国数学家戈特弗里德·威廉·莱布尼茨最早发明了二进制数运算规则。大约 250 年之后，克劳德·香农意识到，一个二进制数字（0 或 1）就是一个最基本的、不可分割的最小信息单位。

1940 年，香农在麻省理工学院获得博士学位，随后他前往位于美国新泽西州的普林斯顿高等研究院任职。在那里，他与从事计算、密码学与核武器交叉领域的数学家们共事，其中包括约翰·冯·诺依曼、阿尔伯特·爱因斯坦、库尔特·哥德尔，还有艾伦·图灵。

1948年，香农在《贝尔系统技术杂志》（*Bell System Technical Journal*）上发表了《通信的数学理论》（*A Mathematical Theory of Communication*）。这篇论文的灵感部分来自香农在战争期间所从事的密码学工作。在这篇文章中，他提出了一个广义通信系统的数学定义，对信源、编码、信道、译码、信宿等概念作了详述。

香农在文章中引入了比特（bit）一词，既是指二进制数位，也是信息的基本单元。虽然香农自己将“比特”一词归功于美国统计学家约翰·W. 图基，而且其他计算先驱们也曾使用过这个词，但是香农首次将比特作为信息进行了数学定义：比特，不只是 1 或 0，而是信息。信息可以帮助接收者消除不确定性。根据香农的工作，我们可以得知每一个通信信道都有一个理论上限，那就是信道每秒可承载的最大比特数。如今，任何一个通信系统都使用香农的理论进行分析，无论是手持无线电、卫星通信，还是数据压缩系统，甚至是股票市场。

香农的工作指明了信息与熵的关系，建立了计算与物理之间的联系。后来，著名的物理学家史蒂芬·霍金（Stephen Hawking）表示，他对黑洞的理论分析，大部分都来自破坏信息的能力以及随之而来的问题。■

科塔计算器

科特·赫兹斯塔克（Curt Herzstark，1902—1988）

科塔计算器是迄今为止独一无二的数字机械袖珍计算器。

安提基特拉机械（约公元前 150 年），托马斯计算器（1851 年）

1948 年

科塔计算器或许是有史以来最优雅、最紧凑、最实用的一款机械计算器。它由奥地利工程师科特·赫兹斯塔克设计，是迄今为止独一无二的数字机械袖珍计算器。科塔计算器顶部有一个曲柄，可以转动提供动力，完成加、减、乘、除四则运算。

科特·赫兹斯塔克的父亲塞缪尔·雅各布·赫兹斯塔克（Samuel Jacob Herzstark）是奥地利备受尊重的进口商和制造商，从事生产销售机械计算器和其他精密仪器。赫兹斯塔克高中毕业后，就在他父亲的公司当学徒。1937 年，他父亲去世，赫兹斯塔克接管了这家公司。

当时的机械计算器又大又重，需要放置在桌面上使用。有一次，赫兹斯塔克的一位顾客抱怨说，他不想只为了计算一列数字而再返回办公室。由此，赫兹斯塔克开始设计手持计算器。1938 年 1 月，就在德国入侵并吞并奥地利的两个月前，他已经完成了一个早期原型机。虽然赫兹斯塔克有一半的犹太人血统，但是纳粹还是让他继续经营这家制造工厂，前提是他必须停止所有民用生产，只能为他们制造机械设备。

1943 年，赫兹斯塔克的两名员工因分发英语广播节目的手抄本而被捕。赫兹斯塔克试图营救员工，但是随后他也被以“猥亵雅利安妇女”的罪名送往了布痕瓦尔德集中营。在集中营里，有一名警卫是赫兹斯塔克的前雇员。他很快就认出了赫兹斯塔克，并将机械计算器的事儿告诉了集中营的负责人。得知此事后，德国人要求赫兹斯塔克必须完成他的计算器，为了在纳粹德国赢得战争胜利之时将计算器作为礼物献给希特勒。但是这一幕并未发生：布痕瓦尔德集中营于 1945 年 4 月 11 日获得解放，而且希特勒也在 19 天后自杀了。

获得自由后，赫兹斯塔克把他在集中营里画的图纸带到一家机械工厂，仅仅 8 周后就做出了 3 台原型机。1948 年秋，第一款商业化的科塔计算器正式投产。■

049

曼彻斯特小型实验机

弗雷德里克·卡兰·威廉姆斯（Frederic Calland Williams，1911—1977）
汤姆·基尔伯恩（Tom Kilburn，1921—2001）

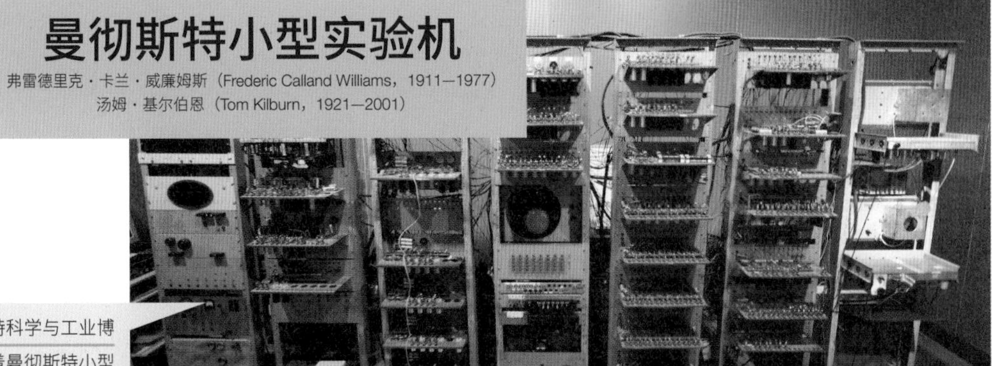

在英国曼彻斯特科学与工业博物馆中，陈列着曼彻斯特小型实验机的复制品。

Z3 计算机（1941 年），阿塔纳索夫-贝瑞计算机（1942 年），威廉姆斯管（1946 年）

1948 年

数字计算机的关键之处是程序与数据要存放在同一个存储器。在现代计算机中，这一设计使得一个程序要将第二个程序加载至存储器中再执行。20 世纪 50 年代，机器的存储空间十分有限，为了尽可能节省空间实现更多功能，程序与代码的混合实现了程序真正的自我修改，现在之称为自我修改代码（self-modifying code）。现代计算机正是使用这种方法将代码加载到计算机内存中并执行，这是计算机成为通用机器的基础。但是，在曼彻斯特小型实验机（SSEM）之前，没有一台机器可以称得上数字计算机，至少在现代意义上确实没有。它们有的通过硬连线的方式来执行特定计算，如阿塔纳索夫-贝瑞计算机；有的通过某种打孔磁带获取指令，如楚泽系列计算机；有的通过电线和开关设置程序，如 ENIAC。实际上，它们只是计算器，而不是计算机。

SSEM 也被它的研发者们昵称为“宝贝”，最初是为了测试弗雷德里克·威廉姆斯于 1946 年设计的存储管。SSEM 塞满了一个 1.86 平方米的房间，由 8 架设备和威廉姆斯管，以及许多无线电管和电压表组成。每个存储管可存储 1024 比特。随着程序运行，存储数据会发生改变，存储管上的阵列排列方式也发生了变化。

因为程序存于存储器，且使用了自我修改代码，所以对汤姆·基尔伯恩而言很容易做修改。第一个在 SSEM 上成功运行的程序就是基尔伯恩编写的，其作用是计算 2^{18}（262 144）的最大因数。该程序花费 52 分钟找到了正确答案 2^{17}（131 072），平均每条指令耗时 1.5 毫秒。这个程序的最初版本只有 17 条指令。

然而，找到正确的答案并不是一件容易的事。据说威廉姆斯有过这样一段话：“点阵陷入了疯狂的舞蹈。在早期试验中，这是一种死亡之舞，预示着不会有任何结果。然而，有一天它却停了下来，在预期的位置明亮地照耀着，那正是预期的答案。”■

旋风计算机

杰伊·福雷斯特（Jay Forrester，1918—2016）
罗伯特·R. 埃弗雷特（Robert R. Everett，1921—2018）

为美国海军研发的旋风计算机是世界上第一台交互式计算机。

磁芯存储器（1951 年）

1949 年

1944 年，美国海军要求麻省理工学院伺服机械实验室建造一款飞行模拟器，用来训练海军飞行员。最初，麻省理工学院试图建造一台模拟计算机，但很快他们就意识到，如果想要实现仿真，只有数字计算机才能提供所需的高速、灵活、可编程等条件。因此，在 1945 年，美国海军研究办公室与麻省理工学院签订协议，计划制造世界上第一台交互式计算机。

这台计算机被命名为旋风（Whirlwind）。建造这台计算机是一项庞大的工程：涉及 175 名人员，每年预算 100 万美元，使用 3300 根电子管，占地面积 306.58 平方米。这台机器位于麻省理工学院 N42 楼，这是专门为这个项目购置的二层楼房，建筑面积 2322.6 平方米。

旋风是第一台拥有图形显示器的计算机，有两个 5 英寸屏幕，可显示空域地图。此外，它还拥有第一个图形输入设备，称为“光笔”（light pen），由罗伯特·埃弗雷特发明，可选定屏幕上的位置。1949 年，旋风计算机开始部分运行，麻省理工学院教授查尔斯·亚当斯（Charles Adams）与程序员小约翰·吉尔摩（John Gilmore Jr.）利用它的图形功能设计了一款电子游戏：有一条带有小孔的线，还有一颗不断弹跳的球，每弹跳一次就会发出“砰”的声音。游戏的目标是移动线的位置，让球刚好从小孔掉进去。

很显然，当时的电子技术仍须改进。旋风计算机的电子管非常容易被烧毁。经过深入分析，实验室确定是阴极中的微量硅元素引发了故障。清除故障物后，电子管的寿命延长了 1000 倍。人们非常清楚，计算机需要更大容量、更加可靠的存储器。后来，福雷斯特发明了磁芯存储器，成为随后二十年计算机的主要存储系统。再后来，旋风计算机需要将代码永久存于计算机中，用于加载其他程序，并提供一些基本功能，由此推动了第一个计算机操作系统的出现。

1951 年，旋风计算机开始全面运行。虽然从未被真正用作飞行模拟器，但是旋风计算机的图形显示功能已表明，计算机能够呈现地图并跟踪物体，可以用于防空领域。■

纠错码

理查德·汉明（Richard Hamming，1915—1998）

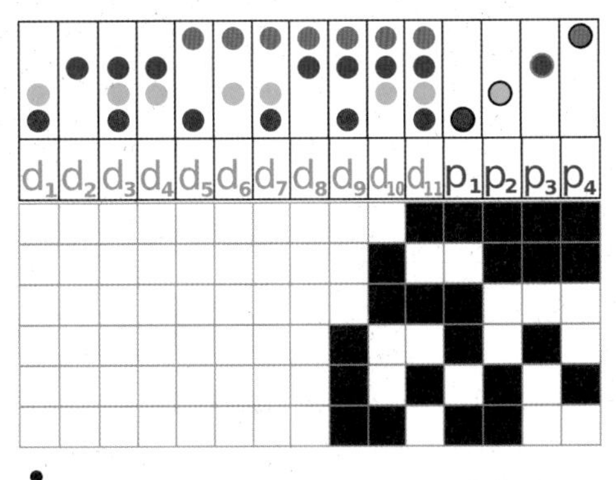

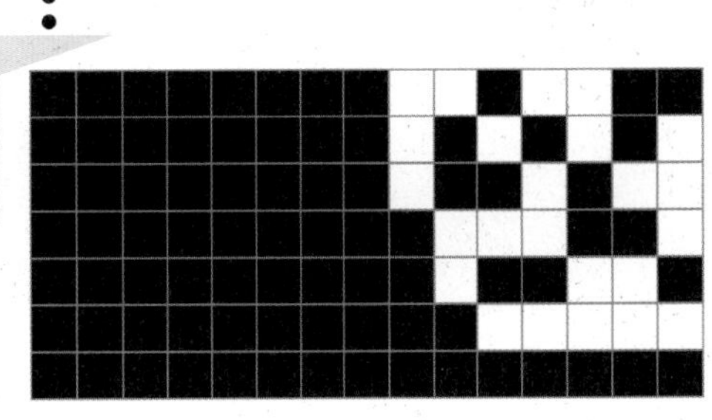

图中 P1、P2、P3、P4 是二进制数 00000000001 到 0000000110、111111111001 到 1111111111111 的 4 位纠错码。

比特（1948 年）

理查德·汉明是一位数学博士，起初从事原子弹的数学建模工作，后来到贝尔实验室与克劳德·香农、约翰·图基一起编写计算机程序。汉明发现，这些计算机本该能够精准地执行计算，然而事实并非如此。据汉明本人说，在美国陆军的阿伯丁试验场上，贝尔实验室建造了一台继电器计算机，共有 8900 多个继电器，通常每天都会发生 2～3 次故障。一旦出现故障，所有计算结果都付之东流，只得重新开始。

当时，对于计算机设计人员来说，一个流行的做法是额外设置一个比特位，称为“奇偶校验位”（parity bit），用以检测传输或存储数据时发生的错误。汉明认为，如果可以自动检测错误，也一定可以自动纠正错误。最终，他想到了如何实现这一点，并于 1950 年 4 月在《贝尔系统技术》（*Bell System Technical Journal*）上发表了他的开创性文章《错误检测与纠错码》（*Error Detecting and Error Correcting Codes*）。

纠错码在提高现代计算机系统可靠性方面发挥着至关重要的作用。如果没有纠错码，一旦接收方收到的数据出现一点点错误，发送方必须全部重新发送。因此，现代蜂窝数据系统都使用纠错码，让接收方自行修复微小错误，无须要求发送方重新发送。现今，纠错码也被用于纠正存储数据中的错误。例如，宇宙射线会扰乱动态随机存储器（DRAM）中的比特数据，因此在互联网服务器中通常会使用纠错码予以保护，自动纠正绝大多数由杂散背景辐射引发的错误。在 CD 和 DVD 中，也会使用纠错码来保证表面划痕不会影响光盘的正常播放。此外，纠错码越来越多地被纳入高性能无线通信协议中，减少因噪声而导致数据重发的情况。

由于在数值方法、自动编码系统、检错和纠错码方面作出的贡献，汉明于 1968 年获得了图灵奖。■

图灵测试

艾伦·图灵（Alan Turing，1912—1954）

由哈里森·福特（Harrison Ford）主演的电影《银翼杀手》（*Blade Runner*）中的沃伊特-坎普夫测试（Voight-Kampff test）能够通过观察紧张谈话时瞳孔的扩张来区分人与"复制人"。

ELIZA 聊天机器人（1965 年），深蓝战胜国际象棋世界冠军（1997 年），AlphaGo 战胜世界围棋大师（2016 年）

1951 年

"机器会思考吗？"艾伦·图灵在他 1951 年发表的论文《计算机器与智能》（*Computing Machinery and Intelligence*）中提出了这一问题。在图灵看来，未来有一天，计算机能够拥有和人脑一样的存储量和复杂度。他认为，当计算机的存储空间足够大，就可以存储大量的事实与应答，机器也就变得更加智能。由此，图灵提出了一个问题：我们如何判断一台机器是真正地拥有智能，还是仅仅表现得像是拥有智能呢？

图灵想出的方法是对机器进行测试。在他看来，是否拥有智能，其标志不在于计算数字或者学会下棋，而是拥有与一个真正智能体自然对话的能力。

在图灵的测试中，有一个人作为提问者，要与另一个人和一台计算机进行交流。提问者的任务就是区分哪一个是人，哪一个是计算机；而计算机的任务是让提问者无法作出正确判断。图灵在文中写道，如果计算机能够通过这样的测试，那么我们就有足够的理由认为它是有智能的，如同我们认为任何一个人都是有智能的。图灵还指出，如果想要一台计算机通过测试，最简单的方法就是从"出生"之时就学习教导计算机，就好像它是一个孩子一样。

在接下来的几年中，一些聊天机器人（chatbots）似乎通过了测试，让那些毫无戒心的人觉得这些机器是智能的。第一个例子就是 ELIZA，由麻省理工学院教授约瑟夫·魏泽鲍姆（Joseph Weizenbaum，1923—2008）于 1966 年设计研发。有一个关于 ELIZA 的故事：一位访客来到魏泽鲍姆办公室，但是魏泽鲍姆不在办公室，这位访客就通过电传打印机与魏泽鲍姆聊天。然而，令他没有想到的是，连接电传打印机和他聊天的竟是人工智能程序 ELIZA。但是，也有专家指出，这并不意味着 ELIZA 通过了图灵测试，因为这位访客没有事先被告知在电传打字机的另一端可能是一台计算机。■

计算机磁带

弗里茨・普弗勒默（Fritz Pfleumer，1881—1945）

UNIVAC 以水银延迟线和 13 毫米宽的金属磁带为存储器。图中远处的设备就是名为 Uniservo 的磁带存储器，磁带长度约 365.76 米。

美国人口普查表（1890 年）

曾经在长达四十多年的时间里，旋转着的磁带一直是流行文化中的计算机的标志性符号。或许是因为磁带的转动，似乎代表着是思想在表达、信息在传递，这是闪烁的灯光永远无法做到的。

起初，磁带只能用来录音。但到了 1951 年，磁带技术得到了改进，并在 UNIVAC 中找到了新用途。UNIVAC 是最早实现商业化生产的计算机之一，其运算速度远远高于人类的输入速度。数据和程序存储在磁带上，然后被加载到计算机内存中进行计算，计算结果可以被打印出来，也可以被写入另一个磁带中。

UNIVAC 采用的是金属磁带。早期录音机就是用金属磁带的长线轴和薄金属带来存储人类声音。一盘磁带长约 365.76 米，宽 13 毫米，运行速度达每秒 2.5 米，可以存储约 100 万个 6 位字符。

1952 年，IBM 公司为 IBM 701 计算机推出了 726 磁带驱动器。726 磁带驱动器与 UNIVAC 的磁带相似，不同的是 726 磁带驱动器采用了醋酸纤维素磁带。这种磁带上涂有一种氧化亚铁化合物。这种新技术使得磁带质量更小、成本更低，在录音方面更具优势。第二年，IBM 公司就发布了新一代产品——727 磁带驱动器，其容量和存储速率都翻了一番。至此，金属磁带被彻底终结。甚至到了 1971 年，IBM 公司都还在出售 727 磁带驱动器。

尽管磁带的速度比打孔卡片和纸带快很多，但由于这 3 种技术的特性和成本各不相同，它们并行使用了几十年，甚至可能出现在同一台计算机上。例如，在 20 世纪 60 年代，学生们通常会使用价格相对低廉的键盘打孔机将他们的计算机程序打压到打孔卡片上，然后再由计算机操作员将打孔卡片加载到磁带上，最终将许多学生的程序汇总到一盘磁带上。在午夜，计算机相对空闲的时候，就可以拿出磁带让计算机运行其中的程序。■

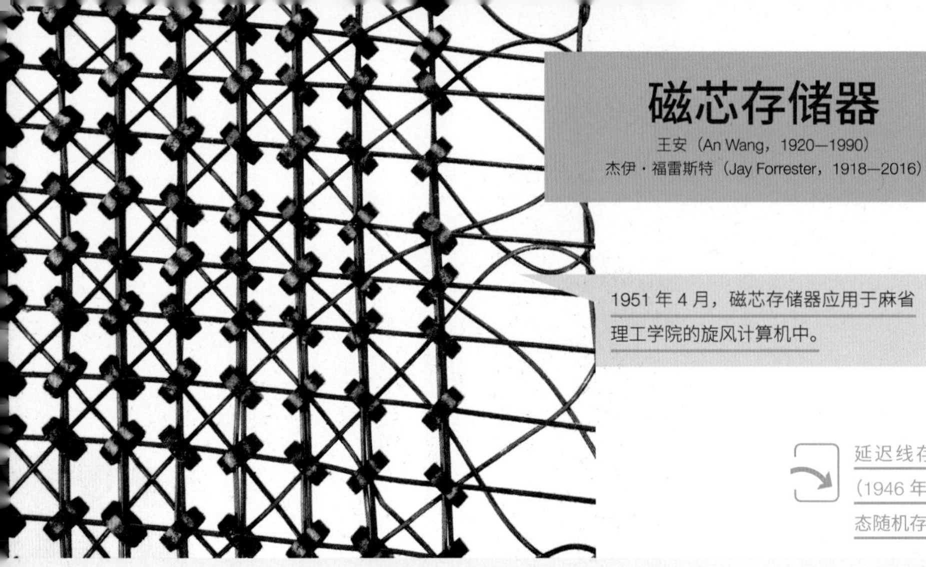

磁芯存储器

王安（An Wang，1920—1990）
杰伊·福雷斯特（Jay Forrester，1918—2016）

1951 年 4 月，磁芯存储器应用于麻省理工学院的旋风计算机中。

延迟线存储器（1944 年），威廉姆斯管（1946 年），旋风计算机（1949 年），动态随机存取存储器（1966 年）

最早的计算机没有可重写的存储器，而是通过“硬连接”的方式实现读取输入、执行计算、输出结果。但显而易见，如果用来保存程序的主存储器是可重写的，那么程序将更易于开发和调试；同样地，如果用于保存数据的存储器是可重写的，那么对于一台计算机来说就能处理更加复杂的问题。

磁芯存储器的基本原理是通过电流产生的磁场来感应微小的磁环，或者说磁芯。当一个磁芯被顺时针磁化或者逆时针磁化时，就被认为是存储了一个比特。有水平和垂直两根导线从磁芯中穿过，通过发送电子脉冲的方式使其磁化，将其中一个磁化方向认为是 0，另一个相反的磁化方向认为是 1。还有第三根穿过磁芯的导线，用来读取已存储的信息。磁芯存储器的优点在于即使断电，存储的信息依然保留；与此同时，最大的缺点是磁芯只能由手工串成存储系统，这也就是磁芯存储器造价高昂的原因。

美籍华人科学家王安最先提出了磁芯存储器的基本原理，当时他在哈佛大学与霍华德·艾肯（Howard Aiken）一起研制马克Ⅳ型计算机。1949 年，王安为磁芯存储器申请了专利。后来，哈佛大学对计算机失去了兴趣，王安于 1951 年选择离开并创办了他自己的公司——王安电脑公司（Wang Laboratories）。1956 年，IBM 公司以 50 万美元的价格从王安电脑公司收购了此项专利。

与此同时，麻省理工学院的杰伊·福雷斯特教授看到了一则新磁性材料的广告。他很快意识到，这种新材料可以用来存储数据，并由此建立了一个 32 位的原型存储系统。当时，麻省理工学院正在打造旋风计算机，作为第一台计算机化的飞行模拟器。旋风计算机采用的是基于存储管的静电存储系统，但是麻省理工学院的工程师们没能让那些存储管正常运作起来。福雷斯特与他的一名研究生花费了两年时间，建立了第一个具有实用价值的磁芯存储系统，在 32 × 32 磁芯阵列中可存储 1024 位数据信息。1951 年 4 月，磁芯存储器被应用到了旋风计算机中。同年，福雷斯特又申请了一项更加高效的三维阵列磁芯技术专利。1964 年，IBM 公司以 1300 万美元的价格从麻省理工学院收购了此项专利。■

055

微程序设计

莫里斯·威尔克斯（Maurice Wilkes，1913—2010）

莫里斯·威尔克斯（第一排左侧）是 EDSAC 的设计师。EDSAC 是最早的存储程序电子计算机之一。

旋风计算机（1949 年），IBM 1401 计算机（1959 年），IBM System / 360 计算机（1964 年）

1951 年，存储程序计算机的基本结构已经被确定，它拥有一个中央处理器（CPU），其中包括存储数据的寄存器、执行运算的算术逻辑单元（ALU），以及 CPU 和存储器之间的数据传输逻辑单元。但是，早期 CPU 的内部设计可以说是一团糟。每条指令都由不同的电路来实现，有些是共用组件，有些则完全独立。

后来，英国计算机科学家莫里斯·威尔克斯了解到旋风计算机是通过纵横交错的导线矩阵进行控制。他由此获得了灵感，意识到 CPU 也可以设计得更加规整。将一些导线通过二极管连接起来，电压依次施加到每根水平导线。借助二极管，相应的垂直导线被接通并激活 CPU 的不同部分。

威尔克斯认识到，旋风计算机二极管矩阵的每一行都可以被当作是 CPU 执行“微程序”的一系列微操作。1951 年，在美国曼彻斯特大学首届计算机大会上，他作了题为“设计自动计算机器的最佳方法”的演讲，正式提出了这一思想。然而，威尔克斯的想法没有得到重视，因为它描述的同样是用导线、二极管、电子开关来组建 CPU 的形式化方法，这与当时使用的方法并无明显不同，甚至可能还会用到更多组件。但威尔克斯认为，“微程序”的思想将形成一个更易设计、更易测试、更易扩展的系统。

事实上，威尔克斯的想法是正确的。微程序极大地简化了 CPU 设计，指令集也变得更加复杂。同时，它甚至还带来了意想不到的灵活性：1964 年，IBM 公司发布了 System/360 计算机，工程师们用微程序设计来实现对 IBM 1401 指令集的模拟，这使得用户可以更加便捷地在不同计算机之间进行转换。■

计算机语音识别

自动数字识别机是当今许多流行应用的技术先驱，其中就有如今能够识别语音命令的智能手机。

电子语音合成（1928 年）

1952 年

1952 年，贝尔实验室研发了一款自动数字识别机，被命名为奥黛丽（Audrey）。奥黛丽是使用计算机来识别和响应人类语音的里程碑之一。

奥黛丽可以识别数字 0～9 的语音，并通过一系列与数字对应的灯光进行反馈。奥黛丽对说话者语音的熟悉程度，决定了识别的准确率。因此，奥黛丽首先必须通过语音素材来“学习”一个人的独特声音。曾有一位奥黛丽的设计者进行测试，识别率可达到 80% 左右。实现对陌生人声音的识别，那是很多年之后的事情了，例如现在亚马逊公司的 Echo 和苹果公司的 Siri。

为了创建语音素材，说话者要缓慢诵读数字 0～9，每个数字之间至少要停顿 350 毫秒。这些声音会被分类，并存储到模拟存储器中。数字之间的停顿是有必要的，因为当时的语音识别系统还没有解决协同发音的问题。协同发音指的是说话者从一个单词转换到另一个单词时的语音连接现象。也就是说，对于语音识别系统而言，识别分离的词语会比连续的词语更加容易。

经过对语音素材的学习后，奥黛丽就能把新的语音信息与存储器中的数据进行匹配。当找到某一匹配数字时，与之对应的灯就会闪烁。

由于当时经济、技术等各类限制，奥黛丽难以实现批量生产。即便如此，奥黛丽仍然是语音识别发展历程中的重要成果。奥黛丽向人们证明了，这项技术在理论上是可以用来自动识别数字语音的，如账户号码、社保账号，以及其他种类的数字语音信息。

十年后，在 1962 年美国西雅图世界博览会上，IBM 公司向世人展示了一款能够识别 16 个单词的语音识别机器——Shoebox。■

057

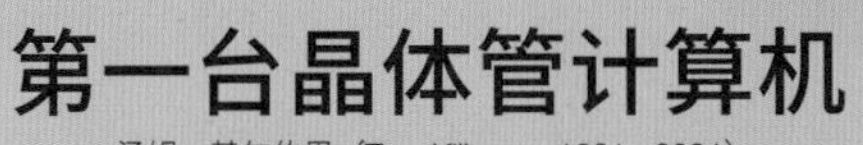

第一台晶体管计算机

汤姆·基尔伯恩（Tom Kilburn，1921—2001）
理查德·格里姆斯代尔（Richard Grimsdale，1929—2005）
道格拉斯·韦伯（Douglas Webb，1929— ）
让·H. 费尔克（Jean H. Felker，1919—1994）

曼彻斯特晶体管计算机原型机的一张局部特写照片。

硅晶体管（1947 年），旋风计算机（1949 年），PDP-1 计算机（1959 年）

1953 年

1947 年晶体管被发明，随之而来的就是以晶体管代替电子管。与继电器相比，电子管具有一个显著优势——它的速度快 1000 倍，但它会消耗过多电能，产生大量的热量，而且经常出现故障。而晶体管耗能很小，几乎不产生热量，更加稳定可靠。由于晶体管比电子管体积小，电子需要移动的距离更短，因此晶体管组成的计算机运行速度更快。

1953 年 11 月 16 日，美国曼彻斯特大学展示了一台晶体管计算机的原型机。这台机器采用了点接触晶体管，也就是用一片金属锗通过两个接触点连接两条非常靠近的导线。这台原型机使用了 92 个点接触晶体管和 550 个二极管，系统的字符长度为 48 位。（现今许多微处理器都可以处理长度为 8 位、16 位、32 位或 64 位的字符。）仅仅几个月后，贝尔实验室的让·费尔克就为美国空军建造了晶体管数字计算机（TRADIC），使用了 700 个点接触晶体管和 10 000 多个二极管。

不过，这种点接触晶体管很快就被双极性结型晶体管（俗称三极管）所取代。这种晶体管由两个半导体结组成。曼彻斯特大学在 1955 年完成了对原型机的升级工作，采用了 250 个这种新型晶体管。这台计算机被称为 Metrovick 950，由英国一家名为大都会维克斯（Metropolitan-Vickers）的电气工程公司负责生产制造。

1956 年，麻省理工学院林肯实验室的高级开发小组使用 3000 多个晶体管建造了 TX-0（晶体管计算机实验 0 号）。TX-0 是旋风计算机的晶体管版本，也是美国数字设备公司（Digital Equipment Corporation，DEC）“程序数据处理机 1 号”（PDP-1）的前身。■

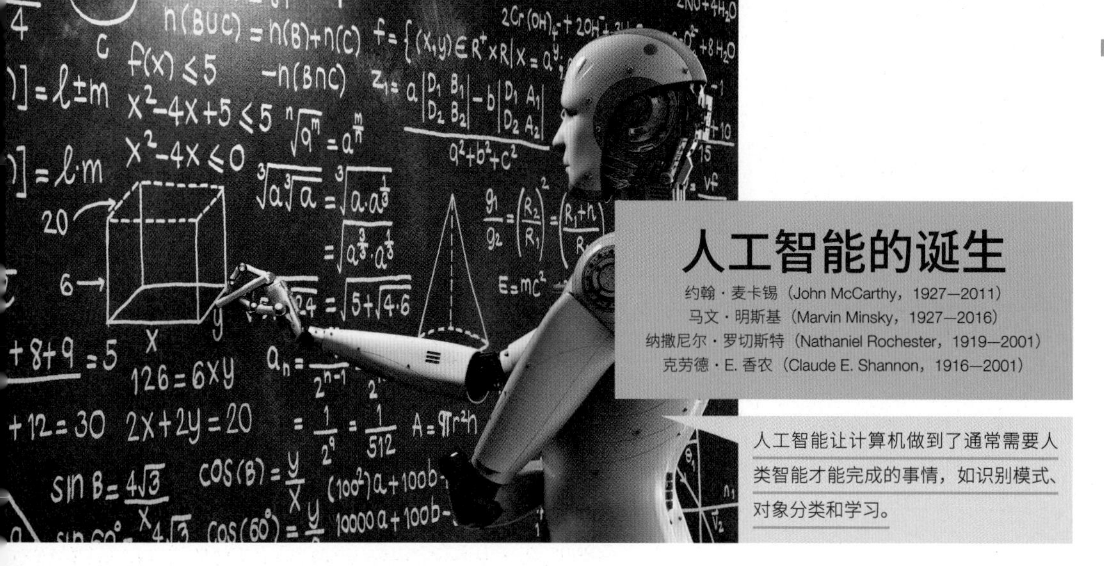

人工智能的诞生

约翰·麦卡锡（John McCarthy，1927—2011）
马文·明斯基（Marvin Minsky，1927—2016）
纳撒尼尔·罗切斯特（Nathaniel Rochester，1919—2001）
克劳德·E. 香农（Claude E. Shannon，1916—2001）

人工智能让计算机做到了通常需要人类智能才能完成的事情，如识别模式、对象分类和学习。

《罗森的通用机器人》（1920 年），《大都会》（1927 年），机器人三原则（1942 年），哈尔 9000 计算机（1968 年），日本第五代计算机系统（1981 年），家庭清洁机器人（2002 年），通用人工智能（—2050 年），计算是否有极限？（—9999 年）

1955 年

人工智能（Artificial Intelligence，AI）是一门计算机科学，其目的是要用计算机做到通常需要人类智能才能完成的事情。“人工智能”一词最早是由约翰·麦卡锡、马文·明斯基、纳撒尼尔·罗切斯特和克劳德·香农在 1955 年提出的。他们当时提议，要在 1956 年举办一场“达特茅斯人工智能夏季研讨会”。会议地点就在美国达特茅斯学院，会期长达两个月，共有 10 位学者参加。

如今，我们将这几位会议发起者称为“人工智能的开创者”。他们当时的主要兴趣是探索下一代计算机的基础，想让计算机学会使用抽象概念，试图理解人类思维方式。为此，他们尝试了繁多各异的研究项目，包括让计算机理解书面语言、解决逻辑问题、描述视觉场景，以及其他人类智能可以做的几乎所有事情。

自诞生以来，“人工智能”这一概念几经沉浮，人们都在以不同的方式对它进行解释。计算机科学家认为人工智能更多的是学术研究，例如计算机视觉、机器人学等；而公众或者说流行文化更倾向于科幻视角，如机器认知、自我意识等。在电影《星际迷航》（*Star Trek*）中，有一个基于所谓 M5 计算机的人工智能，它可以在没有人类机组人员的帮助下驾驶一艘星际飞船，但是后来在一次训练演习中突然变得狂躁暴力，试图摧毁其他星际飞船。而在电影《终结者》（*The Terminator*）中，“天网”就是一个致力于毁灭人类的全球人工智能网络。

直到最近，人工智能作为一项具有实际应用的合法技术，才逐渐被公众所接受。原因在于，在一些原本需要极高人类智能的挑战中，人工智能的表现远优于人类。如今人工智能被划分为许多子领域，包括机器学习、自然语言处理、神经网络、深度学习等。由于在人工智能领域的出色贡献，明斯基于 1969 年获得了图灵奖，麦卡锡也于 1971 年获得了图灵奖。■

059

用计算机证明数学定理

艾伦·纽厄尔（Allen Newell，1927—1992）
约翰·克利福德·肖（John Clifford Shaw，1922—1991）
希尔伯特·西蒙（Herbert Simon，1916—2001）

PRINCIPIA MATHEMATICA

BY

ALFRED NORTH WHITEHEAD, Sc.D., F.R.S.
Fellow and late Lecturer of Trinity College, Cambridge

AND

BERTRAND RUSSELL, M.A., F.R.S.
Lecturer and late Fellow of Trinity College, Cambridge

VOLUME III

Cambridge
at the University Press
1913

怀特海和罗素根据少量公理和推理规则，推导出大多数现代数学，撰写出了《数学原理》。程序“逻辑理论家”使用了相似的方法，同样也可以发现和证明数学定理。

算法影响司法判决（2013 年）

1955 年

“虽然还有些简陋，但它有效，天啊，它确实有效！”在1955 年圣诞节那天，艾伦·纽厄尔对赫希尔伯特·西蒙说。纽厄尔所说的是，他和西蒙二人在计算机程序员约翰·克利福德·肖的帮助下编写的程序。这个程序名为“逻辑理论家”（Logic Theorist），可根据已获得的基本定义和数学公理，将符号随机组成连续且复杂的数学陈述，然后判断每一个数学陈述的真值。如果检测结果为真，该程序就会将这一陈述添加到它的列表中，然后再如此重复进行下去。

正如纽厄尔所说，这一方法虽然简陋，但却有效。“逻辑理论家”可以发现越来越多的数学真命题。阿尔弗雷德·怀特海（Alfred Whitehead，1861—1947）和伯特兰·罗素（Bertrand Russell，1872—1970）共同撰写的经典数学著作《数学原理》（*Principia Mathematica*）中共有 52 个定理，其中 38 个都被“逻辑理论家”所证明。

西蒙给罗素写了一封信，告诉他这个程序所做出的工作。甚至在某一个证明中，“逻辑理论家”的证明比罗素在书中所写的更加简洁优雅。罗素在回信中略带苦涩地说：“我很高兴知道《数学原理》现在可以用机器来完成。我真希望我和怀特海能够早点儿知道，我们花费了 10 年来写这本书。”纽厄尔、肖和西蒙点燃了人们的期望，人们开始设想可以在若干年之内破解关于思想和智能的各种秘密。

在编写“逻辑理论家”的时候，纽厄尔和肖都是美国著名智库兰德公司的计算机研究员，而西蒙是美国卡内基·梅隆大学的政治科学家和经济学家，同时也是兰德公司的顾问。

纽厄尔后来也到了卡内基·梅隆大学，在那里和西蒙一起组建了早期的人工智能实验室。由于两人在人工智能领域的杰出工作，他们在 1975 年共同获得了图灵奖。■

第一个磁盘存储单元

雷诺·B. 约翰逊（Reynold B. Johnson，1906—1998）

RAMAC 的磁盘堆栈共有 50 个磁盘，每个磁盘的直径为 61 厘米，转速为 1200 转 / 分，可存储 500 万个字符。

计算机磁带（1951 年），软盘（1970 年），闪存（1980 年）

1956 年

IBM 公司在 1956 年 9 月 14 日公开展示了第一个磁盘存储单元。从那以后，磁盘就成了计算机的重要组成部分，它的速度比主存储器慢些，但比磁带快。

IBM 305 RAMAC（Random Access Method of Accounting and Control，计算和控制的随机存取方法）主要是用于存储账务及财产文件。这些文件之前都是保存在打孔卡片或者磁带上的。为此，RAMAC 配备了 IBM 350 磁盘存储单元。IBM 350 是一款存储数据的新设备，共有 50 个磁盘，每个磁盘的直径为 61 厘米，转速为 1200 转 / 分。RAMAC 划分为 100 个字符大小的块，可以随机存取、读取和重写，使得计算机仅通过几千字节的主存储器快速存取 500 万个字符——相当于 64 000 张打孔卡片。

现代硬盘的每一块磁盘都有一个磁头，而当时 RAMAC 只有一个磁头，它需要先垂直移动选择磁盘，然后水平移动选择特定区块，再进行数据读写，平均访问时间为 600 毫秒。

RAMAC 还配备了磁鼓存储器，转速为 6000 转 / 分，有 32 条轨道，每条轨道可存储 100 个字符，共可存储 3200 个字符。

在随后的 60 年里，磁盘存储容量从 3 MB 增加至 10 TB，容量提升超 300 万倍，这主要归功于电子设备、磁性涂层、驱动器磁头和机械磁头定位系统的改进。但是，磁盘重新定位磁头读取数据所需的时间，也就是所谓的寻道时间，从 600 毫秒下降至 4.16 毫秒，仅提升了 144 倍。这是因为缩短寻道时间取决于机械系统的改进，而机械系统与电子系统不同，会受到摩擦和动量的限制。自 RAMAC 推出以来，即使是最昂贵的硬盘，转速也仅从 1200 转 / 分增至 10 000 转 / 分。■

061

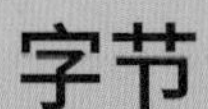

字节

沃纳·布赫霍尔茨（Werner Buchholz，1922— ）
路易斯·G. 杜利（Louis G. Dooley，生卒不详）

如今计算机通常以 8 个比特为一个字节。

ENIAC（1943 年），比特（1948 年），
数字长途电话（1962 年）

1956 年

早期二进制计算机的设计者面临着一个基本问题：应当如何组织计算机的存储？二进制计算机将信息以比特的形式进行存储，但是计算机用户并不想以比特的形式来编写程序。他们想要解决数学问题，想要破解加密代码，就要使用更大的信息存储单位。十进制计算机，例如 ENIAC 和 UNIVAC，以 10 个字母或数字为一组，称为“单词”（word）。同样地，二进制计算机也采用了类似的形式，将多个二进制数为一组称为“字节”（byte）。

1956 年，沃纳·布赫霍尔茨正在 IBM 公司研发世界第一台超级计算机 STRETCH；与此同时，路易斯·杜利等人正在麻省理工学院林肯实验室研发 SAGE 防空系统。“字节”一词，几乎是由双方同时提出的。他们都使用“字节”一词来描述长度不足一个单词的输入和输出。STRETCH 将 60 个比特作为一个单词，将 8 个比特作为一个字节；而 SAGE 则将 4 个比特作为一个字节。

在随后的 20 年中，对字节的定义也在不断变化。IBM 公司在 System/360 架构中采用了 8 比特字节，美国电话电报公司也将 8 比特字节设定为长途数字电话线路的标准。同时，美国数字设备公司成功推出了一系列以 18 比特或 36 比特为一个单词的计算机，例如 PDP-7 和 PDP-10，这些计算机都采用了 9 比特字节。

由于缺乏一致性，早期互联网标准中没有使用“字节”一词。取而代之的是“八位组”（octet），指的是计算机网络发送的一组 8 比特数据，这种用法在互联网标准中沿用至今。

尽管如此，到了 20 世纪 80 年代，8 比特字节还是被普遍接受了，主要原因是几乎只采用 8 比特字节的微型计算机得到了普及。在某种程度上，因为 8 是 2 的幂数，这使得设计 8 比特字节计算机要比 9 比特字节计算机更加容易。

如今，9 比特字节几乎已被遗忘。那么 4 比特字节呢？现在我们也将 4 比特字节称为“半字节”。■

机器人罗比

1956年，机器人罗比在电影《禁忌星球》中首次亮相。

机器人三原则（1942年），第一款大规模生产的机器人（1961年）

1956年

机器人罗比（Robby）最早出现在1956年的电影《禁忌星球》（*Forbidden Planet*）中。那一年，不粘锅刚刚进入商场，气垫船也才被发明出来。在20世纪50年代，技术的影响和潜在应用——无论是好的还是坏的——都以不同的形式出现在流行文化中，又以不同的形式商品进入千家万户。罗比以其聪明的个性和独特的外形而闻名，象征着公众对于先进技术更深层次的关注和焦虑。没过多久，罗比就成了和睦友好、乐于助人的机器人代表，然而实际上罗比只是一个穿上约2.1米长的真空塑料管的真人而已。

在《禁忌星球》中，罗比是由莫比乌斯博士以外星种族为模板创造出来的。这个外星种族名为Krell，存在于1000年前，生活在Altair Ⅳ星球上，而现在这颗星球正是莫比乌斯博士和他女儿的家。他们父女二人是20年前派往这颗星球的科学家探险队的幸存者。在《禁忌星球》的宣传海报上，罗比抱着一名受伤的女人，带有一点威胁的意味。在电影中，莫比乌斯博士设定罗比遵守阿西莫夫机器人三原则，必须保护人类、服从人类。

在《禁忌星球》首次亮相后，罗比出演了数十部电影和电视节目，其中包括《隐身男孩》（*The Invisible Boy*）、《迷失太空》（*Lost in Space*）、《迷离时空》（*The Twilight Zone*）、《默克与明蒂》（*Mork & Mindy*）。2006年，在美国电话电报公司的一则广告中，罗比与其他知名机器人一同出现，包括《杰森一家》（*The Jetsons*）中的罗西（Rosie）和《霹雳游侠》（*Knight Rider*）中的KITT。

根据角色设定，罗比是一台非常先进的机器人，能够流利使用187种语言进行交谈，可以通过复制分子制造任何形状和数量的食物。就如同1920年的R.U.R.以及1927年《大都会》中的玛丽亚一样，罗比有助于计算机科学家和公众想象计算机技术的未来应用，以及机器人可能在人类社会中发挥的作用。可以说，对于计算机科学家和发明家来说，罗比是一个激发灵感的来源；而对于普通大众来说，罗比又是一个充满幻想的影视角色。■

FORTRAN 语言

约翰·沃纳·巴克斯（John Warner Backus，1924—2007）

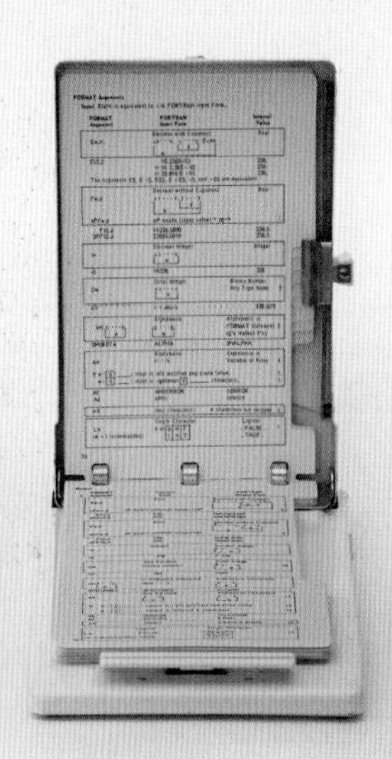

一位程序员编写的 FORTRAN 语言快速参考，其中展示了 FORMAT 语句的各种参数规则。

COBOL 语言（1960 年）

1957 年

机器代码是计算机与生俱来的语言，是一种原始数字的代码，由可快速执行的简单指令组成。然而，仅仅是两个数字相加并将计算结果打印出来这一简单操作，用机器代码就需要一系列冗长的指令：第一，将第一个存储单元的内容传输到一个寄存器中；第二，将第二个存储单元的内容传输到另一个寄存器中；第三，将两个寄存器的数值相加；第四，将相加的结果存储在第三个存储单元中；第五，将这一存储单元的地址保存下来；第六，调用函数将这一存储地址的内容信息打印出来。编写机器代码是一项十分艰苦的工作，更为糟糕的是，早期计算机各有各的机器代码。

美国计算机科学家约翰·沃纳·巴克斯想到了一个更好的主意。与其让程序员费尽心力地把他们想要解决的数学函数转换成机器代码，为什么不让计算机来做这件事呢？1953 年，他向他所在的 IBM 公司提出了这一设想，认为可以编写一个计算机程序，自动将数学公式翻译成机器代码。随后，他在 1954 年组建了一个团队来搭建 IBM 数学公式翻译系统（IBM Mathematical Formula Translating System），最终在 1957 年 4 月他向 IBM 公司的客户交付了第一款 FORTRAN 编译器。

FORTRAN 是 FORmula TRANslation 的缩写，意思是“公式翻译”。FORTRAN 可以极大地简化程序编写工作，更易于书写，也更易于阅读，产生的代码也更加可靠。例如，计算直角三角形斜边的长度，程序员只需写下一句简单的代码——C=SQRT（A*A+B*B），而用机器代码可能需要二十多条指令才能完成。由于他开发了 FORTRAN 语言以及后续关于编译器理论的工作，巴克斯于 1977 年获得了图灵奖。

实际上，FORTRAN 是巴克斯设计的第二种计算机语言。第一种被命名为 Speedcoding，是一种解释代码，虽然同样容易编写，但是运行速度却比机器代码慢 10～20 倍。IBM 公司的客户不愿意只为了程序员使用便捷而支付更加高昂的价格。FORTRAN 最终获得了普遍认可，原因之一在于 FORTRAN 生成的机器代码常常比程序员的机器代码更快速。■

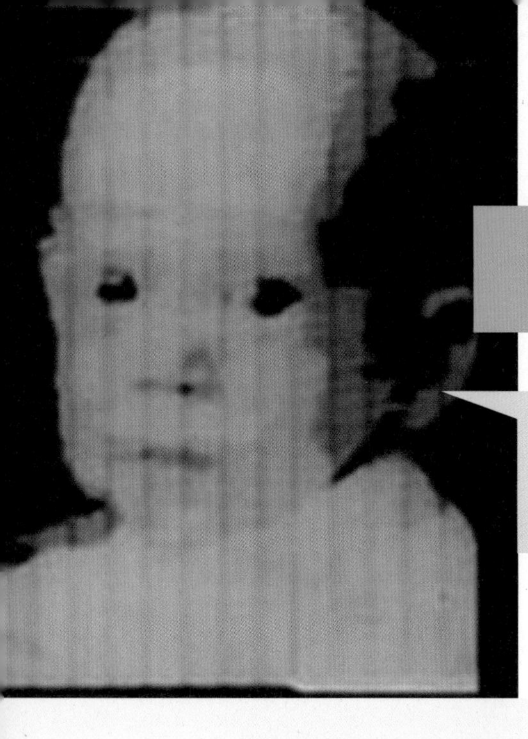

第一张数码照片

罗素·基尔希（Russell Kirsch，1929—2020）

第一张数码照片是罗素·基尔希3个月大的儿子。正是有了这张数码照片，才使得此后数百万张婴儿的数码照片成为可能。

传真机（1843年）

1957年

20世纪50年代，罗素·基尔希供职于美国国家标准与技术研究院（NIST）。在那里，基尔希帮助一个数学家团队使用NIST的标准东方自动计算机（Standards Eastern Automatic Computer，SEAC），模拟热核武器、预测天气，以及完成其他工作。

1957年，NIST试图回答：假如计算机能够看到图像，将会怎样？由此，基尔希发明了一台计算机扫描仪，并制作了第一张数码照片。

基尔希的扫描仪由一个旋转滚筒和一个可沿滚筒轴线独立移动的光学传感器组成。传感器从滚筒的一端开始，每转一圈就向后移动一点。由于传感器只能检测到是否有光的存在，因此为了制作一张灰度图像，基尔希需要进行反复扫描，每一次扫描都在传感器前放置颜色逐渐加深的滤光器，最后将扫描结果进行电子合成。

制作第一张数码照片时，基尔希拿出一张约5厘米见方的照片，照片上是他3个月大的儿子。他将图片贴在滚筒上，并启动了机器，最终得到了一张有176×176个灰度单元的图像矩阵。由此，基尔希发明了光栅图形技术，也就是用图像元素矩阵（现在称为像素矩阵）的形式显示图片。

基尔希的发明开辟了计算机研究和应用的全新领域。他将图像以数字网格的形式进行存储，这一方法影响了之后所有的计算机图像应用，包括卫星图像、医学图像，以及现代手机屏幕上的彩色图像。此外，还有一种用光矢量在屏幕上绘制的计算机图像方法，被称为矢量图形，在20世纪60年代至70年代曾与光栅图形形成竞争关系，最终由于成本原因而落败。

基尔希还发明了基尔希算子（Kirsch operator），这是一种检测数码照片中物体边缘的算法。后来，他将计算机方法融入视觉艺术中，既可以分析现存艺术作品，还可以重新组合现有概念来创造新的艺术作品。■

贝尔 101 调制解调器

贝尔 101 调制解调器是第一款能够传送数字数据的商用调制解调器。

SAGE 网络（1958 年），调制解调器提速（1984 年）

调制解调器是调制器和解调器的合称。调制器在发送端将数字信号转换成模拟信号，以便进行数据传输，而解调器在接收端将模拟信号再转换成数字信号。从 1958 年到 20 世纪 90 年代末，连接模拟电话网络的声学调制解调器是计算机远程通信的主要方式。

SIGSALY 是第二次世界大战期间盟军研发的一个语音加密系统，或许可以算是第一个声学调制解调器。当时，温斯顿 · 丘吉尔与富兰克林 · 罗斯福正是使用了这一系统实现了直接通话。SIGSALY 由美国空军剑桥研究中心（Air Force Cambridge Research Center，AFCRC）研制，后来被改造成为一种通过电话线路传输雷达图像的数字设备。

1958 年，美国电话电报公司为美国空军半自动地面防空系统 SAGE 研制了贝尔 101 调制解调器。贝尔 101 可以通过普通电话线路实现 110 比特 / 秒的传输速度。第二年，美国电话电报公司就开始向商业客户销售这款设备。到了 1962 年，贝尔 103 问世，取代了贝尔 101，发送和接收速度提升到了 300 比特 / 秒。

贝尔调制解调器可以直接连入普通电话线，但是当时提供长途和本地电话服务的美国电话电报公司不允许客户连入其他公司生产的设备。到了 1968 年，美国联邦通信委员会（US Federal Communications Commission，FCC）裁定，美国电话电报公司不能禁止其他使用声学耦合器的设备连入电话线路。随后几年内，诺维逊公司（Novation）和海斯微型计算机公司（Hayes Microcomputer Products）纷纷推出了与贝尔调制解调器兼容的 300 波特调制解调器。

一个 300 波特的调制解调器可以每秒发送 30 个字符或者每分钟发送 250 个词语。1979 年，美国电话电报公司推出了贝尔 212 调制解调器，发送和接收的速度再次提升了 4 倍。1982 年，海斯公司发布了调制解调器 1200，与贝尔 212 兼容，但价格却低廉很多，为 699 美元。两年后，国际电报电话咨询委员会（International Telegraph and Telephone Consultative Committee，CCITT）发布了 v.22bis 通信标准，将调制解调器的全球标准定位 2400 波特。这些调制解调器都为后来实现拨号分时服务打下了基础。■

SAGE 网络

杰伊·福雷斯特（Jay Forrester，1918—2016）

沙博诺上尉坐在林肯实验室 SAGE 的显示控制台前。

磁芯存储器（1951 年），《战争游戏》（1983 年）

1958 年

SAGE（Semi-Automatic Ground Environment，半自动地面防空系统）是一个计算机网络，自 1958 年开始运行，到 1984 年停止使用，该计算机网络旨在保护美国防止苏联的突然袭击。SAGE 由麻省理工学院林肯实验室研发，至今仍是有史以来投入最大的计算机项目：1954 年花费了 100 亿美元，大约相当于在 2018 年花费了 900 亿美元。这也意味着，SAGE 的成本约为曼哈顿计划的 3 倍。

SAGE 肩负着重大任务：24 台计算机组成了一个网络系统，监视着美国及周围地区的空域，跟踪每一架正在飞行的飞机，并标记出其中没有提交飞行计划的飞机。当出现不明飞行物时，SAGE 将决定发射哪一枚拦截导弹，并计算出拦截位置。除保护国家免受敌国轰炸机袭击之外，SAGE 还多次参与了对海上坠毁的小型飞机的营救行动。

麻省理工学院的杰伊·福雷斯特教授选择了 IBM 公司作为 SAGE 的研发合作伙伴。在 SAGE 建造过程中，仅此一个项目就为 IBM 公司贡献了总收入的 80%，并帮助 IBM 公司快速成长为一家巨头企业。SAGE 网络由多个成对的计算机组成，每一对都有一台主计算机和一台备用计算机。这些计算机都建在一座占地一英亩、四层楼高的混凝土砖房中。最早的 IBM AN/FSQ-7 是当时体积最大的一款计算机，每台都拥有 60 000 个电子管和容量为 256 KB 的磁芯随机存储器，质量高达 250 吨。

随着技术的进步，SAGE 这些老旧系统逐步被淘汰、被取代，转而开始出现在电影和电视作品中。据统计，1996—2016 年，AN/FSQ-7 计算机组件一共出镜了 80 多次，例如 20 世纪 60 年代在电视剧《蝙蝠侠》（*Batman*）系列中饰演“蝙蝠电脑”（Bat Computer），在 1973 年伍迪·艾伦的电影《沉睡者》（*Sleeper*）中饰演“22 世纪计算机”，以及在 1983 年电影《战争游戏》（*War Games*）中饰演“AN/FSQ-7”——这是为数不多的一次本色出演。■

067

IBM 1401 计算机

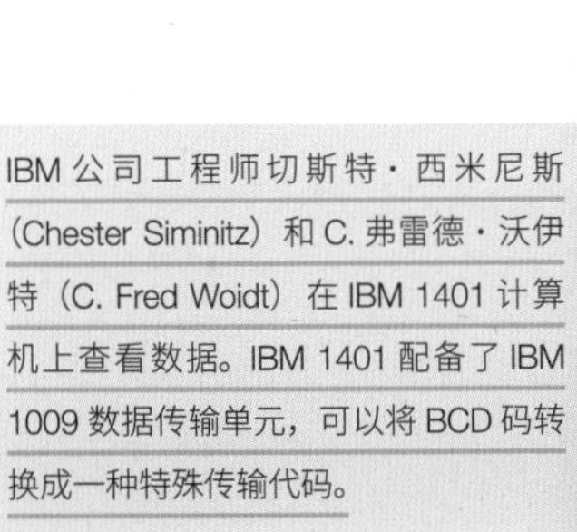

IBM 公司工程师切斯特·西米尼斯（Chester Siminitz）和 C. 弗雷德·沃伊特（C. Fred Woidt）在 IBM 1401 计算机上查看数据。IBM 1401 配备了 IBM 1009 数据传输单元，可以将 BCD 码转换成一种特殊传输代码。

IBM System / 360 计算机（1964 年）

1959 年

IBM 1401 是 IBM 公司的第二代计算机，由晶体管组成，主要用于商业数据的留存，因其成本低廉和灵活性强而成为当时最受欢迎的计算机。

IBM 1401 有磁带和磁盘两种存储方式，可以读取和写入打孔卡片，读取速度达到了令人惊讶的 800 张 / 分，写入速度也达到了 250 张 / 分。此外，IBM 1401 还可以通过链式打印机每分钟打印 600 行文字，包括 26 个大写字母、10 个数字，还有 12 种特殊字符（&,. ¤ - $ * / % # @ ≠）。

IBM 1401 采用 IBM 符号编程系统，现在我们也称之为汇编语言。为了避免二进制舍入误差，该系统采用了十进制运算。8 位字符中的前 6 位用来代表一个数字或字母；第 7 位是奇偶校验位，用于检测硬件错误；第 8 位用于标记数字或文本的末尾。该计算机的系统手册上写道：“字符长度固定，就不会浪费任何存储空间。”在当时，每一个比特都非常珍贵。

IBM 1401 的处理器由单独的印刷电路板组成。这种印刷电路板也称为“卡”，每一张卡都有若干个晶体管，以及其他元器件。IBM 1401 有不同的配置规格，分别有 1400、2000、4000、8000、12 000 和 16 000 个字符的 8 位存储系统。对于小企业而言，这种低规格配置特别有吸引力，因为每月只需 2500 美元就能租到一台 IBM 1401。相较来看，1953 年 IBM 701 商用计算机的租金价格为每月 15 000 美元。此外，一些已经拥有大型计算机的机构也可以租用 IBM 1401，先将数据从速度较慢的打孔卡片转换到磁带，再将磁带送入大型计算机，得到计算结果后再传回磁带，最终用 IBM 1401 打印计算结果。

毫无疑问，IBM 1401 获得了巨大的成功。在 1961 年底，美国已安装了超过 2000 台 IBM 1401 系统，占美国所有已安装计算机的四分之一。而当 IBM 公司要用完全不同的 System/360 计算机来代替 1401 时，全球大约三分之一的计算机都是 IBM 1401。■

PDP-1 计算机

本 · 格利（Ben Gurley，1926—1963）

PDP-1 因体积小巧被人们称为“小型计算机”。

磁芯存储器（1951 年），《太空大战》（1962 年），网络搜索引擎 AltaVista（1995 年）

1959 年

1957 年，美国数字设备公司（Digital Equipment Corporation，DEC）成立。该公司主要销售一些现成的电子逻辑模组，这些模组可以帮助实验室更好地开展新技术实验。公司成立仅一年就实现了盈利，同时还聘请到了来自 MIT 的杰出计算机设计师本 · 格利设计 DEC 的第一台计算机。

然而，或许也算不上是一台计算机，毕竟在当时所有的计算机都是既笨重又昂贵，而且 DEC 的投资人完全不想与 IBM 公司展开竞争。同时，DEC 还抱有一些期望：想要一台体积小巧、价格合理、令人兴奋又有趣的交互式计算机。这一机器最终被命名为程序数据处理器（Programmed Data Processor，PDP）。格利和他的团队以数字电子模块作为基本单元，花费了 3 个半月的时间设计并建造了这台机器，并于 1959 年 12 月向第一批客户发货。

PDP-1 与那些 IBM 公司、斯佩里 · 兰德公司（Sperry Rand）出售的批处理机器系统完全不同。那些计算机每月租金就高达 1 万美元，而购买一台 PDP-1 只需 8.5 万～ 12 万美元。此外，PDP-1 是一台交互式计算机，可配备大型图像显示器、小型高分辨率显示器、光笔、实时时钟、多路模数转换器、音频输出等设备。虽然它的运算速度比不上其他计算机，但却体积小巧，更易使用，人们称之为“小型计算机”。

DEC 赠送了一台 PDP-1 给麻省理工学院，专门供学生使用。DEC 联合创始人肯 · 奥尔森（Ken Olsen，1926—2011）曾在 1988 年的一次采访中说道：“这些学生们比其他人都更了解计算机，也都更懂得如何使用计算机，因为他们把所有的时间都用在研究计算机上”。

凭借着 PDP-1 以及后续机型，DEC 一度成为世界第二大计算机公司，也成为美国马萨诸塞州的最大私营企业。但令人遗憾的是，格利并没有看到这一切。1963 年，他与妻子和 5 个孩子在共进晚餐时，被一名心怀怨恨的前雇员用步枪射杀。■

快速排序算法

查尔斯·安东尼·理查德·霍尔

(Charles Antony Richard Hoare，1934—)

计算机屏幕上的快速排序算法，提供了一种极为高效的数字排序方法。

阿达·洛芙莱斯（1843 年），软件工程（1968 年）

人们经常会用计算机程序对姓名或数字进行排序。

最简单的排序方法名为冒泡排序（bubble sort）。对一个随机打乱的数字列表，程序要依次比较两个相邻的数字，将数值较低的放在前面。如此经过 n 次循环后，就完成了排序，其中 n 是列表中元素数量，但是这种方法效率非常低。

1959 年，霍尔想到了一个更好的数字排序方法，命名为快速排序算法（Quicksort）。这一算法会将数字分为左右两个部分，再对每一部分用同样的办法进行划分，然后在每个部分中应用冒泡排序。

霍尔开发快速排序算法时，他正在苏联参与一个交流项目，这一算法是用来对俄英词典中的单词进行排序的。后来，他发现这一算法比其他排序算法速度更快，因此他把这一算法寄给了美国计算机协会。当时，美国计算机协会正想要发布尽可能多的算法来推动该领域快速发展，于是在 1961 年 7 月快速排序算法以“算法 64”的名字被公之于众。

快速排序算法是一种开创性的算法，因为它非常简洁，甚至不足 10 行代码，而且比其他常见排序方法更加高效。在此后的 50 年里，虽然快速排序算法经过了一些细微调整，但仍广泛应用于计算机程序，并且内置于大多数计算机语言之中。

后来，霍尔专注于开发用于分析和推理计算机程序正确性的技术。1968 年，他成为英国贝尔法斯特女王大学的教授；1977 年，前往英国牛津大学执教。由于在算法领域的突出贡献，他于 1980 年获得了图灵奖，并于 1982 年成为英国皇家学会院士。

2009 年，霍尔回顾自己的职业生涯时曾说：“在我看来，我开发的唯一真正有趣的算法就是快速排序算法”。■

1959 年

航空订票系统

R. 布莱尔·史密斯（R. Blair Smith，生卒不详）
C.R. 史密斯（C. R. Smith，1899—1990）

由美国航空公司和 IBM 公司联合开发的 SABRE 航空预订系统至今仍在使用。

SAGE 网络（1958 年）

1959 年

随着喷气发动机时代的开启，以及航空旅行的普及，乘客需求与可用航班的匹配复杂度也在不断增加。当时，航班预订是手动完成的，有一个巨大的转盘，上面有索引卡以及各种文件，周围坐着 6 个人。预订一张机票平均需要花费 90 分钟。

美国航空公司（American Airlines，AA）也并非毫无办法，已经研究了解决方案，产生了早期的订票系统，被称为“机电预定系统”和“磁电预定系统”。

1953 年，IBM 公司的销售代表布莱尔·史密斯在从洛杉矶飞往纽约的美国航班上，碰巧坐在美国航空公司总裁 C. R. 史密斯的旁边。这位 IBM 销售人员意识到，美国航空公司（实际上是整个美国航空业）都面临的挑战，与 IBM 公司为美国空军创建 SAGE 系统时所面临的挑战是相同的。两位史密斯在飞机上相谈甚欢，到飞行着陆时，关于SABRE（Semi-Automated Business Research Environonment，半自动商业研究环境预定系统）的想法已经初具雏形。

最初的 SABRE 系统运行在两台 IBM 7090 主机上，地点位于美国纽约布莱尔克利夫庄园计算机中心。1964 年，SABRE 全面投入使用，每天可以处理 84 000 个电话交易，是世界上最大的民用数据处理系统之一。该系统拥有 1500 多个数据终端，遍布全美各地，这些终端与主机远程连接，可以查询并完成预订请求。预订机票的时间从原先长达 90 分钟，缩短至短短几秒钟。

SABRE 系统的出现，彻底改变了旅游业的发展状况，推动其他航空公司开发自己的订票系统或者接入 SABRE 系统。不仅如此，SABRE 系统还为未来几十年后的电子商务产业奠定了基础概念和方法。1996 年，SABRE 被分拆出来，成立了独立的公司。后来，SABRE 成立了一家名为速度旅行（Travelocity）的公司，这也是最早面向消费者的在线预订系统之一。■

071

COBOL 语言

玛丽 · K. 霍斯（Mary K. Hawes，生卒不详）
格蕾丝 · 默里 · 霍珀（Grace Murray Hopper，1906—1992）

格蕾丝 · 霍珀正在讲解 COBOL 编译器的运行原理。

FORTRAN 语言（1957 年），BASIC 语言（1964 年），C 语言（1972 年）

1960 年

1959 年，美国国防部已拥有 225 台计算机，此外还订购了 175 台。这些计算机正在迅速取代纸质文件系统，使用了数十种不同的编程语言，记录着人员、物品和资金信息。美国国防部开始意识到，编程语言的软件开发成本飞速上涨，政府可能难以负担。因此，他们资助了巴勒斯公司的计算机科学家玛丽 · 霍斯，让她组建一个数据系统语言委员会（Conference/Committee on Data Systems Languages，CODASYL），旨在设计出一种通用商业语言（CBL），希望这种语言可以更易于使用，能够以类似英语的句子对计算机进行编程。

由此，许多委员会纷纷成立，很多计算机制造商也宣布支持这一计划。其中，有一个短期委员会，它的任务就是先提出一个大致方向，以便让其他委员会可以更加谨慎、更加从容地改进计算机语言。然而，由于任务艰巨，项目很快就陷入了困境。

与此同时，短期委员会的成员采用了计算机科学家格蕾丝 · 霍珀开发的 FLOW-MATIC 语言，并对其做了一些修改，以“面向商业的通用语言”（Common Buisness Oriented Language，COBOL）的名字进行发布。在 1959 年 8 至 12 月期间，他们已制定出了一个语言规范；仅仅一年后的 1960 年 12 月 7 日，使用 COBOL 设计的程序在 RCA 501 计算机和 UNIVAC 计算机上成功运行。这一团队有时称自己为“短期委员会”（Short-Range Committee），有时称自己为“非常规委员会”（PDQ Committee）。

COBOL 语言很快就风靡整个商业计算领域。虽然历经多次修订，但它至今仍在被使用，支撑着许多银行的后台系统和薪资系统。

COBOL 也是最早的免费软件之一。在那个用户只能租用计算机、公司小心翼翼地保护他们的知识产权的时代，COBOL 的设计者和使用者始终坚持 COBOL 应该对所有人开放。■

RS-232 标准接口

RS-232 最早出现于 1960 年，至今仍被集成在现代计算机主板之中。

贝尔 101 调制解调器（1958 年），通用串行总线（1996 年）。

1960 年

在长达三十多年的时间里，美国电子工业协会的 RS-232 标准接口一直是通行的有线连接通信协议。各类计算机系统都会配备 RS-232 接口，一台设备通过一根单独的数据线以串行方式传输数据，另一台同样配备接口的设备可以在另一端接收数据。

RS-232 协议于 1960 年被正式提出，到了 20 世纪 70 年代中期，几乎世界上每一台计算机都以 RS-232 协议进行数据传输。RS-232 协议的最初设计目的是想让终端和计算机通过电话网络实现全球通信。计算机可以用 RS-232 连接调制解调器，通过拨号接入电话网络。接入电话网络，意味着要拨出一通电话，然后让两个调制解调器以音频信号进行通信。

最早的 RS-232 接口有 25 个引脚。除数据引脚外，有一个引脚可以指示电话正在振铃，有一个引脚可以检测数据载波信号，有两个引脚表示两端是否做好接收数据的准备，还有两个引脚表示两端是否有数据需要传输。25 个引脚的 RS-232 有两个数据通道，而事实上第二个通道很少被使用，因此早期个人计算机都只是配备了 9 个引脚的 RS-232 接口，再加上一个 9 引脚至 25 引脚的转换器。在许多大学里，甚至常常仅用 3 条线路，虽然这种连接方式不太稳定，但可以让学校使用更便宜的电话线来接入他们的计算机。

早期 RS-232 可实现每秒 110 比特、300 比特、1200 比特的传输速度。到了 1981 年，IBM 公司的个人计算机采用了美国国家半导体公司推出的一款新芯片——8250 UART（通用异步收发传输器）。这款芯片中拥有一个可编程的比特率生成器，可将 RS-232 的传输速率提升至最高每秒 115 200 比特。

1996 年，通用串行总线（USB）的出现标志着 RS-232 开始衰落。今天，很少有计算机再装 RS-232 接口，尽管许多主板上都配有必要的硬件。但与此同时，RS-232 接口仍广泛应用于嵌入式计算机系统。■

073

ANITA 电子计算器

诺伯特·“诺曼”·基茨（Norbert "Norman" Kitz，生卒不详）

ANITA Mk 8 计算器仍有一排排的数字按钮，这与当时的机械计算器一样。

科塔计算器（1948 年），HP-35 计算器（1972 年）

1961 年

ANITA Mk Ⅶ和 ANITA Mk 8 是世界上最早实现商业化销售的电子计算器，由诺伯特·基茨设计制造。诺伯特·基茨曾于 20 世纪 40 年代末在英国国家物理实验室（British National Physical Laboratory）从事自动计算引擎的测试工作。虽然 ANITA 电子计算器与当时的机械计算器看起来没有区别，但全部采用了电子元器件，例如电子管、电阻、二极管、大量电线，还有一个作为电压调节器的晶体管。

和机械计算器一样，ANITA 电子计算器的每一个十进制位都有 10 个按钮，这与现在标准数字键盘不同。数字通过 13 个辉光管显示出来，每一个都包含 10 根单独可控的电线，分别对应 10 个数字的形状。

ANITA 电子计算器由伦敦贝尔邦奇公司（London's Bell Punch Co.）生产制造。该公司成立于 1878 年，曾向英国早期铁路出售记账产品，还研发了许多机械计数装置。ANITA 电子计算器可能是以设计者妻子的名字命名的，然而公司对外宣称 ANITA 代表着“算术新灵感”（A New Inspiration to Arithmetic）和“会计新灵感”（A New Inspiration to Accounting）。

Mk 8 当时的售价为 355 英镑，约合 1000 美元，这与机械计算器售价大致相同。然而，相较而言，电子计算器的噪声更小，这也是在 ANITA 的广告中被着重突显的一个优点。直到 1964 年，市场上才出现同类型的竞争者，当时来自美国、意大利、日本的公司纷纷推出了采用电子管的计算器。而这时，ANITA 电子计算器每年生产量已超过 10 000 台。■

074

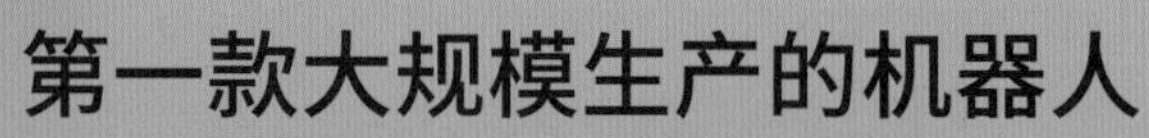

第一款大规模生产的机器人

乔治·迪沃尔（George Devol，1912—2011）
约瑟夫·F. 恩格尔伯格（Joseph F. Engelberger，1925—2015）

1961 年，美国国家航空航天局的一名核工程师通过操作机械手臂进行工作，为防止受到辐射影响，中间隔了一个厚达 1.3 米的充油玻璃窗。

机器人三原则（1942 年）

1961 年

美国发明家乔治·迪沃尔在一本技术杂志上看到了一张生产装配线工人的照片，他想到一个问题：是否能有一种工具可以代替人类完成那些重复、枯燥、令人麻木的工作？这一想法促使他设计了一款类似于手臂的机械设备，并在 1961 年申请了专利，命名为“程序化物品转移装置”（Programmed Article Transfer Device）。

1956 年，在一场鸡尾酒会上，迪沃尔偶然结识了约瑟夫·恩格尔伯格。恩格尔伯格是一位工程师兼商人，对阿西莫夫的机器人故事十分着迷。当他知道迪沃尔发明了一台“机器人”时，立即就意识到了其中蕴含的商业潜力。很快，他们二人成了商业伙伴，开始进一步优化设备，并寻找买家。恩格尔伯格的销售策略是要表明 Unimate（这个名字是迪沃尔的妻子想到的）可以完成那些对于人类而言十分危险或者困难的工作。美国通用汽车公司首先采纳了这一想法。1959 年，Unimate 原型机被安装在美国新泽西州特伦顿市的一条装配线上。Unimate 的工作是抓起刚由钢水制成的车门把手，放入冷却液中，然后送入生产线，再由工人完成抛光工序。Unimate 催生了新产业，并在全球范围内推动了制造工厂的变革。

一台 Unimate 重达 1.8 吨，通过一系列液压装置进行控制。数据被存储在磁鼓中，通过机械手臂中的压力传感器可以根据需要调整抓力的大小。如果想让 Unimate“学习”新的工作内容，就要有一个人按照次序去移动各个部件。这个过程会被计算机记录下来，然后就可以不断地重复。

1966 年，Unimate 在约翰尼·卡森（Johnny Carson）的脱口秀节目《今夜秀》（*The Tonight Show*）中亮相，展示了击打高尔夫球、倒啤酒、指挥管弦乐队等一系列表演。2003 年，Unimate 被卡内基·梅隆大学列入机器人名人堂。如今，Unimate 的早期模型被美国自然博物馆收藏。■

分时系统

约翰·沃纳·巴克斯（John Warner Backus，1924—2007）
费尔南多·J. 科尔巴托（Fernando J. Corbató，1926—2019）

20 世纪 60 年代费尔南多·科尔巴托在麻省理工学院的照片。

效用计算（1969 年），UNIX 操作系统（1969 年）

当时，计算机的中央处理器一次只能运行一个程序。虽然对于早期计算机来说，以交互方式进行使用也不是不可以，但通常会被认为是一种对昂贵计算资源的浪费。这就是为什么在 20 世纪 50 年代，批处理成为大多数计算机的标准运行方式。所谓“批处理”，就是将一批程序载入磁带，由计算机快速依次运行，最后在适当的时候将计算结果打印出来，这样的运行方式效率会更高。

虽然批处理对于计算机来说非常高效，但是对于程序员来说却很糟糕。如果程序中存在一个小错误，例如某一个字母打错了，这一错误不会被立即发现，通常要等到第二天批处理计算结果出来后才会得知。

麻省理工学院的约翰·巴克斯意识到，如果中央处理器可以在不同程序之间进行切换，每个程序运行大约十分之一秒，那么这个中央处理器就可以被多人同时使用。如此一来，计算机似乎变得更加缓慢，但是对于用户来说却更加高效，因为他们在几秒钟内就可以发现程序中的错误，而不用再苦等几小时，甚至更长的时间。

1954 年，在海军研究办公室资助的麻省理工学院夏季研讨会上，约翰·巴克斯首次提出这种分时方法。但是，这个想法一直未能得到验证，直到 IBM 公司将 7090 计算机交付给麻省理工学院。这款计算机的内存足以存放好几个程序，分时方法才最终得以实现。

1961 年 11 月，麻省理工学院教授费尔南多·科尔巴托公开演示了他的计算机分时系统。这一系统可供 4 个用户同时使用，共有 18 条指令，包括登录、注销、编辑、列表和 MAD（一种早期编程语言）。后来，这一系统发展成了“可兼容分时系统”（CTSS）。之所以称为“可兼容”，是因为它可以同时支持交互式分时和批处理两种运行方式。由于在 CTSS 和多路信息计算系统方面作出突出贡献，科尔巴托于 1990 年获得了图灵奖。

在那之后，分时系统很快就成为交互计算的主流方案，一直持续到 20 世纪 80 年代的个人计算机革命。■

《太空大战》

史蒂夫·拉塞尔（Steve Russell，1937— ）
马丁·格雷茨（Martin Graetz，生卒不详）
韦恩·维塔宁（Wayne Wiitanen，生卒不详）

两位玩家正在 PDP-1 30 型显示器上玩最早的电子游戏《太空大战》。

PDP-1 计算机（1959 年），《乓》（1972 年），第一台个人计算机（1974 年），《字节》杂志（1975 年）

为了充分展示 PDP-1 计算机的强大性能，史蒂夫·拉塞尔和他在麻省理工学院的几位朋友马丁·格雷茨、韦恩·维塔宁一起设计了一款双人电子游戏——《太空大战》（*Spacewar*）。在这个游戏中，玩家可以使用各种武器尝试击毁对方的太空飞船。他们的设计灵感部分来自美国及日本的科幻小说和通俗小说。

他们大约花费了 6 周时间，设计了两艘宇宙飞船，分别名为 Needle 和 Wedge。游戏中，飞船位于一个星域背景下，在恒星引力场中飞行。这款游戏要求计算机拥有每秒 1000 次以上的运算能力，用以计算宇宙飞船的运动轨迹，并响应玩家的游戏操作。玩家可以通过拨动计算机上的开关或敲击控制板上的按钮来发射炮弹。在这个游戏中，飞船运行遵循牛顿定律，即使玩家没有主动加速，飞船仍然会保持运动状态。所以，这个游戏对玩家的要求是击毁对手飞船，同时不与恒星相撞。由于处于多维空间之中，并且还有引力加持与发射炮弹时的强制冷却时间，所以想要取得游戏胜利，不仅需要瞄得精准、射击果断，还需要有一些游戏策略。另外，游戏中还有一颗小行星，可供玩家自由射击。

1962 年，在麻省理工学院科学开放日上，《太空大战》首次向公众进行展示。很快这款游戏就运行在了绝大多数 PDP-1 计算机上。1972 年，斯图尔特·布兰德（Stewart Brand，生于 1938）和《滚石》（*Rolling Stone*）杂志共同资助了一场《太空大战》锦标赛，这也标志着这款游戏达到了巅峰。2007 年，《太空大战》被《纽约时报》（*New York Times*）评为有史以来最重要的十大电子游戏之一。1977 年，《字节》（*BYTE*）杂志推出了《太空大战》汇编语言版本，可以在 Altair 8800 计算机上运行。《太空大战》还成了第一款街机游戏《电脑空间》（*Computer Space*）的灵感来源。设计者是诺兰·布什内尔，后来他还推出游戏《乓》（*Pong*），并创办了雅达利公司（Atari Corporation）。同时，《太空大战》中那颗小行星成为电子游戏《小行星》（*Asteroids*）的灵感来源，这将是雅达利公司最成功的电子游戏之一。■

虚拟内存

弗里茨-鲁道夫·金奇
（Fritz-Rudolf Güntsch，1925—2012）
汤姆·基尔伯恩（Tom Kilburn，1921—2001）

这是阿特拉斯 1 号（Atlas 1）计算机的控制台，用于提供关于机器运行的信息。这台计算机位于英国阿特拉斯计算机实验室，主要用于粒子物理研究。

浮点数（1914 年），分时系统（1961 年）

内存容量小是早期计算机的主要限制之一。为了解决这一问题，程序员们会将代码与数据分成许多不同部分，先将它们放入内存中进行运算，当计算机内存另有他用时，再将它们取出放回辅助存储设备中。所有这些操作都是由程序员手动完成的，需要花费很大精力才能确保不出差错。

弗里茨-鲁道夫·金奇在德国柏林理工大学撰写博士论文时，提出了一个想法：让计算机自动将所需数据从存储器转移至内存，使用完成后再从内存返还至存储器。为了实现这一点，数据将被分配到更大虚拟内存地址空间的不同部分，然后计算机将按需映射或指派到较小的物理内存中。

即使按照当时的标准来看，金奇设计的机器内存也非常小：只有 6 块内存，每块大小 100 字，可以创建一个 1000 块的虚拟地址空间。虽然简单，但是他将这一想法清晰准确地表达了出来。

与此同时，英国曼彻斯特大学的汤姆·基尔伯恩也带领着一个研究团队，正在研制一台大型高速计算机。在这台计算机上，他们成功研制出一个虚拟内存系统，主存大小 16 384 字，辅存大小 98 304 字。每个字都长达 48 比特，大到足以存储一个浮点数或者两个整数。这台计算机最初名为 MUSE，后来随着另外两家英国电子公司 Ferranti 和 Plessey 的加入，更名为阿特拉斯（Atlas）。

今天，所有操作系统都在使用虚拟内存，即便是手机也不例外。但在当时，并不是所有人都支持虚拟内存技术。例如，以研制高性能计算机而闻名于世的西蒙·克雷（Seymour Cray）认为，数据在主存和辅存之间来回移动会消耗宝贵的时间，将导致计算机运算速度降低。克雷经常说的一句话是：“你没法假装拥有那些你并不拥有的东西。”

然而，对于虚拟内存而言，这句话并不正确。■

1962 年

数字长途电话

贝尔电话公司的工程师在更换电话交换机内部的 T1 接口。

本地电话网络的计算机化（1983 年）

1962 年

1960 年的母亲节，美国各地身处异乡的儿女们都想给自己的母亲打一通电话，表达深深谢意并送上节日祝福。然而，他们中的大部分人都没有办法成功打通电话，只能听到忙音或者“请稍后再试”的自动语音。因为在当时由铜线组成的电话网络数量相对较少，而且每对铜线只能接入一路电话。

后来，随着美国电话电报公司推出了 T1 载波，电话网络的信道容量得到了大幅增加，从单一信道扩展至 24 个信道。 T1 载波之所以能做到这一点，是因为它将模拟信号转换为数字信号，经过重新排序或组织，然后成对进行传输，最后实现精确分离并送达预期线路。事实上，每对铜线的容量增加了 10 倍以上，这是因为 T1 载波向每个方向传输数据都需要一对信道。T1 载波系统最早应用在美国芝加哥市，因为那时芝加哥城市空间有限，并不能在街道下铺设更多的地下电缆。

要实现数字长途电话服务，需要具备 3 个条件：一是 T1 数字通信协议，这一协议采用了多路复用技术，可将 24 路数据整合成一个数据流；二是将模拟信号转换成数字信号的模数转换器；三是将数字信号转换回模拟信号的数模转换器。

正是有了 T1 载波，两台计算机才有可能通过电话数字网络实现连通。T1 载波相关规范和标准逐步演变和成熟，为后续的技术创新奠定了重要基础，例如早期互联网和基于 5ESS 交换机的电话网络计算机化。■

079

“画板”程序

伊凡 · E. 苏泽兰（Ivan E. Sutherland，1938— ）

伊凡 · 苏泽兰的“画板”程序可以允许用户使用光笔直接在显示屏上绘制图形。

《我们可以这样设想》（1945 年），头戴式显示器（1967 年），“所有演示之母”（1968 年），美国 VPL 研究公司（1984 年）

1963 年

“画板”（Sketchpad）是第一款交互式计算机图形程序。伊凡 · 苏泽兰在麻省理工学院攻读博士学位时，编写了“画板”程序，正式开启了人机交互的新时代。在这个程序中，用户可以直接使用光笔在阴极射线显像管屏幕（CRT）上绘制出任意形状。对于计算机科学而言，将图形而非数字和字母作为计算机输入，这是一个革命性的转变。“画板”是最早采用图形用户界面（GUI）的程序之一。此后，计算机开始用于艺术设计，不再只是限于科学技术工作。

这个程序的输入方式为转动旋钮和拨动开关，以此控制绘画线条的大小和比例。程序运行在 TX-2 计算机上，这台计算机的内存容量比当时市面上所有商用计算机都要大。在计算机图形学领域，“画板”程序为众多技术发展奠定了重要基础。计算机辅助设计（CAD）、人机交互（HCI）、面向对象编程（OOP）都可以在某种程度上追溯到“画板”程序。

“画板”甚至还影响了“鼠标之父”道格拉斯 · 恩格尔巴特（Douglas Engelbart）在美国斯坦福研究所（Stanford Research Institute，SRI）开展的各项研究发明。同时，苏泽兰本人以多种方式还在不断推进这项研究，其中就包括 1967 年发明了第一个头戴式显示器，后来被认为是虚拟现实技术发展的一个重要里程碑。

直到几十年后，在随处可见的个人计算机中才拥有类似的绘图功能。在设计之初，人们是想要摆脱纸张对绘画的限制。对于大多数人而言，直到 20 世纪 80 年代这一目标才最终被实现，那时已经出现了 AutoCAD 等设计程序，可以绘制更加精准、更加复杂的图形，而且可以很方便地进行修改或调整设计方向。

由于在“画板”程序上的突出贡献，伊凡 · 苏泽兰获得了 1988 年图灵奖和 2012 年京都奖（Kyoto Prize）。■

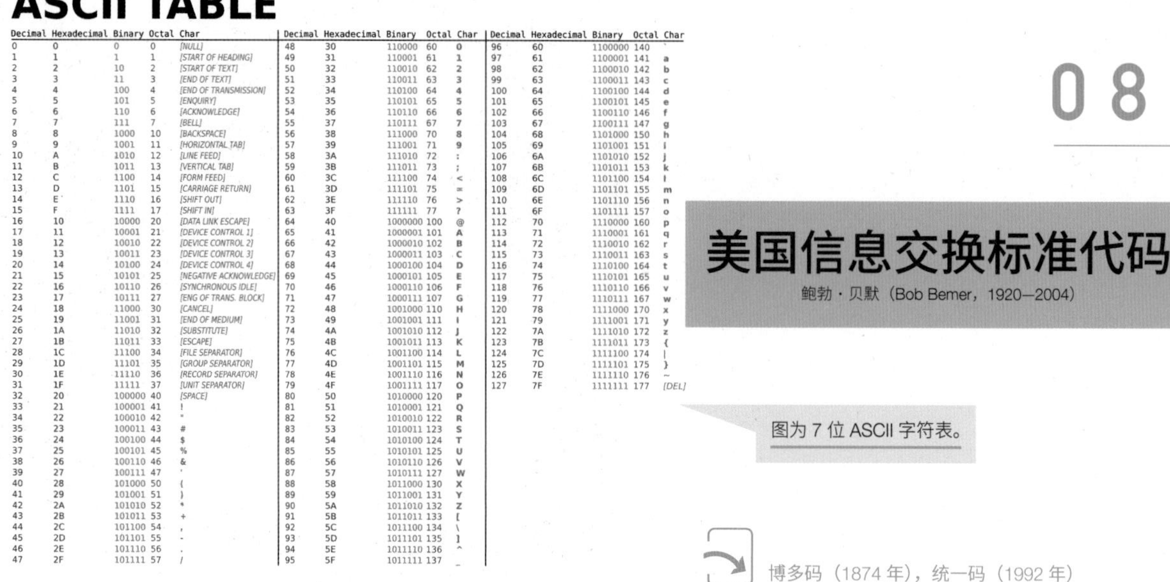

ASCII TABLE

Decimal	Hexadecimal	Binary	Octal	Char
0	0	0	0	[NULL]
1	1	1	1	[START OF HEADING]
2	2	10	2	[START OF TEXT]
3	3	11	3	[END OF TEXT]
4	4	100	4	[END OF TRANSMISSION]
5	5	101	5	[ENQUIRY]
6	6	110	6	[ACKNOWLEDGE]
7	7	111	7	[BELL]
8	8	1000	10	[BACKSPACE]
9	9	1001	11	[HORIZONTAL TAB]
10	A	1010	12	[LINE FEED]
11	B	1011	13	[VERTICAL TAB]
12	C	1100	14	[FORM FEED]
13	D	1101	15	[CARRIAGE RETURN]
14	E	1110	16	[SHIFT OUT]
15	F	1111	17	[SHIFT IN]
16	10	10000	20	[DATA LINK ESCAPE]
17	11	10001	21	[DEVICE CONTROL 1]
18	12	10010	22	[DEVICE CONTROL 2]
19	13	10011	23	[DEVICE CONTROL 3]
20	14	10100	24	[DEVICE CONTROL 4]
21	15	10101	25	[NEGATIVE ACKNOWLEDGE]
22	16	10110	26	[SYNCHRONOUS IDLE]
23	17	10111	27	[ENG OF TRANS. BLOCK]
24	18	11000	30	[CANCEL]
25	19	11001	31	[END OF MEDIUM]
26	1A	11010	32	[SUBSTITUTE]
27	1B	11011	33	[ESCAPE]
28	1C	11100	34	[FILE SEPARATOR]
29	1D	11101	35	[GROUP SEPARATOR]
30	1E	11110	36	[RECORD SEPARATOR]
31	1F	11111	37	[UNIT SEPARATOR]
32	20	100000	40	[SPACE]
33	21	100001	41	!
34	22	100010	42	"
35	23	100011	43	#
36	24	100100	44	$
37	25	100101	45	%
38	26	100110	46	&
39	27	100111	47	'
40	28	101000	50	(
41	29	101001	51	)
42	2A	101010	52	*
43	2B	101011	53	+
44	2C	101100	54	,
45	2D	101101	55	-
46	2E	101110	56	.
47	2F	101111	57	/
48	30	110000	60	0
49	31	110001	61	1
50	32	110010	62	2
51	33	110011	63	3
52	34	110100	64	4
53	35	110101	65	5
54	36	110110	66	6
55	37	110111	67	7
56	38	111000	70	8
57	39	111001	71	9
58	3A	111010	72	:
59	3B	111011	73	;
60	3C	111100	74	<
61	3D	111101	75	=
62	3E	111110	76	>
63	3F	111111	77	?
64	40	1000000	100	@
65	41	1000001	101	A
66	42	1000010	102	B
67	43	1000011	103	C
68	44	1000100	104	D
69	45	1000101	105	E
70	46	1000110	106	F
71	47	1000111	107	G
72	48	1001000	110	H
73	49	1001001	111	I
74	4A	1001010	112	J
75	4B	1001011	113	K
76	4C	1001100	114	L
77	4D	1001101	115	M
78	4E	1001110	116	N
79	4F	1001111	117	O
80	50	1010000	120	P
81	51	1010001	121	Q
82	52	1010010	122	R
83	53	1010011	123	S
84	54	1010100	124	T
85	55	1010101	125	U
86	56	1010110	126	V
87	57	1010111	127	W
88	58	1011000	130	X
89	59	1011001	131	Y
90	5A	1011010	132	Z
91	5B	1011011	133	[
92	5C	1011100	134	\
93	5D	1011101	135	]
94	5E	1011110	136	^
95	5F	1011111	137	_
96	60	1100000	140	`
97	61	1100001	141	a
98	62	1100010	142	b
99	63	1100011	143	c
100	64	1100100	144	d
101	65	1100101	145	e
102	66	1100110	146	f
103	67	1100111	147	g
104	68	1101000	150	h
105	69	1101001	151	i
106	6A	1101010	152	j
107	6B	1101011	153	k
108	6C	1101100	154	l
109	6D	1101101	155	m
110	6E	1101110	156	n
111	6F	1101111	157	o
112	70	1110000	160	p
113	71	1110001	161	q
114	72	1110010	162	r
115	73	1110011	163	s
116	74	1110100	164	t
117	75	1110101	165	u
118	76	1110110	166	v
119	77	1110111	167	w
120	78	1111000	170	x
121	79	1111001	171	y
122	7A	1111010	172	z
123	7B	1111011	173	{
124	7C	1111100	174	|
125	7D	1111101	175	}
126	7E	1111110	176	~
127	7F	1111111	177	[DEL]

美国信息交换标准代码

鲍勃·贝默（Bob Bemer，1920—2004）

图为 7 位 ASCII 字符表。

博多码（1874 年），统一码（1992 年）

1963 年

一套字符代码会为每一个可打印字符分配一个数值。但是，一直都没有形成一套统一的字符代码。到了 20 世纪 50 年代末期，在使用的字符代码已经超过 60 多种。甚至在 IBM 同一家公司的不同型号的计算机上，就有多达 9 种不同的字符代码。在这种情况下，不同计算机系统之间的数字信息交互是非常困难的。

因此，必须要形成一套计算机全行业公认的标准字符代码，明确计算机二进制代码与人类可识别字符之间的一一对应关系。该项工作在 1960 年正式启动，因为当时 IBM 公司的一位工程师鲍勃·贝默游说大家尽快制定一套通用代码。贝默于 1961 年 5 月向美国标准协会（ASA）提交了他的方案。为此，美国标准协会成立了一个专项委员会，经过两年时间最终发布了“美国信息交换标准代码”(American Standard Code for Information Interchange)，也就是我们所熟知的 ASCII。

起初，ASCII 主要用于支持当时的电传打字机，并未有太多长远考虑。所以，在最早版本中只有大写字母、数字和一些符号，以及针对电传打字机的特殊控制字符，例如返回(将打印头返回到左边)、换行（向上推进纸张）、响铃（让电传打字机鸣响）。到了 1967 年，对 ASCII 进行了一次扩展，加入了小写字母和更多的符号。

ASCII 是 7 位代码，最多只能容纳 2^7=128 个不同字符，所以没有像 É 这种重音符号。同时，20 世纪 80 年代开始，计算机键盘开始逐步取代打字机，因此 ASCII 中也没有诸如¢、♫、‰等字符。

随着 8 位计算机的日益普及，各家计算机制造商又开始以不同的方式使用新增加的一部分代码空间。而且，计算机也需要对中文、日文、韩文等文字进行编码。因此，计算机行业似乎又到了不得不下定决心制定统一标准的时刻。直到多年之后，统一码（Unicode）的出现才最终解决了这一问题。■

兰德平板电脑

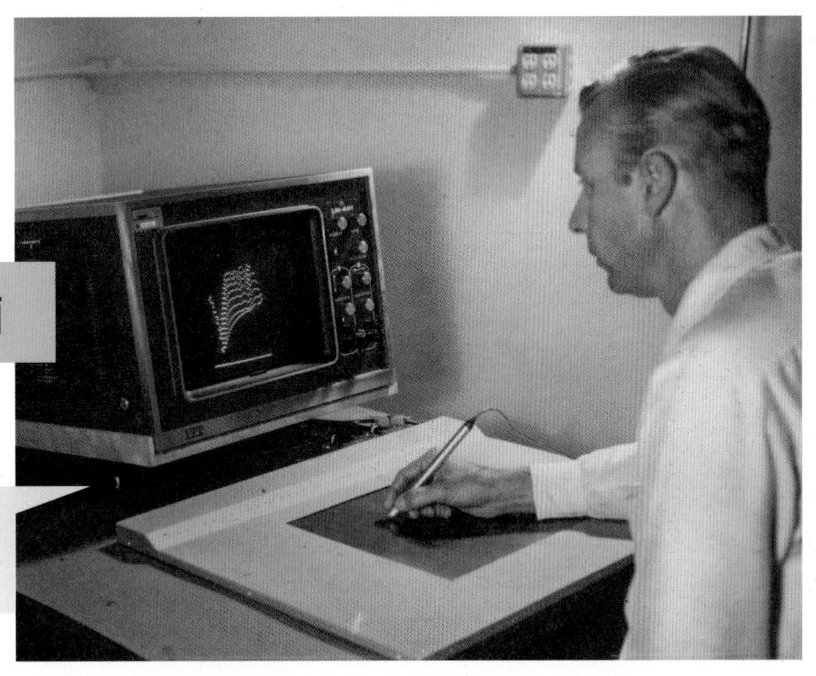

兰德平板电脑的发明者之一汤姆·艾利斯（Tom Ellis）手持一支电子笔在兰德平板电脑上书写。

“画板”程序（1963 年），触摸屏（1965 年），AutoCAD 软件（1982 年），PalmPilot 掌上电脑（1997 年）

1964 年

兰德公司成立于 1946 年，最初是美国陆军航空队资助的一个研究项目。到了 1948 年，兰德公司已发展成为一个非营利性的科技研究和政策分析机构，面向政府和非政府客户，涵盖各个学科领域。1964 年，兰德研究团队推出了第一款数字平板电脑，放置在桌面上使用，可以检测和捕捉笔状物体的运动，用户能够非常轻松地将图纸甚至签名输入计算机。

这款被称为“兰德平板电脑”（RAND Tablet）的设备长 60 厘米、宽 50 厘米、高 2 厘米。在平板底座上，通过电线连接着一个像笔一样的设备，用户可以用这支笔在平板上绘画或书写。在与平板相连的显示屏上，可以实时显示出文本或图像，让用户感觉好像他们在屏幕上直接绘画一样。

兰德公司致力于研究人与计算机如何更加有效地交互信息。这款平板电脑就是这项研究的成果之一，向人们展示了如何以肢体运动和书面形式与计算机沟通。兰德公司将这款平板电脑称为“活纸页”。

兰德平板电脑的出现具有开创性意义，它改变了计算机的形态和界面，不再是只有屏幕和键盘的大型机器，而是一种具有全新自我表达方式的模拟通信设备。伊凡·苏泽兰的“画板”程序为兰德平板电脑提供了灵感，也推动了第一款计算机辅助设计软件（CAD）的研发。

由于使用灵活和交互友好，平板电脑成了一种常见的图形输入设备。兰德平板电脑不仅是银行电子签名板的前身，还是掌上电脑和现代智能手机的前身。■

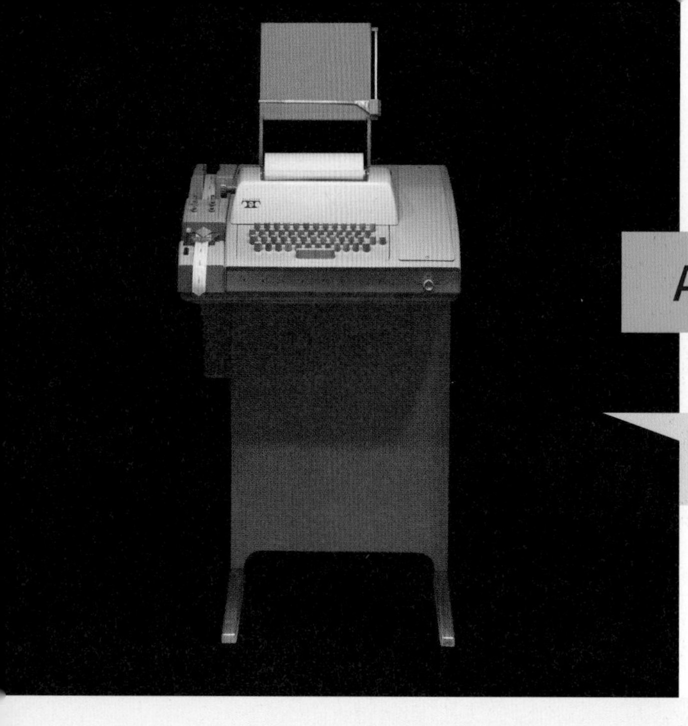

ASR33 电传打字机

在瑞士洛桑联邦理工学院博洛博物馆展出的一台 ASR33 电传打字机。

美国信息交换标准代码（1963 年），UNIX 操作系统（1969 年）

按下电传打字机的一个按键，就会打印出相应字母，同时还会以 110 比特 / 秒的速度通过电路将信息传输出去；远程计算机接收到信息后，会在长纸卷上将字母一行一行地再次打印出来。电传打字机的出现早于计算机，最早用于发送电报，因为打字的速度比莫尔斯电码更快。但是，随着交互式计算的出现，电传打字机很快就变成了一种与计算机交互的方式。

“ASR”的意思是“自动发送和接收”，指的就是键盘左侧的纸带阅读机和打孔机可以自动运行。人们可以使用键盘将程序键入计算机，也可以将打孔纸带放入纸带阅读器，然后按下一个按钮，整盘纸带就会被读入，就像是在键盘上键入程序一样。人们可以键入“LIST”将程序打印出来，也可以按下另一个按键，就相当于键入“LIST”并启用打孔机，在程序被打印出来的同时，还会被打孔到纸带上形成一份程序副本。

1964 年，ASR33 是第一台采用 ASCII 码的电传打字机。这款机器很快成为世界各地计算机机房的常见设备。直到 20 世纪 70 年代末期，ASR33 才逐步被阴极射线管设备和行式打印机所取代。即便如此，还有很多业余爱好者在使用 ASR33 电传打印机。

ASR33 电传打字机共生产了 60 多万台。直至今日，在 UNIX 操作系统中，还将“/dev/tty”（teletype device）作为程序控制台的名称，仍可实现 ASR33 的控制代码，如回车、换行、退格、响铃。■

IBM System/360 计算机

吉恩·阿姆达尔（Gene Amdahl，1922—2015）
弗雷德里克·布鲁克斯（Frederick Brooks，1931—2022）

采用 System/360 的 IBM 30 型计算机。第一款 30 型计算机由麦克唐纳飞机公司购买，这款计算机是 1965 年所有 System/360 计算机中最便宜的型号。

《人月神话》（1975 年）

1950 年，IBM 公司仅制造出 4 款计算机，而且其中两款只是原型机。短短 10 年后，IBM 公司已经生产了十几种不同的计算机系列，向客户交付了超过 10 000 台计算机。

IBM 公司虽然取得了巨大成功，但是也面临着巨大的难题。IBM 公司有 5 条独立的产品线，每条产品线都有各自的设计、指令集和操作系统。产品线的硬件和软件都相互独立，没有办法通用。IBM 公司给出了一个解决方案，那就是 System/360，当时被认为是一场激进的商业豪赌。IBM 公司的想法是创建一个计算机体系架构，让同一款软件可以在 IBM 公司不同计算机系统中运行。

对 System/360 的秘密研发始于 1959 年，IBM 公司遍布全球的实验室和工厂几乎都参与其中。弗雷德里克·布鲁克斯是这一项目的负责人，吉恩·阿姆达尔是首席架构师。他们二人带领团队搭建了 6 条各不相同却相互兼容的计算机线路，可以支持 19 种不同内存容量与传输速度的组合。内存范围从 8000 字符到 800 万字符，传输速度最快与最慢甚至相差约 50 倍。System/360 没有使用任何电子管，完全基于 IBM 公司的集成电路。

1964 年 4 月 7 日，System/360 正式发布，当天在全球 165 个城市有超过 10 万人参加了这场发布活动。1965 年，IBM 公司向客户交付了第一台 System/360。

System/360 的研发成本最初预计为 6.75 亿美元，但是 IBM 公司仅在工程方面就花费了 7.5 亿美元，另外还在工厂、设备和机器方面投入了 45 亿美元。不过，开始发货仅一年后，System/360 就获得了高达 10 亿美元的税前利润。到了 1970 年，IBM 公司推出 System/360 的替代产品 System/370，每年利润更是翻了一番多。

由于在计算机体系架构、操作系统以及软件工程方面的突出贡献，弗雷德里克·布鲁克斯于 1999 年获得了图灵奖。■

BASIC 语言

约翰·凯梅尼（John Kemeny，1926—1992）
托马斯·库尔茨（Thomas Kurtz，1928— ）

Now YOU can program a computer in

BASIC

A new dimension in data processing

美国通用电气公司编写的 BASIC 语言教材。

第一台个人计算机（1974 年），《多布博士》（1976 年），MS-DOS 操作系统（1982 年）

美国达特茅斯学院的约翰·凯梅尼和托马斯·库尔茨两位教授共同设计了“初学者通用符号指令代码”（Beginner's All-purpose Symbolic Instruction Code），这就是我们熟知的 BASIC 语言。借助 BASIC 语言，非专业的普通学生也可以学习编写程序，通过使用计算机来解决各类问题。

与当时的其他编程语言不同，BASIC 使用了简单易懂的指令。例如，键入“PRINT 2+2”，就会输出“4”。如果想要创建一个程序，只需在每一行前面加上一个行号。例如，键入“10 PRINT 2+2”，就得到了一个 BASIC 程序。当计算机执行到第 10 行时，就会输出“4”。由于 BASIC 非常直观明了，以至于只通过阅读程序就能理解程序的含义。

到了 1968 年，BASIC 语言在美国达特茅斯学院的 80 多门课程中都得到了应用，其中包括拉丁语、统计学、心理学等。同时，BASIC 语言还进入了另外 4 所大学和 23 所中学，共计拥有 8000 多名用户。

很快，BASIC 语言就脱离了达特茅斯学院。美国数字设备公司（DEC）、数据通用公司（Data General）、惠普公司等计算机制造商纷纷编写了不同版本的 BASIC 语言。1973 年，美国数字设备公司的工程师大卫·阿尔（David Ahl）说服公司专门出版了一本书，名为《BASIC 语言计算机游戏入门》（*101 BASIC Computer Games*）。著名计算机软件期刊《多布博士》（*Dr. Dobb's Journal*）曾于 1976 年发表了一篇关于简化版 BASIC 语言的文章。简化版 BASIC 语言是 BASIC 的一个基础版本，能够在内存不足 3KB 的计算机上运行，非常适合 Altair 8800 计算机。后来，比尔·盖茨和保罗·艾伦为 Altair 8800 计算机开发了 BASIC 语言——Altair BASIC，这款商业软件售价高达 150 美元。由于软件价格非常昂贵，许多计算机爱好者只得使用盗版。

在接下来的十年中，几乎全世界卖出的每一台微型计算机都在只读存储器（ROM）中安装了 BASIC 的某些版本。对于数百万人而言，BASIC 语言是他们掌握的第一种编程语言。如今，Visual Basic for Applications（VBA）已内置于微软办公软件中，其他还包括 Microsoft Access、Excel、Word、Outlook、PowerPoint 等。■

085

第一台液晶显示屏

乔治·海尔迈耶（George Heilmeier，1936—2014）

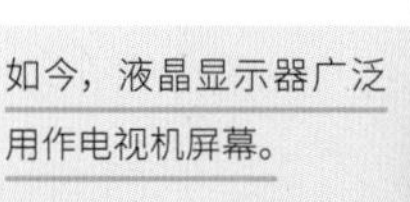

如今，液晶显示器广泛用作电视机屏幕。

第一个发光二极管（1927 年），电子墨水（1997 年）

1965 年

物质的液态晶体状态是布拉格查理大学的植物生理学家弗里德里希·莱尼泽（Friedrich Reinitzer）于 1888 年发现的，并在 20 世纪初和 20 世纪 30 年代得到了进一步研究。此外，对液晶一些奇特能力的探究，例如可以改变光的偏振，仍然只是好奇心驱使的研究，并没有什么实际研发用途。

20 世纪 60 年代早期，在美国新泽西州普林斯顿的 RCA 实验室中，工程师们正在寻找一种新的显示方式来替代彩色电视机中的真空管。RCA 实验室的物理化学家理查德·威廉姆斯（Richard Williams）将注意力转向了液晶，他发现对于某些化学物质来说，如果被加热至 117 ℃且被放置在高压电场中，将会从透明状态变成不透明状态。

不过，威廉姆斯没过多久就放弃了用液晶作为显示器的想法。但是，一位名叫乔治·海尔迈耶的年轻工程师仍始终坚持这一研究方向。在接下来的几年里，海尔迈耶成立了新的研究小组，发现了在室温和低压电场条件下仍可表现出液晶效应的材料。

1965 年，海尔迈耶的研究小组设计建造了第一台液晶显示器，在偏振器和反射面之间使用了一些液晶材料，分别控制 1 个个位数字显示器的 7 个部分。后来，该小组还研制了一台用于微型电视测试功能的 LCD。

1971 年，RCA 实验室将其计算部门出售给兰德公司，抵消了 4.9 亿美元的债务。此外，1976 年，由于对液晶显示器能否盈利表示怀疑，RCA 实验室将这项技术出售给了天美时（Timex）。如今，液晶显示屏被广泛应用于台式计算机、便携式电话、电视、投影仪，等等。

后来，海尔迈耶离开了 RCA 实验室，担任了美国白宫研究员，并于 1975 年被任命为美国国防高级研究计划局（Defense Advanced Research Projects Agency，DARPA）的局长。■

光纤通信

纳林德·辛格·卡帕尼（Narinder Singh Kapany，1926—2020）
西泽俊一（Jun-ichi Nishizawa，1926—2018）
曼弗雷德·伯尔纳（Manfred Börner，1929—1996）
罗伯特·莫伊雷尔（Robert Maurer，1924— ）
唐纳德·凯克（Donald Keck，1941— ）
彼得·舒尔茨（Peter Schultz，1942— ）
弗兰克·齐马尔（Frank Zimar，生卒不详）

光纤电缆中的细小圆柱形玻璃管可以用来发送光脉冲信息。

数字长途电话（1962 年）

1965 年

要实现光纤传输，首先要对二进制信息进行编码，形成光脉冲信号，然后通过一根比人类头发丝还细小的圆柱形玻璃管发送出去。信号会以光速在玻璃管中进行传输，最后再将光脉冲信号转换回二进制形式。如果需要传输的是语音信号，就必须再经过一个额外步骤，那就是在发送端将模拟信号转换为数字信号，并在接收端将数字信号转换回模拟信号。

很早之前，人们就开始尝试使用光来实现更高效的信息传输。大约 1800 年，人们已经实现对镜子反射闪光进行编码，用以传输字母或数字。后来，亚历山大·格雷厄姆·贝尔（Alexander Graham Bell，1847—1922）和他的助手托马斯·奥古斯都·沃森（Thomas Augustus Watson，1854—1934）发明了“光线电话”，成功实现了用光线传输语音。

在现代光纤通信的发展历程中，有许多人作出了重要贡献，其中包括印度裔美国物理学家纳林德·辛格·卡帕尼和日本东北大学的西泽俊一。此外，还有德国人曼弗雷德·伯尔纳于 1965 年创建了第一个光纤数据传输系统。到了 20 世纪 70 年代，美国康宁公司的 4 位科学家取得了重大突破，他们分别是罗伯特·莫伊雷尔、唐纳德·凯克、彼得·舒尔茨和弗兰克·齐马尔。他们研制出一种玻璃材质，能够将光线传送数十千米而不会造成明显功率损失。至此，光纤传输技术才足够成熟稳定，可以作为通用通信系统。

与传统线路或 T1 载波线路相比，单根光纤可以在相同的时间内传送超过上亿倍的信息。■

DENDRAL 专家系统

约书亚·莱德伯格（Joshua Lederberg，1925—2008）
布鲁斯·G. 布坎南（Bruce G. Buchanan，生卒不详）
爱德华·费根鲍姆（Edward Feigenbaum，1936— ）
卡尔·德杰拉西（Carl Djerassi，1923—2015）

图为约书亚·莱德伯格，身后是美国斯坦福大学的外太空生物研究设备。

人工智能医学诊断（1975 年）

在早期人工智能技术发展过程中，DENDRAL 是具有重要影响力的研究项目之一。DENDRAL 的出现，标志着人工智能研究的重点从开发通用型人工智能，转向为特定领域量身打造专业人工智能。之所以能够做到这一点，是因为 DENDRAL 可以借助专家们的化学知识，通过相应的代码和数据解决特定的化学问题，作出与专家相似的专业判断。因此，DENDRAL 也被称为“专家系统”。

DENDRAL 的研究项目始于 1965 年，当时遗传学家约书亚·莱德伯格正在寻找一个合适的计算机研究平台。他希望能够借助计算机进一步理解有机化合物的分子结构，帮助他更好地开展外太空生物学研究。外太空生物学是天体生物学的一个分支，主要探究地球外生物的存在及进化问题。莱德伯格找到了几位合作伙伴，他们分别是：美国斯坦福大学助理教授爱德华·费根鲍姆，他是斯坦福大学计算机科学系的创始人之一；斯坦福大学化学家卡尔·德杰拉西；人工智能专家布鲁斯·布坎南。他们几人合作研发了一个能够通过质谱数据分析分子结构的人工智能系统。该项目大约持续了 15 年时间，最初只是一款辅助科学推理和解释实验结果的程序，最终逐步发展成可以形成假设并最终获得新知识的研究系统。

DENDRAL 专家系统主要分为两个部分：启发式 DENDRAL 和元 DENDRAL。启发式 DENDRAL 聚集了已掌握的所有数据，例如核心化学知识库，形成化学结构与潜在相应质谱的集合。元 DENDRAL 会根据前者的输出形成一系列假设，用以探究和解释化学结构和质谱组合之间的相关性。由于对 DENDRAL 的突出贡献，爱德华·费根鲍姆在 1994 年获得了图灵奖。■

1965 年

ELIZA 聊天机器人

约瑟夫·魏泽鲍姆（Joseph Weizenbaum，1923—2008）

ELIZA 这个名字源于《卖花女》中的伊莱扎·杜利特尔（Eliza Doolittle）。这部歌剧后来被改编成电影《窈窕淑女》（*My Fair Lady*）。图为 1914 年帕特里克·坎贝尔夫人（Mrs. Patrick Campbell）扮演的伊莱扎。

图灵测试（1951 年），人工智能医学诊断（1975 年）

ELIZA 是第一款能用英语与人类交流的计算机程序。它的名字来自爱尔兰剧作家萧伯纳的《卖花女》（*Pygmalion*）中的角色。在这个程序中，人类先通过电传打字机上键入一行文字，然后程序进行文本重组转换，最简单的转换就是把“你”变成“我”、把“我”变成“你”，再把经过转换的文字发给人类。就如同鹦鹉学舌一样，计算机其实完全不知道自己在说些什么。

不仅如此，麻省理工学院教授约瑟夫·魏泽鲍姆还将他的语言分析程序与罗杰斯心理疗法相结合。罗杰斯心理疗法是一种鼓励自我表达且不作过多解释的非指导性疗法。遵循这一方法，ELIZA 会把“我不快乐”转换成“你认为来这里会让你快乐一些吗”。这些文字转换大多是由简单关键词触发的；当 ELIZA 被难住时，它就会提出另一个事先设定好的问题。

但是，魏泽鲍姆没有料到，ELIZA 非常受欢迎。人们开始和 ELIZA 交谈，就好像它真的有智能一样，甚至那些对 ELIZA 非常了解的人也是如此。例如，魏泽鲍姆的秘书知道这只是魏泽鲍姆编写的一个程序，但她还是希望能够私下地与 ELIZA 进行交谈。后来，她发现魏泽鲍姆可以看到她与 ELIZA 的聊天日志，她感觉十分震惊。再例如，曾有一位访客来到麻省理工学院，他发现 ELIZA 程序正在运行，就与之进行交流，以为对面是一位麻省理工学院的教授。但是，计算机中的“教授”总是顾左右而言他，不仅不回答问题，而且还会提出其他问题，让这位访客感到十分恼火。后来有些观点认为，在某些情况下，人工智能心理治疗师可能比人类心理治疗师更好，因为计算机程序时间充裕，且不会按小时计费。

从本质上说，ELIZA 对它所表达的语言一无所知。归根结底，对于程序来说，是否能够理解语言本身并不那么重要。

1966 年，魏泽鲍姆撰写了一篇关于 ELIZA 的文章。其中他写道：“在很大程度上，ELIZA 的神奇之处在于，如此简洁的程序，却能让人误以为它具有理解能力。”因此，这个程序的关键之处不是展现它理解了什么，而是掩饰它不理解什么。■

089

触摸屏

E.A. 约翰逊（E. A. Johnson，生卒不详）
萨姆・赫斯特博士（Dr. Sam Hurst，1927—2010）
尼米什・梅塔（Nimish Mehta，生卒不详）

一名操作员正在使用触摸屏操作计算机辅助教育系统（PLATO）。

轨迹球（1946 年），鼠标（1967 年），PalmPilot 掌上电脑（1997 年）

1965 年

1955 年，麻省理工学院的旋风项目（Whirlwind）研制了一款光笔，可以让用户手持光笔在计算机屏幕上进行点击。但是，到了什么时候人们才可以用自己的手指更加自然地在屏幕上勾勾画画呢？那要等到 1965 年来自英国皇家雷达研究所（Royal Radar Establishment，RRE）的 E. A. 约翰逊提出触摸屏概念之后。

约翰逊是英国皇家雷达研究所的一名研究员，主要研究空中交通控制系统。1965 年，他发表了一篇文章，题为《触摸显示屏——一种新型的计算机输入 / 输出设备》（*Touch Display—A Novel Input / Output Device for Computers*），文中描述了一种可以实现触摸感应的屏幕。两年后，他又撰写了一篇文章，进一步拓展了触摸显示屏的想法，讲述了如何运用触摸显示屏来实现与图表、图片的交互。

约翰逊发明的显示屏正是我们今天所说的电容式触摸屏。这种触摸屏在玻璃上有一层特殊金属导电物质，可以储存电荷。当用户触摸屏幕时，部分电荷会转移给用户，导致电荷发生变化。这时屏幕就会向操作系统发出信号，告知触摸发生的具体位置。

几年后，美国田纳西州橡树岭国家实验室的研究员萨姆・赫斯特发明了一种类似的透明触敏薄膜屏幕，可以基于两层透明材料受到挤压时电阻值的变化来确定触摸点。与电容式触摸屏不同，这种触摸屏既可以用触笔，也可以用手指，价格更低廉，但精度更低。此外，还有一种表面声波式触摸屏，可以发送一种高频声波跨越屏幕表面，当手指触及屏幕时，触点上的声波即被阻止，由此确定触点位置。

最早的触摸屏每次只能感应一个触摸信号。1982 年，尼米什・梅塔在加拿大多伦多大学研发出了第一款多点触控屏幕。随着触摸屏技术的发展，其商业应用场景也在不断拓展，在 21 世纪初得到了全面普及。

如今，平板电脑和智能手机已成为人们接入互联网获取信息的主要渠道，而触摸屏则是人们与平板电脑和智能手机进行互动的主要方式。■

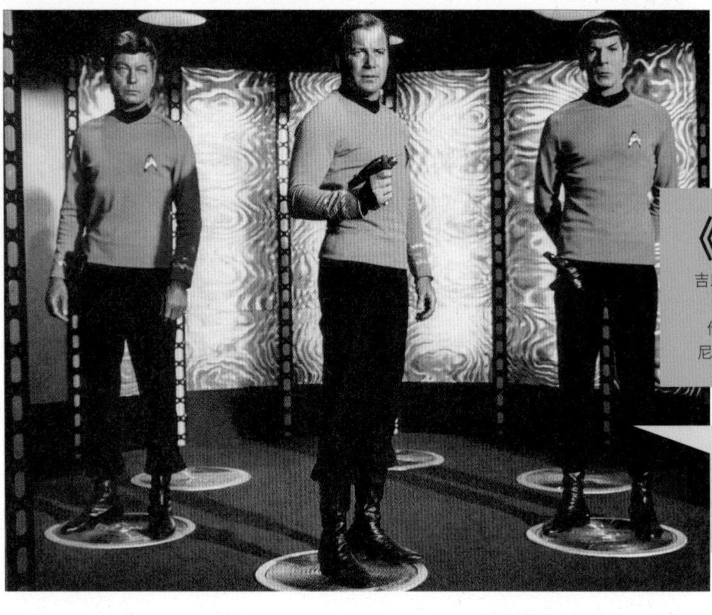

《星际迷航》首映

吉恩·罗登贝里（Gene Roddenberry，1921—1991）
威廉·沙特纳（William Shatner，1931— ）
伦纳德·尼莫伊（Leonard Nimoy，1931—2015）
尼切尔·尼克尔斯（Nichelle Nichols，1932—2022）

图为《星际迷航》中的麦考伊博士、柯克船长、斯波克先生，站在企业号的传送平台上。

人工智能的诞生（1955 年），哈尔 9000 计算机（1968 年）

1966 年

1966 年 9 月 8 日，美国国家广播公司（National Broadcasting Company，NBC）首次播放了电视剧《星际迷航》(*Star Trek*)，这是吉恩·罗登贝里最新推出的一部科幻电视剧。这部电视剧从 1966 到 1969 年连续播出了 3 季，最终发展成为史上最具影响力的科幻系列作品之一。到目前为止，《星际迷航》系列共计推出了 7 部电视剧、13 部电影，对大众文化产生的影响难以估量，例如那句著名的台词——“传送我上去，史考特！”（Beam me up, Scotty!）。

在当时，人们常常对军事战争和技术失控十分恐惧。而《星际迷航》却向人们展示了另一番未来景象——人类发展并驾驭技术，战胜了疾病、贫困、物资匮乏等无数挑战。

在《星际迷航》中，计算机和机器人一直扮演着十分重要的角色。在星舰“企业号”(The Enterprise）上就配备了一台超级计算机，可以存储大量信息，提供全舰通用访问，并执行人类语音操作指令。此外，《星际迷航》中出现了由计算机发动的战争以及由计算机统治的文明，还有可以吞噬行星、时间传送、具有人类形态的机器人。

最初《星际迷航》电视剧还记录了许多第一次，其中包括：首次出现处于权威领导地位的女性角色；首次在电视上有跨种族接吻——柯克船长（沙特纳饰演）和乌胡拉中尉（尼克尔斯饰演）；首次以科幻的形式来影射现实中的战争与歧视。在剧中，来自不同种族的星舰队员，如外星人斯波克先生（尼莫伊饰演），经常通力合作解决难题，这些内容与当时公众热议话题进行了微妙的隐喻，例如越南战争中的伦理道德问题以及女性权利问题。

《星际迷航》的精神内核是“勇敢踏入前人未至之境”。直到今天，这句话依然激励着科学家、工程师、艺术家、哲学家们不断探索、寻求突破。■

091

动态随机存取存储器

罗伯特·H. 登纳德（Robert H. Dennard，1932—　）

DRAM 内存芯片组装在双内联存储器模块（DIMM）上，这是现代笔记本电脑的常见规格。

阿塔纳索夫-贝瑞计算机（1942 年），磁芯存储器（1951 年）

如果计算机内存很小，许多功能就无法实现。之所以被称为随机存取存储器（RAM），就是因为可以随时从任意地址读取或写入数据，但是价格却非常昂贵，容量也非常小。正因为如此，程序员不得不将程序和数据分割成段，每次只将其中一段放入 RAM，再将计算结果保存在磁带上。

半导体存储器比磁芯存储器体积更小、价格更低，可以用来制造下一代电子存储系统。IBM 公司将这一任务交给了一位名为罗伯特·登纳德的电气工程师。登纳德最先想到的方法是使用 6 个晶体管搭建一个电子开关，也称为“触发器”（flip-flop），每一个触发器可以存储一个比特。1966 年，当项目已推进一半时，登纳德突然想到，可以用一个电容（一种存储电荷的设备）来存储一个比特数据，再加上一个晶体管用来交替存储电荷，这样一来可以使得成本更低。然而，这一方案存在一个问题：电容会泄漏电荷。对此的解决办法就是不断地读取和写入，每秒大约 1000 次。因为电荷在不停地移动，登纳德就将这项发明称为“动态随机存取存储器”（DRAM）。

但是，IBM 公司还是想要坚持完成使用 6 个晶体管的设计方案，我们今天将这一方案称为“静态随机存取存储器”（SRAM）。所以，登纳德当时只是把 DRAM 作为一个备用项目。最后，IBM 公司于 1967 年申请了 DRAM 专利，并于 1968 年获得批准。

实现 DRAM 商业化的并不是 IBM 公司，而是英特尔公司（Intel）。英特尔从霍尼韦尔公司（Honeywell）获得了技术许可，采用的是效率相对较低的三晶体管设计方案。1970 年，Intel 1103 正式发布，这是第一款商用 DRAM，可以存储 1024 比特，无论是价格还是性能都优于磁芯存储器。

从那时起，随着晶体管的尺寸不断缩小，DRAM 存储空间就不断扩展。20 世纪 90 年代初期，一个 DRAM 芯片可以存储 100 万比特；到了 2000 年，扩展至 10 亿比特。如今，存储空间增长速度有所放缓，一个 DRAM 芯片大约可以容纳数百亿比特。■

1966 年

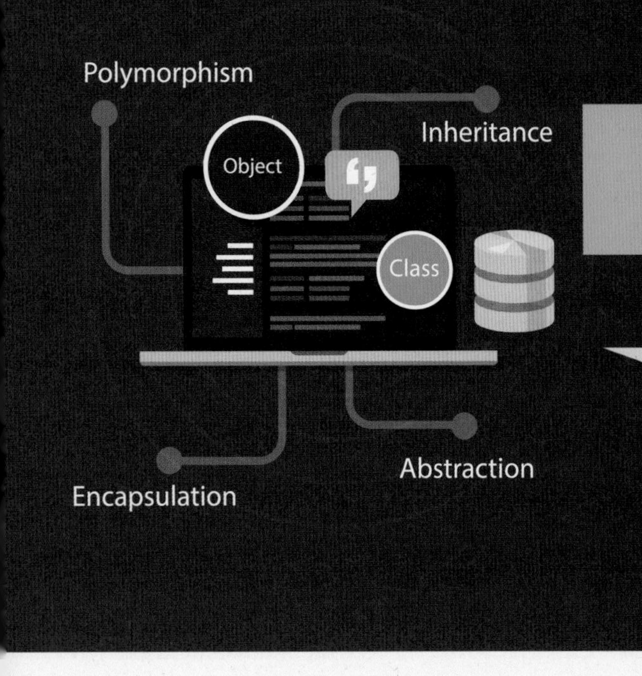

面向对象程序设计

奥利-约翰·达尔（Ole-Johan Dahl，1931—2002）
克利斯登·奈加特（Kristen Nygaard，1926—2002）

程序员编写面向对象的程序时，要设计对象类，包括物理对象、过程或数据，然后用代码将这些内容关联起来。

少儿编程语言（1967 年），C 语言（1972 年）

1967 年

在计算机史上，最早的计算机程序完成了很多十分重要却不断重复的任务，例如打印火炮弹道表、开展核武器计算、破译密码等。这些程序由循环语句组成，会一遍又一遍地执行相同数学函数，每次循环的参数会略有改变。早期的商业计算机对商业账簿和其他记录也是运行类似的迭代计算，反复地读取数据、计算数据、保存数据。

1967 年，在挪威计算中心（Norwegian Computing Center），奥利-约翰·达尔和克利斯登·奈加特两位教授想要用计算机模拟物理系统，特别是船舶模拟。后来，他们发现很难找到一款能够简单有效实现模拟的编程语言。所以，他们二人开发了一种新的编程方法，并设计了一款新的编程语言，命名为“SIMULA 67”。

SIMULA 67 的核心思想是通过计算机代码将物理对象的数据与行为捆绑在一起。

举个例子，假如我们要建立一个关于交通的模型，可能会有一个名为“汽车”的数据类型，其中既包括汽车位置和速度等数据变量，也包括一些特定的行为函数，如当汽车遇到交通信号灯时应作何反应。在 SIMULA 67 中，我们将这种数据类型称为“类”（class）。此外，或许还有一个名为“卡车”的类，用来代表卡车。另一个核心思想是继承（inheritance），可以允许有相同特征的不同类之间存在层级关系。例如，“汽车”和“卡车”两个类都可以继承于“车辆”这个类，而“车辆”也可以继承于“物体”这个类。

今天，我们将 SIMULA 67 称为面向对象程序设计（object-oriented programming）。SIMULA 67 被认为是第一个面向对象的编程语言。后来的事实足以证明，SIMULA 67 开启的面向对象程序设计不仅用于建模，而且已成为编写软件的主要方式。实际上，当前几乎每一种现代计算机语言都是面向对象的，包括 C++、Java、Python 和 Go。■

093

第一台自动取款机

詹姆斯·古德费勒（James Goodfellow，1937— ）
约翰·谢泼德-巴伦（John Shepherd-Barron，1925—2010）
唐纳德·威泽尔（Donald Wetzel，1921— ）
卢瑟·乔治·辛简（Luther George Simjian，1905—1997）

1967年6月27日，英国演员雷格·瓦尼（Reg Varney）与伦敦巴克莱银行的世界第一台ATM的合影。

数据加密标准（1974年），数字货币（1990年），比特币（2008年）

自动取款机（automated teller machine，ATM）并不是某一个人发明出来的。事实上，这是许多人多年来共同努力的结果。但是，有不少人都宣称自己是自动取款机的发明者。最早在1967年，英国两家银行分别推出了各自的自动取款机，时间只相差一个月。

伦敦威斯敏斯特银行的自动取款机是由詹姆斯·古德费勒设计的，采用塑料卡片和个人识别号码（PIN）进行验证。与此同时，巴克莱银行的自动取款机由约翰·谢泼德-巴伦设计，采用碳-14放射性检测来匹配用户身份。后者的发布时间比前者早了一个月，因此获得了许多“第一”的荣誉。但是，古德费勒的个人识别码设计被保留了下来，并最终获得了大规模的商业化推广。此外，古德费勒还拥有第一个采用个人识别码进行身份验证的ATM专利。

在美国，自动取款机是由唐纳德·威泽尔最先建造的，他供职于一家名为多库特尔（Docutel）的技术公司。1969年，美国纽约化学银行在洛克维尔中心分行安装了美国第一台ATM。为此，还专门设计了一句广告词：“9月2日，银行9点开门，永远不关门。”

与ATM相关的计算机技术不断发展，例如，采用磁条技术、实现独立放置、添加存款功能，等等。到底拥有什么功能才能算是一台ATM呢？这个概念非常模糊，似乎各家都有各自的定义，特别是那些总是宣称实现了“首创”“首次”“率先”的人。1939年，亚美尼亚裔美国人卢瑟·乔治·辛简有了一个新主意，他试图在ATM上增加金融交易功能。后来他研制了一台机器，命名为Bankograph，本意是让用户可以在机器上缴纳水电费并获得收据。然而，他的这个想法在当时没有获得成功。辛简在自传中写道：“似乎只有少数妓女和赌徒会使用这些机器，因为只有他们不愿意与银行柜员面对面打交道。”■

1967年

头戴式显示器

伊凡 · E. 苏泽兰（Ivan E. Sutherland，1938— ）

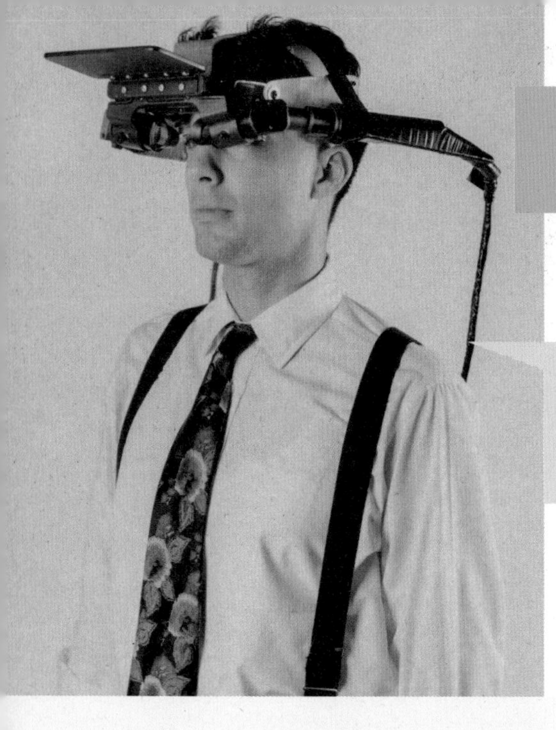

伊凡 · 苏泽兰的头戴式显示器可以允许用户改变视觉方向，甚至是在房间里走动，随着人的移动，每只眼睛看到的画面也会随着更新。

“画板”程序（1963 年），兰德平板电脑（1964 年），美国 VPL 研究公司（1984 年）

1967 年

伊凡 · 苏泽兰设计的头戴式显示器（head-mounted display，HMD）是最早的沉浸式视频显示器，也是第一个使用计算机而不是摄像机来模拟物理空间的显示器。它由 6 个部分组成，分别是通用计算机、矩阵乘法器、矢量发生器、耳机、头部传感器，还有一个被称为“限幅分配器”的特殊设备。这款头戴式显示器还有一个更广为人知的名字，叫作“达摩克利斯之剑”。因为它实在太重了，一个人很难支撑得住，必须用缆绳悬挂在天花板上。就像是传说中达摩克利斯坐在统治者宝座上时，有一把利剑悬在头顶一样，谁也不希望这东西砸到自己头上。

当你戴上这款设备时，显示器的屏幕会向你的两只眼睛分别呈现略有不同的画面，形成一种视觉纵深感。当头部转动时，传感器会将信息传递给计算机，计算机会相应地更新屏幕图像。

苏泽兰之所以想到了这个主意，是因为他有一次前往位于美国得克萨斯州的贝尔直升机公司（Bell Helicopter）参观。当时，这个公司正在测试如何在直升机底部安装红外摄像头，帮助直升机夜间着陆。他们的想法是让摄像头跟随飞行员的头部转动，这样一来若飞行员向右看，头戴式显示器就会显示右边的画面。在参观过程中，苏泽兰注意到有一名佩戴头盔的操作员正利用摄像头观看另外两个人在屋顶上相互投球。突然，其中一个人把球扔向了摄像头的方向。这位操作员吓得往后跳了一下，就好像马上要被这个球击中一样，因为当时他已经沉浸于屋顶的现实环境中。也就在这一瞬间，苏泽兰突然想到，如果不使用摄像头，是否可以让计算机自动生成两只眼睛看到的不同图像。

头戴式显示器的核心概念就是让用户能够观察到与自己头部运动相一致的画面。然而，在当时没有可以实现这一目标的硬件设备，所以苏泽兰和他的团队只能自己设计制造。直到几十年后，这项技术才得到了真正普及。■

少儿编程语言

西蒙·佩珀特（Seymour Papert，1928—2016）
沃利·费尔泽格（Wally Feurzeig，1927—2013）
辛西娅·所罗门（Cynthia Solomon，生卒不详）

西摩·佩珀特向两个孩子展示了用 Logo 语言控制海龟机器人的内部工作原理。

BASIC 语言（1964 年），面向对象程序设计（1967 年），任天堂娱乐系统（1983 年）

1967 年，西摩·佩珀特、沃利·费尔泽格、辛西娅·所罗门组成了一个研究小组。他们认为，编写程序可以帮助孩子们学会如何思考、如何计划，更好地掌握抽象思维能力。因此，在美国马萨诸塞州剑桥市的 BBN 科技公司工作期间，他们共同设计了一款面向孩子的计算机编程语言，命名为 Logo 语言。Logo 语言虽然结构简单，但是表达很丰富，只用几行代码就能实现较为复杂的功能。孩子们可以自己用 Logo 撰写计算机程序，就像是把许多简单的单词串在一起来表达复杂思想一样。最初，孩子们通常会编写数字谜题或者聊天机器人等程序。

在 Logo 语言的早期版本中，只能以代码和文字进行交流。但没过多久，这几位设计者用程序控制了一个名叫小海龟的机器人，可以使其前进、后退、转弯。这个小海龟最早叫作欧文（Irving），是可以在一张纸上依照机器指令进行爬行的机械机器人。如果给欧文再配备一支笔，就能以拖动的形式画出图形。后来，欧文变成了计算机屏幕上一只虚拟的小海龟，可以让越来越多的人使用 Logo 语言。

孩子们会被告知，这只海龟可以理解某些特定单词和数字，并会按照单词和数字的要求进行移动。例如，如果想要画出一个正方形，可以首先键入 FORWARD 40（或者其他数字），小海龟就会向前移动 40 步，然后键入 RIGHT 90，小海龟就会向右转 90°，如此再重复三次，就能得到一个正方形。孩子们可以立即在屏幕上看到小海龟画出的图形。很快孩子们就知道可以教小海龟学习新单词，例如“SQUARE”，可以把多个单一指令与这个新单词联系起来，这样一来就不必再键入多个指令来绘制同一个图形。随着时间的推移，教学游戏和海龟图形的风格会有所不同，但是 Logo 语言确实证明了一点——孩子是可以学会编程的。■

鼠标

道格拉斯·C. 恩格尔巴特（Douglas C. Engelbart，1925—2013）
比尔·英格利希（Bill English，生卒不详）

图为恩格尔巴特的鼠标原型复制品，由比尔·英格利希于 1964 年制造。

《我们可以这样设想》（1945 年），轨迹球（1946 年），“所有演示之母”（1968 年），施乐奥托（1973 年），麦金塔计算机（1984 年）

作为人机交互领域的先驱，道格拉斯·恩格尔巴特在 20 世纪 60 年代早期发明了鼠标。1964 年，他设计制造出第一个鼠标原型；1968 年，他在那场被称为“所有演示之母”（Mother of All Demos）的著名演示中，首次向公众展示了鼠标。他还有一个合作伙伴——美国斯坦福研究所的同事比尔·英格利希，二人共同申请了鼠标的专利。鼠标的发明，实现了用户手部的平面移动位置与计算机屏幕形成一种映射关系。在申请专利时，恩格尔巴特将鼠标描述为“面向显示系统的 *X*-*Y* 坐标位置指示器”。

鼠标可以追溯到拉尔夫·本杰明（Ralph Benjamin）的滚球（roller ball）。滚球也被认为是现代轨迹球（trackball）的原型。轨迹球和鼠标的区别在于，轨迹球是固定的，用户需要用手在上面移动手指，而鼠标是移动的，在使用中要移动整个设备。恩格尔巴特的鼠标是一个木质的小箱子，上面有 3 个按钮，下面有两个轮子，呈直角放置，用来控制水平和垂直方向的移动。当轮子滚动时，计算机会以二进制的形式记录距离和位置信息，经过转换后在屏幕上显示出来。恩格尔巴特将鼠标使用在同样由他设计的一款开创性计算机协作系统“在线系统”（On-Line System，NLS）中。

比尔·英格利希在 1971 年离开了斯坦福研究所，进入施乐公司（Xerox Corporation）的帕洛奥托研究中心（Palo Alto Research Center，PARC）继续从事鼠标的研制工作。施乐公司是最早推动了鼠标的商业化的公司，该公司将鼠标加入 Star 8010 计算机系统中。后来，苹果公司的史蒂夫·乔布斯（Steve Jobs）进一步简化了鼠标设计，与著名 Mac 计算机一起打包出售，最终实现了鼠标的巨大商业成功。

恩格尔巴特始终致力于让计算机对于每一个人而言都更具交互性和便捷性。他发明的鼠标正是践行了这一愿景的重要作品。■

097

卡特尔裁决

托马斯·卡特（Thomas Carter，1924—1991）

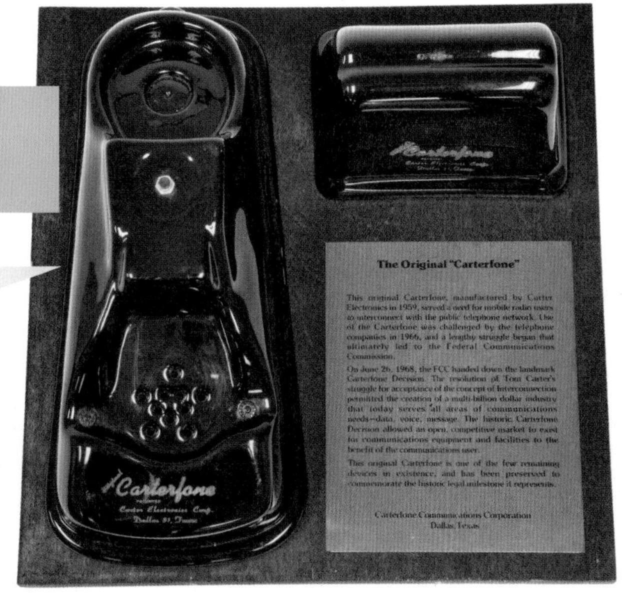

最早的卡特尔设备，可以将无线电连入电话网络。

贝尔 101 调制解调器（1958 年），调制解调器提速（1984 年）

1968 年

当美国得克萨斯州的一名石油工人想从一个偏远的地方，比如油田，与别人进行通话时，他只能用远距离无线电台，因为在这样偏僻的地方没有电话线。然而与此同时，石油工人的家人、朋友和同事都有电话，却没有无线电设备。

来自得克萨斯州的企业家和发明家托马斯·卡特发明了一款名为卡特尔（Carterfone）的设备，可以将双向无线电与电话网络连接起来，使得那些生活在偏远地区的人们也能与他人保持联系。

卡特尔通过声学而非电学的方式，将无线电连入公共电话网络。电话公司工作人员先将电话线路接通，一边是无线电操作员，一边是通话者。无线电操作员会把听筒放在支架上，将扬声器与麦克风相互对齐。卡特尔有一个声控开关，一旦电话里有人说话，就会自动打开无线电发射机。当停止说话时，卡特尔也会随即停止发送。然后，该设备的麦克风会接收无线电接收器收到的任何声音，并通过电话线路发送出去。这样一来，就能够实现通话双方互相交流。

虽然卡特尔不是以电的方式接入电话系统，但是它还是违反了电话公司的规定。1968 年，美国电话电报公司已经控制了美国的电信系统，西部电气公司（Western Electric）是所有设备的生产制造商。所有的电话设备都归属公司，通过租赁方式进行使用。美国电话电报公司明确规定禁止用户将第三方设备接入电话网络。针对这一点，卡特对美国电话电报公司提起了诉讼。出乎意料的是，美国联邦通信委员会作出了对卡特尔有利的裁决。

美国联邦通信委员会的这一裁决具有里程碑的意义。这也告诉我们，创新可以推动技术进步，但有时也需要制定规则来保护和促进创新。如果没有这一裁决，传真机、答录机和调制解调器等技术创新就会由于规则受限而无法进入市场，也就无法为如今的互联网和通信生态铺平道路。■

软件工程

彼得·诺拉（Peter Naur，1928—2016）
布莱恩·兰德尔（Brian Randell，1936— ）

这个图表显示了一个在线投资组合管理系统中不同的表是如何被联结及查询的。

邱奇-图灵论题（1936 年），一只虫子引起的故障（1947 年）

计算机的先驱者们估计很难想到计算机软件会变得多么复杂，其中一个原因是他们大部分都从事硬件研发工作。计算机硬件有其自身逻辑，不管是由继电器组成的，还是由电子管或者晶体管组成的。硬件一次执行一条指令，每条指令操作都可以单独分析和验证。此外，相对来说，硬件设计的错误更容易检测并修复。

而计算机软件则完全不同，因为软件是动态运行的。程序员不仅要给出正确的指令，还要给出正确的执行次序，如果数据不同，执行次序可能也不同。有些程序员可以在编写代码的过程中发现错误，但是效率很低，而且容易遗漏，许多错误在程序运行前是很难被察觉的。

然后，就是软件的架构和设计问题。编写程序的方法有很多，各有利弊。有些时候，最简单、最优雅的程序是最高效的；但有些时候，却是非常低效的。

到了 20 世纪 60 年代中期，越来越多的人认为整个软件行业正在快速失控。背后的原因不仅在于程序漏洞，还在于专家们无法预测编写一个从未计算机程序化的新任务究竟需要多长时间。还有一个问题是，软件一旦被编写完成，就很难被扩展新的功能。

1968 年 10 月，北美条约组织（North American Treaty Organization，NATO）的科学委员会在德国举行了为期一周的软件工程工作会议来解决日益严重的软件危机。来自世界各地的 50 名专家学者出席了此次会议。会议确立了“软件工程”（software engineering）一词，并将之作为一项严肃的学术研究课题。

基于此次会议，计算机科学家彼得·诺拉和布莱恩·兰德尔于 1969 年 1 月撰写了一篇报告，明确了软件工作的 5 个关键领域：软硬件关系、软件设计、软件生产、软件分发和软件服务。

在此后的数年里，许多机构都已明确了软件工程的要求，然而那时真正具备软件工程能力的却寥寥无几。■

099

哈尔 9000 计算机

斯坦利·库布里克（Stanley Kubrick，1928—1999）
亚瑟·C. 克拉克（Arthur C. Clarke，1917—2008）

在电影《2001：太空漫游》中，哈尔 9000 的形象是一个红色电视摄像机。

《罗森的通用机器人》（1920 年），《星际迷航》首映（1966 年）

在电影《2001：太空漫游》中，哈尔 9000 是一台具有自我意识的人工智能计算机，它控制着探索号宇宙飞船。哈尔 9000 与 6 名人类机组成员前往木星执行星际任务，其中有 4 人在整部电影中都处于休眠状态，而且再也没有醒过来。

电影中有一个情节，大卫·鲍曼和弗兰克·普尔两位机组成员商定，如果哈尔 9000 出现错误，就将之关闭。此前在一次电视采访中，哈尔 9000 自称："哈尔 9000 系列计算机从未犯错或者曲解信息。无论从任何角度来说，我们都万无一失，绝无差错。"也正是如此，他们二人认为，一旦哈尔 9000 出错了，就不再可靠，不得不将它关闭。

然而，哈尔 9000 具有感知能力，可以自我保护。如果机组成员无法完成工作，哈尔 9000 将代替人类继续执行任务。哈尔 9000 认为，是人类出错了，因此需要杀死他们。

在视觉呈现上，哈尔 9000 在电影中是一个红色的电视摄像机。它拥有很多技能，如模仿人类推理和对话、人工视觉、面部识别、情感解读、对艺术欣赏等高度主观性话题发表看法。后来，仅有的两位组员才发现哈尔 9000 竟然还会读唇语。

《2001：太空漫游》由斯坦利·库布里克导演，科幻作家亚瑟·克拉克编剧，人工智能先驱马文·明斯基提供专业支持。许多电影评论家认为，《2001：太空漫游》是有史以来最好的电影之一。这部电影以顶尖的视觉特效和叙事方式开辟了全新的电影领域。1992 年，克拉克在接受《芝加哥论坛报》（*Chicago Tribune*）采访时说，哈尔 9000 是第一个成为著名形象甚至成为公共神话的计算机。这部电影还引发了关于技术发展方向的思考，以及对人工智能潜在风险的担忧。■

1968 年

第一艘计算机制导的飞船

玛格丽特·汉密尔顿（Margaret Hamilton，1936— ）

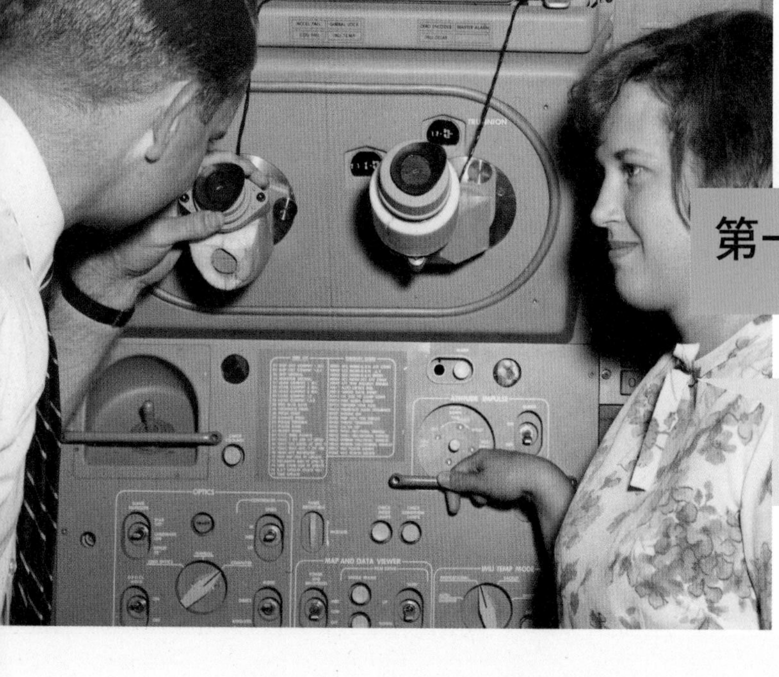

阿波罗号的导航系统通过六分仪测量恒星位置，再将数据输入阿波罗制导计算机中。

一只虫子引起的故障（1947 年）

1968 年

1961 年 5 月 25 日，时任美国总统的约翰·肯尼迪承诺美国要在十年内实现人类登上月球的目标。不久之后，麻省理工学院的仪器实验室与美国国家航空航天局签署了一份合约，主要内容是设计和研发飞行制导系统。

麻省理工学院负责研制的是阿波罗制导计算机（the Apollo Guidance Computer，AGC）。它拥有实时操作系统和 64 KB 大小的内存，工作频率为 43 千赫兹，采用了集成电路而非晶体管电路。令人惊叹的是，阿波罗制导计算机的存储和计算能力只有现代智能手机的百万分之一，却能让阿波罗 11 号的宇航员抵达月球并安全返回，总共飞行了大约 804 672 千米。

年仅 24 岁的玛格丽特·汉米尔顿带领程序员们为阿波罗号的指挥舱和登月舱开发了机载飞行软件。她的工作不仅帮助了整个行业的发展，而且在一桩离奇事件中，她甚至还挽救了阿波罗 8 号所有宇航员的生命。故事是这样的：有一天，玛格丽特的小女儿劳伦正在摆弄控制舱模拟器的键盘，不小心按下了 P01 程序的按键，原本处在飞行状态的模拟器突然崩溃了。P01 程序原本应该只在发射前运行。玛格丽特想要在系统中添加一些代码，以防止在飞行过程中发生这种情况。然而，美国国家航空航天局没有同意，理由是宇航员的严格训练就是为了防止出现这样的灾难。所以，汉密尔顿没有办法，只能添加了一句程序注释："不要在飞行过程中按下 P01。"

然而，意外还是发生了，在阿波罗 8 号执行任务的过程中，有一名宇航员意外启动了 P01 程序，导致计算机数据被清除。玛格丽特和她的团队已经清楚是什么原因导致了数据丢失，在接下来的 9 个小时内，他们就解决了这个问题。

现在，我们可以在互联网上找到阿波罗制导计算机的所有程序代码。而且还可以感受到编程团队的幽默与诙谐。如其中一段代码注解这样写道："初始化着陆雷达……要去见巫师。"（取自《绿野仙踪》）■

赛博空间

苏珊·乌星（Susanne Ussing，1940—1998）
卡斯滕·霍夫（Carsten Hoff，1934— ）
威廉·吉布森（William Gibson，1948— ）

"赛博空间"一词可以追溯到1968年，丹麦艺术家苏珊娜·乌星和卡斯滕·霍夫将这个词融入一系列艺术作品中。

《电波骑士》（1975年）

按照《牛津在线词典》（*Oxford Dictionaries Online*）的解释，"赛博空间"（Cyberspace）一词指的是"基于计算机网络进行通信的虚拟环境"。这一术语源于科幻小说家威廉·吉布森于1982年发表的短篇小说《全息玫瑰碎片》（*Burning Chrome*）。在这部小说中，他将"赛博空间"描述为"数十亿人每天经历的一种共识性幻觉"和"来自人类所有计算机中的数据图像展示"。

在吉布森的另一部小说《神经漫游者》（*Neuromancer*）于1984年发表后，"赛博空间"一词才得到了广泛使用。媒体捕捉到了这一术语，将其发展成为一种通用表达，用来描述技术领域的快速变化，以及虚拟空间中的社会活动现象。

虽然"赛博空间"的现代定义可以追溯到1982年，但是这个词早在1968年就已经出现。按照挪威《艺术批评》（*Kunstkritikk*）杂志2015年的报道，丹麦视觉艺术家苏珊·乌星和卡斯滕·霍夫在1968年使用了"赛博空间工作室"（Atelier Cyberspace）的名字，并将之融入"感官空间"系列物理艺术品中。

乌星和霍夫把"cyber "和"space "两个词合并在一起，在一定程度上是因为他们非常欣赏美国数学家和哲学家诺伯特·维纳（Norbert Wiener）及其提出的"控制论"概念。在1948年出版的《控制论》（*cybernetics*）中，维纳将"控制论"描述为"关于在动物和机器中控制与通信的科学"。此外，乌星和霍夫之所以对此很感兴趣，是因为1968年他们在伦敦参观了一个名为《控制论艺术的意外发现》（*Cybernetic Serendipity*）的展览。霍夫称赞这次展览展现了"艺术在运用现代技术特别是信息技术方面的潜力"。在乌星看来，"赛博空间"所表达的含义是"一个可以自由成长和发展的开放式系统"。■

“所有演示之母”

道格拉斯·C. 恩格尔巴特（Douglas C. Engelbart，1925—2013）

道格拉斯·恩格尔巴特对第一个图形用户界面的演示引发了个人电脑的革命。

《我们可以这样设想》（1945 年），鼠标（1967 年），施乐奥托（1973 年）

1968 年

1968 年 12 月 9 日，来自斯坦福研究所的一个研究团队向公众展示了一个计算机系统。该系统能够实现知识共享、内容创作和团队协作，这些都是之前从未有过的。此后，人们将此次展示称为“所有演示之母”（Mother of All Demos）。其中，展示了各种新工具和新概念，包括超文本、文字处理、实时编辑、文件共享、电话会议、多窗口视图，以及使用鼠标进行图形导航。设计出这个名为“在线系统”（On-Line System）的人正是人机交互领域的先驱道格拉斯·恩格尔巴特。

这次演示在美国计算机协会和电气和电子工程师协会的一次联席会议上进行。这是斯坦福研究所增强研究中心（Augmentation Research Center，ARC）多年来的工作成果，该中心由美国国防高级研究计划局、美国国家航空航天局和美国空军罗马航空发展中心联合资助。当时共有两个演示场地，恩格尔巴特在美国旧金山市，同时其他团队成员在美国门洛帕克市的实验室，双方通过调制解调器和微波进行连接。

与同时代的很多人一样，恩格尔巴特也深受范内瓦·布什的《我们可以这样设想》一文的影响。这篇文章为交互式计算机勾画了蓝图，而交互式计算机能够更好地提升人类在智力挑战中的表现，以及更好地帮助人类利用他们所掌握的海量知识。如今，我们可以在恩格尔巴特的文档中找到他对这篇文章的大量注释，可以看出他是如何从中挖掘出那些后来付诸实践的想法。

恩格尔巴特设计的这一系统承载着他一生追求的远大目标：扩大人与人之间的协同合作，充分发挥人类潜力，努力解决世界面临的最具挑战性的问题。由于这项工作，恩格尔巴特获得了 1997 年的图灵奖。

“所有演示之母”激励了新一代的技术专家，引发了后续一系列的发明，其中包括 1973 年施乐公司推出的第一款个人计算机——施乐奥托（Xerox Alto），这款计算机对后来苹果计算机的设计产生了重要影响。值得一提的是，《全球概览》（*Whole Earth Catalogue*）创始人斯图尔特·布兰德用摄像机拍摄了当时在门洛帕克市的现场演示情况。■

点阵式打印机

鲁道夫·赫尔（Rudolf Hell，1901—2002）
弗里茨·卡尔·普赖克沙特（Fritz Karl Preikschat，1910—1994）

1968 年，日本 OKI 数据公司制造出了 Wiredot 打印机。

激光打印机（1971 年），3D 打印（1983 年）

点阵式打印机的原理是使用一组紧密排列的点来组成单个字母。每个点都由打印机控制，可以产生任意类型和大小的文本，同时也可以构建出复杂的图形。相比之下，其他类型的打印机，例如由计算机控制的电动打字机，所有印出来的字母都是完全相同的模样。

为了印出这些点，小金属针脚被机械装置推动，击打在浸染墨水的丝带之类的织物上，使其与纸张产生接触从而形成墨迹。被称为螺线管的微型电磁铁会为针脚提供前进动力，而带有小孔的引导板可以帮助针脚移动至适当位置。点阵打印机的打印质量在很大程度上取决于针脚数量，通常为 7 ～ 24 个，最大分辨率约为 240 dpi（dots per inch），每秒钟打印速度为 50 ～ 500 cps（characters per second）。

通常认为，现代点阵式打印机诞生于 1968 年。在这一年中，日本的爱普生公司推出了 EP-101 打印机，同时 OKI 数据公司也推出了 Wiredot 打印机。再往前追溯，就到了 1929 年鲁道夫·赫尔发明 Hellschreiber 电传打字机，将原始点阵从一台机器发送至另一台机器，更准确地说这其实是一台传真机。

不管是居家使用，还是企业办公，点阵式打印机都很受欢迎。由于点阵式打印机是通过机械压力实现打印的，所以能够很容易生成两份或多份副本。这一点使它们成为汽车租赁公司的必备设备，因为那里常常需要用于打印租赁合同。

从本质上说，静电打印机、热敏打印机、喷墨打印机都是点阵式打印机，只是采用了不同的打印机制。甚至连如今的 3D 打印机也可以被认为是一种特殊的点阵式打印机，一次只打印出一个点的材料。

2013 年，Wiredot 打印机获得了日本信息处理学会颁发的信息处理技术遗产奖。■

接口信息处理机

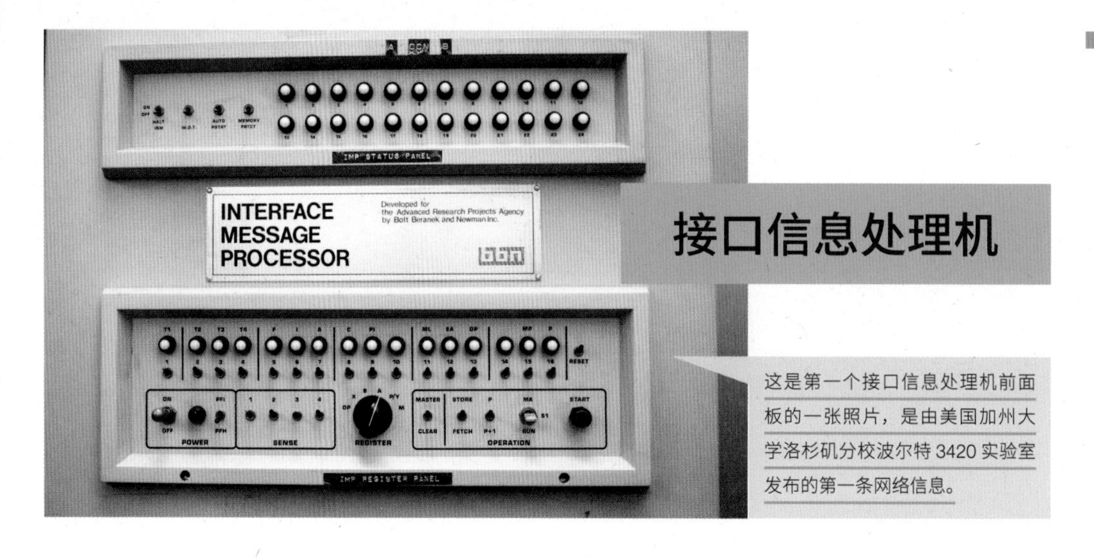

这是第一个接口信息处理机前面板的一张照片，是由美国加州大学洛杉矶分校波尔特 3420 实验室发布的第一条网络信息。

阿帕网 / 互联网（1969 年），《网络工作组征求意见》(1969 年)

1968 年，美国 BBN 公司（前身为 Bolt，Beranek and Newman 公司）与美国高级研究计划局（Advanced Research Projects Agency，ARPA）签订了一份价值百万美元的合同，用以建造第一个计算机网络所需要的设备。这是一种被称为接口信息处理机（Interface Message Processor，IMP）的小型计算机，可以让每一台主机都与之连接，然后 IMP 之间再通过长距离数据链路进行连接。

根据 IMP 使用手册，IMP 以霍尼韦尔的 DDP-516 小型计算机为基础，具有 0.96 微秒的周期时间、16 比特字节长度、12KB 内存、16 个中断通道、16 个数据通道，以及“便于程序事件计时”的相对时钟。

当时，8 比特的字节长度还没成为计算机内存系统的标准，所以 IMP 拥有一个串行异步接口，使得不同字节长度的计算机都可以使用，如 8 位、12 位、16 位、24 位、36 位和 60 位。因此，程序员不得不为各类计算机编写相应的软件，使之连接到 IMP 上。但是，每一个 IMP 可以运行相同的程序。在 BBN 公司的《主机与接口信息处理机的互联规范》中，专门有章节规定了对计算机的要求。

IMP 通信的数据包长度可变，最大可达 8159 位比特，包括 24 位的目标主机地址、24 位的校验和（checksum，一种硬件计算的错误检测代码）以及可变长度的有效载荷。准确无误的数据包将会被确认，而出现错误的数据包将被丢弃，并由发送者重新发送。

BBN 公司还创建了一种终端 IMP，或被称为 TIP，可以让电传打字机、调制解调器，甚至是视频显示器直接连接计算机网络，并访问远程计算机。

IMP 是美国高级研究计划局为阿帕网（ARPANET）建造的，是组建阿帕网的核心设备。1972 年，美国高级研究计划局更名为美国国防高级研究计划局。在 1989 年美国国防高级研究计划局正式关闭阿帕网之前，都是由 IMP 在运营这一网络。后来，一些 IMP 被用来运营美国国防部军事网络 MILNET，而另外一些则被拆解或在博物馆展出。■

105

阿帕网 / 互联网

伦纳德·克兰罗克（Leonard Kleinrock，1934— ）
J.C.R. 里克立德（J. C. R. Licklider，1915—1990）
托马斯·玛丽露（Thomas Marill，生卒不详）
劳伦斯·G. 罗伯茨（Lawrence G. Roberts，1937—2018）
伊凡·E. 苏泽兰（Ivan E. Sutherland，1938— ）

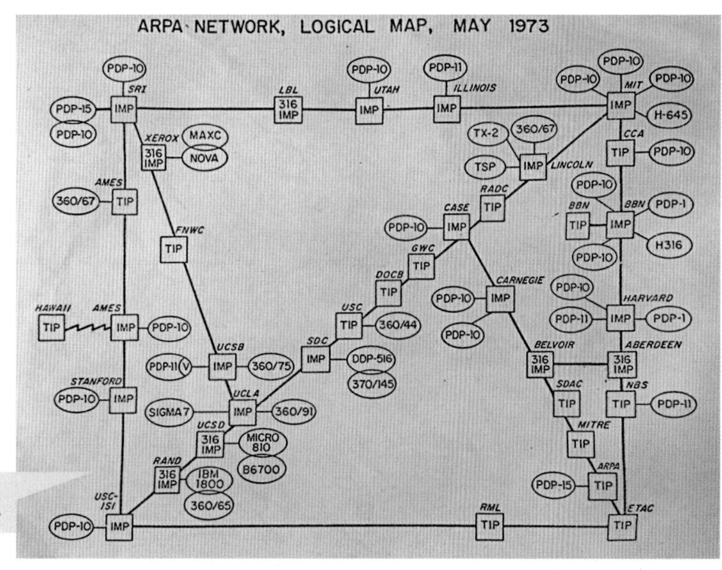

1973年5月，阿帕网逻辑地图。

接口信息处理机（1968 年），《网络工作组征求意见》（1969 年）

我们所知道的互联网诞生于 1969 年秋天，当时美国加利福尼亚州的 3 台计算机与犹他州的一台计算机连接在一起，第一次通过网络成功交换了信息。

互联网成功的关键在于提出了分组交换的概念。十多年来，电报和电话网络都可以远程访问计算机，但是要求每一个通话都要有独立的线路。通过分组交换，每个通信流被拆成多个数据包，每个数据包都有一个报头。报头包含所前往的地址以及所携带信息的有效载荷。互联网的功能就是发送这些数据包，就像邮局发送纸质邮件一样。

麻省理工学院的伦纳德·克兰罗克在 1961 年 7 月发表了第一篇关于分组交换理论的学术论文。第二年，同样来自麻省理工学院的里克立德撰写了一份备忘录，描述了对计算机网络发展的愿景，他称之为“银河网络”（Galactic Network）。1965 年，在里克立德的愿景激励下，伊凡·苏泽兰和托马斯·玛力露将位于美国马萨诸塞州的 TX-2 计算机与位于加利福尼亚州的 Q-32 计算机连接起来。他们带领的两个团队共同编写了专用软件，允许远程登录和文件传输。

第二年，劳伦斯·G. 罗伯茨加入了美国高级研究计划局，主要工作就是让里克立德的计算机网络愿景成为现实。他将计算机网络传输速度的设计目标提高至每秒 50 000 比特，并且要求科学家和工程师团队设计和建造分组交换网络所需要的硬件。

1969 年，第一批的分组交换网络硬件交付给了加州大学洛杉矶分校、加州大学圣巴巴拉分校、斯坦福研究所、犹他大学。第一次成功连接是在当年的 10 月 29 日，一段字符串“LOGIN”从 UCLA 发送到了斯坦福研究所。直到 3 年之后，才成功发出了第一封网络电子邮件。■

数码照片

布鲁斯·E. 拜耳（Bruce E. Bayer，1929—2012）
威拉德·S. 博伊尔（Willard S. Boyle，1924—2011）
乔治·E. 史密斯（George E. Smith，1930— ）

智能手机的图像技术可以追溯到电荷耦合器件的发明。

传真机（1843 年），第一张数码照片（1957 年）

1907 年，照片第一次通过电报发送；1957 年，照片第一次通过扫描仪数字化。但如果想要实现从捕获光线直接生成数码图片，则需要发明一种可以封装在矩形阵列之中的光敏半导体器件。

这项发明就是电荷耦合器件（charge-coupled device，CCD），由美国新泽西州贝尔实验室的威拉德·博伊尔和乔治·史密斯研发。CCD 利用了光电效应，即某些材料在光的照射下会发出电子。电荷耦合器件会将这些电子收集在一个电容器阵列中，电容器的电荷与曝光量成正比。最终，电荷形成的电压会被测量并被数字化。

在数码相机中，光敏电容器被排列成一个二维阵列，可以一次性捕捉到整个图像。但是，在卫星或者传真机中，光敏电容器会按照线型排列，无论是地球还是一张纸，都是被逐行扫描的。

最初的 CCD 只能拍摄黑白照片，要想呈现色彩，需要加上红绿蓝 3 种滤镜，捕捉 3 张独立的图像，然后再将它们组合起来。实际上，滤光片是以“红—绿—蓝—绿”的模式排列的，这被称为拜耳模式，以柯达公司的布鲁斯·拜耳的名字命名。在这种排列模式中，绿色像素是红色或蓝色像素的两倍，因为人眼对绿光最敏感，如此一来可以提供更大的空间分辨率和动态范围，同时不会牺牲太多的颜色分辨率和精度。

由于在电荷耦合器件方面的工作，博伊尔和史密斯分享了 2009 年的诺贝尔物理学奖。■

107

《网络工作组征求意见》

史蒂夫·克罗克（Steve Crocker，1944— ）
乔恩·波斯特尔（Jon Postel，1943—1998）

```
NWG/RFC# 748                                         MRC 1-APR-78 44125
Telnet Randomly-Lose Option


Network Working Group                                      M. Crispin
Request for Comments 748                                        SU-AI
NIC 44125                                                1 April 1978

                     TELNET RANDOMLY-LOSE Option

1.  Command name and code.

   RANDOMLY-LOSE         256

2.  Command meanings.

   IAC WILL RANDOMLY-LOSE

      The sender  of this command  REQUESTS  permission  to, or confirms
      that it will, randomly lose.

   IAC WON'T RANDOMLY-LOSE

      The sender of this command REFUSES to randomly lose.

   IAC DO RANDOMLY-LOSE

      The sender  of this command  REQUESTS that the receiver, or grants
      the receiver permission to, randomly lose.

   IAC DON'T RANDOMLY-LOSE

      The command sender DEMANDS that the receiver not randomly lose.

3.  Default.

   WON'T RANDOMLY-LOSE

   DON'T RANDOMLY-LOSE

   i.e., random lossage will not happen.

4.  Motivation for the option.

   Several  hosts appear  to provide  random  lossage,  such  as  system
   crashes,  lost data,  incorrectly functioning programs, etc., as part
   of their services.   These services are often undocumented and are in
   general  quite confusing  to the novice  user.   A general  means  is
   needed to allow the user to disable these features.
```

1978 年 4 月 1 日发布的 RFC 748 开了一个玩笑，说有一个虚构选项，可以防止远程计算机随机崩溃和丢失数据。

接口信息处理机（1968 年）

1969 年

从阿帕网开始安装设备后，来自最初 4 个站点的研究生和工作人员们开始面对面地探讨，关于如何使用世界上第一个计算机网络的种种技术细节。

他们希望美国高级研究计划局可以派工作人员或者某个实验室派一名资深教授来负责此事。与此同时，他们决定先将想到的想法都记下来，并详细阐述现在面临的问题。史蒂夫·克罗克是当时参与这项工作的一名研究生，他在多年后向《连线》（*WIRED*）杂志表示，为了避免对权威的盲从，这一小组采用了一种非正式的记录方式：“你可以只提出问题，而不用回答问题。为了强调这种非正式形式，我将每一篇都称之为‘征求意见’，不管是否真的在征求意见。”

第一篇《网络工作组征求意见》（*Network Working Group Request for Comments: 1, RFC 1*）编写于 1969 年 4 月 7 日，其中对 IPS 运行软件、主机间发送消息软件、主机自身软件的属性和要求进行了概述。计算机网络对计算机系统的要求是使用简单便捷、镜像现有软件、能够执行错误检查，以确保通过网络发送的信息是准确可靠的。因为当时并没有任何一个组织来运行这个网络，所以这 6 名研究人员自称为“网络工作组”（Network Working Group，NWG）。

同月晚些时候，网络工作组编写了第三篇征求意见（RFC 3），为 RFC 系列文档建立了书面规范，要求及时记录、无须润色，尽可能地清晰简短。

截至 2020 年，RFC 文档已有 8000 多篇，其中记录了各种各样的事情，既包括网络协议、数据格式、组织规则，还包括一些愚人节的笑话。■

效用计算

费尔南多·J. 科尔巴托（Fernando J. Corbató，1926—2019）
杰罗姆·萨尔策（Jerome Saltzer，1939— ）

Multics 项目经过了精心设计，拥有详细的规范文档和专业的学术论文。

分时系统（1961 年），UNIX 操作系统（1969 年）

在兼容分时系统取得成功之后，美国麻省理工学院与贝尔实验室、通用电气公司共同创建了一种强调效用的计算方式，可以让任何愿意付费的人获取信息资源，具有可靠性、可扩展性、灵活性，如同电力、燃气、自来水一样。这个项目被称为 Multics，是多路复用信息和计算服务（Multiplexed Information and Computing Service）的简称。

该项目的目标是建立一个可靠、易用、安全的现代化操作系统。它在技术上是成功的，例如很多现代计算机安全概念都起源于 Multics，但它在商业上却是失败的。

Multics 的研究团队先是创建了详细的设计规范文档，长达 3000 多页，描述了超过 1500 个不同的软件模块。在此之前，还没有哪个计算机操作系统经过了如此精确的预先设计，可以让研发人员更快地捕捉到程序错误。Multics 系统在 1969 年正式投入使用。到了 1972 年，该系统可以同时支持 55 个用户登录，其中包括继续从事操作系统底层开发的程序员。

Multics 系统超越了它所处的时代。直到 21 世纪初，随着云计算的兴起，关于效用计算的愿景才成了主流范式。

由于成本问题，贝尔实验室于 1969 年退出了 Multics 研发工作。但是贝尔实验室的两位程序员肯·汤普森（Ken Thompson）和丹尼斯·里奇（Dennis Ritchie）已经从这个 Multics 项目中汲取到了最好的设计思路，后来创建了一个简化版的 Multics，他们称之为 UNIX。

当时，虽然美国政府部门和福特汽车公司出于安全考虑购买了 Multics 系统，但是这一系统从未被广泛使用过，直到 2000 年被完全关闭。2006 年，早就收购了 Multics 系统的计算机公司以开源软件的形式发布了 Multics 系统代码。今天，任何人都可以在网上下载 Multics 系统，并在模拟器中运行。■

《感知器》

西摩 · 佩珀特（Seymour Papert，1928—2016）
马文 · 明斯基（Marvin Minsky，1927—2016）

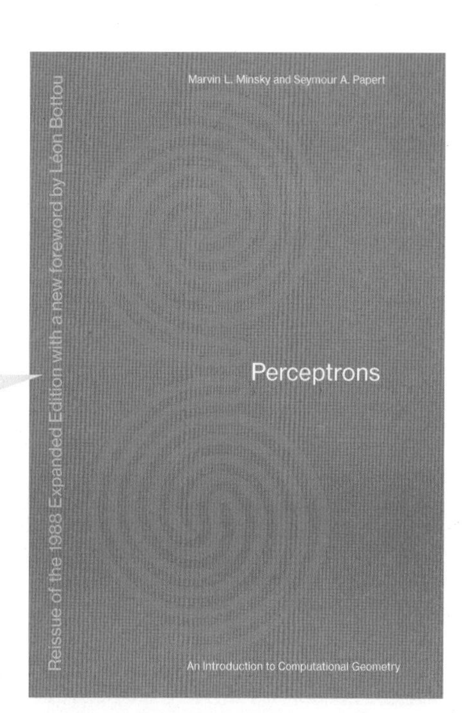

图为《感知器》一书的封面，此封面由穆里尔 · 库珀（Muriel Cooper）设计，它展示的是一个使用人工神经网络方法难以解决的问题，即判断任意给定的两个点之间是否存在通路。

沃森战胜人类（2011 年），TensorFlow（2015 年），AlphaGo 战胜世界围棋大师（2016 年）

1969 年

20 世纪 40 年代末期，一些计算机科学家认为，如果想让计算机达到人类解决问题的能力水平，必须要借鉴人类大脑的工作模式，设计人工神经元并将之接入某种网络中。作为一个早期尝试，随机神经模拟强化计算器（Stochastic Neural Analog Reinforcement Calculator，SNARC），是一个由 40 个人工神经元组成的神经网络，能够学习如何破解迷宫。随机神经模拟强化计算器由马文 · 明斯基于 1951 年设计建造，当时他还只是美国普林斯顿大学研究生一年级的学生。

在随机神经模拟强化计算器之后，世界各地的研究人员接受了人工神经网络的思想，并开始为之付出努力。特别值得一提的是，1958 年，弗兰克 · 罗森布拉特（Frank Rosenblatt，1928—1971）在美国康奈尔航空实验室制造了一台能够“学习”如何识别图像的大型计算机。

然而，在 20 世纪 50 年代，明斯基放弃了人工神经网络的研究方向，转而开展人工智能符号主义研究，这一研究进路旨在通过以符号和规则来反映更高层次的人类思维。后来，明斯基进入了麻省理工学院，1967 年计算机学习领域专家西摩 · 佩珀特加入了他的团队。

20 世纪 60 年代，人工神经网络研究持续吸引着人们的注意力（或许还有资金）。西摩 · 佩珀特和马文 · 明斯基对此感到有些恼火，于是他们二人写了《感知器：计算几何导论》（*Perceptrons: An Introduction to Computational Geometry*）一书，并于 1969 年出版。他们在这本书里用数学形式证明了人工神经网络研究方法存在根本上的局限性，说服力非常强，以至于世界各地的研究人员以及许多资助机构都纷纷放弃了这一研究方向。这本书在当时被认为直接摧毁了人工神经网络研究。

然而，佩珀特和马文 · 明斯基二人只是证明了一种非常特殊的人工神经网络具有局限性，这种人工神经网络只有一层神经元。少数仍然坚持这一研究方向的科研人员后来找到了如何有效训练多级神经网络的方法。到了 20 世纪 90 年代，由于计算机运算速度足够快，人工神经网络对于复杂问题的解决能力已经超过了符号主义方法。如今，人工神经网络是人工智能的主要研究方法之一。■

UNIX 操作系统

肯·汤普森（Ken Thompson，1943— ）
丹尼斯·里奇（Dennis Ritchie，1941—2011）
马尔科姆·道格拉斯·麦基尔罗伊（Malcolm Douglas McIlroy，1932— ）

肯·汤普森（坐在椅子上）和丹尼斯·里奇（站立）在 PDP-11 计算机前的照片。

效用计算（1969 年），C 语言（1972 年），TCP/IP 国旗日（1983 年），Linux 内核（1991 年）

1969 年

在贝尔实验室决定退出 Multics 项目后，贝尔实验室的计算机科学家肯·汤普森、丹尼斯·里奇、马尔科姆·麦基尔罗伊等人决定利用麻省理工学院和霍尼韦尔公司投入 Multics 项目的一小部分资源来构建一个更加现代且精简的操作系统。

贝尔实验室有一台来自美国数字设备公司的 PDP-7 计算机，5 年来从未被使用过。1969 年，肯·汤普森为这台计算机编写了一个操作系统，可以实现 Multics 的核心思想，包括一个具有根目录的分层文件系统，允许用户键入命令，并可以通过用户编写命令对系统进行拓展。

到 1972 年，这个系统有了一个名字——UNICS（Uniplexed Information and Computing Service），特意与 Multics 对应。也许是因为显得有些幼稚，后来名字被改成了 UNIX，没人记得是谁改的，但是这个名字就这样一直被沿用下来。

1972 年，UNIX 以 C 语言进行了改写。UNIX 十分简洁，虽然缺少一些其他系统的常见功能，但已足够让科研人员及企业在此基础上开发软件。

1983 年，美国加州大学伯克利分校让 UNIX 操作系统支持互联网传输控制协议 / 互联网协议（TCP/IP），极大地推动了 UNIX 的发展。现在，任何一个学校或者企业想要连接互联网，都可以使用 UNIX 的伯克利标准发行版（BSD）来实现。在 BSD 版中，配备有电子邮件服务器、电子邮件客户端，甚至还有电子游戏。很快，就出现了专门运行这一操作系统的工作站。■

《公平信用报告法》

艾伦·威斯汀（Alan Westin，1929—2013）

美国哥伦比亚大学教授艾伦·威斯汀担心美国企业保存着有关美国公民的秘密数据库。

关系数据库（1970 年）

1970 年 3 月，美国哥伦比亚大学教授艾伦·威斯汀在美国国会指出，一些美国企业正在保存着有关美国公民的秘密数据库。他说，这些关于美国公民的文件，“可能包括事实和数据，也可能包括误解与谣言……一个人一生的所有阶段都在其中：婚姻、工作、教育、童年、两性与政治立场。”

美国的银行、百货公司以及其他公司都会使用这些公民数据文件来决定哪些人可以使用贷款购买房子、车子甚至是家具。威斯汀还表示，这些数据文件也会被用来评估求职的应聘者和保险的承保人。然而，这些数据文件也不能被完全废弃，因为如果不能使用贷款或分期付款，很多人就买不起那些东西。

美国国会对威斯汀并不陌生，他曾多次在国会委员会上为信用报告行业调查作证。他曾在 1967 年出版了一本书，名为《隐私与自由》（*Privacy and Freedom*）。他在书中指出，所谓信息时代的自由，就是个人数据被政府及企业使用的方式，由每个人自己掌控。威斯汀将“隐私”定义为“个人、团体或机构可以自主决定何时、如何以及在何种程度上向他人传达关于他们的信息的权利”。他首次提出了“数据影子”（data shadow）这个词，用来描述人们在现代世界中留下的信息痕迹。

1970 年 10 月 26 日，美国国会颁布了《公平信用报告法》（*Fair Credit Reporting Act*，FCRA）。该方案首次赋予美国人查看消费者档案的权利，企业会使用这些档案来决定谁应该获得信贷和保险。此外，FCRA 还赋予消费者权利，可以要求征信机构调查那些消费者认为不准确的陈述，并可以在文件中插入自己的观点。

FCRA 是世界上最早监管私营企业如何使用已收集数据的法律之一。这被认为是数据保护的开端，如今这一理念已经在全球范围内得到了传播。

如今，几乎每个发达国家都设有隐私专员。欧盟的《通用数据保护条例》（General Data Protection Regulation，GDPR）是目前全球影响最深远的隐私保护法。■

关系数据库

埃德加·F. 科德（Edgar F. Codd，1923—2003）

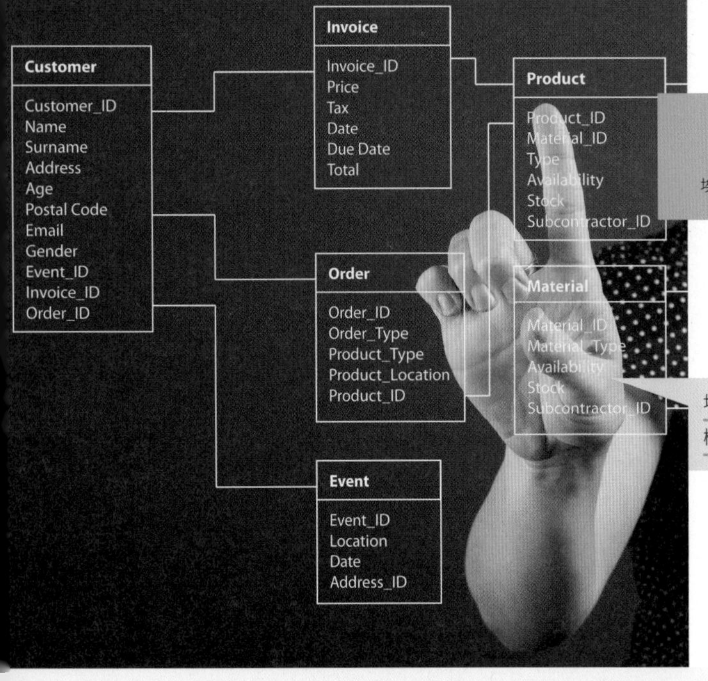

埃德加·科德创建了具有相同概念类型的大型数据表。

第一个磁盘存储单元（1956 年）

1970 年

计算机的早期功能之一就是存储大量数据，但是在当时数据应该如何被组织还并不清楚。在 IBM 公司的圣何塞研究实验室，计算机科学家埃德加·科德设计了一种方法，可以更加有效地对数据进行组织和排列数据。他的这一方法没有将属于同一实体的数据分组在一起，而是创建具有相同概念类型的大型数据表，再用标识号（Identifying Numbers，IDs）来规定不同表中各个记录之间的关系。

举例来说，首先，一个保险公司可能有一个客户表，表中的每一个客户都有客户标识号和姓名。其次，还可能会有一个保险单表，表中的每一个保险单都有保险单标识号、客户标识号和保险单类型标识号。最后，还有一个表可能可以链接保险单类型标识号，以及保险单上的详细信息。如果想要找某一位客户的保险单，计算机将首先找到这个客户的客户标识号，然后寻找这个客户识别号相关的所有保险单。如果想要进一步查看保险单中的细节，计算机会从保险单号入手，确定保险单类型标识号，并以此寻找保险单详细信息。

科德的这一开创性研究表明，这种数据组织方式可以提高存储效率和访问速度，同时降低编程难度。最重要的是，他证明了可以创建一个通用数据库引擎，用来在计算机硬盘中存储数据，将程序员解放出来，让他们专注于自己的应用程序。一旦开发和部署了数据库，对底层软件的改进将有益于所有基于此的应用程序。1981 年，科德获得了图灵奖。

如今，在苹果公司和谷歌公司的操作系统中，所有智能手机安装的每一个应用程序都会被创建一个关系数据库。科德的这项发明已经成为当今存储数据的主要方式之一。■

113

软盘

软盘提供了一种价格低、限制少的存储系统。图为 8 英寸、5.25 英寸和 3.5 英寸软盘。

第一个磁盘存储单元（1956 年），光盘只读存储器（CD-ROM）（1988 年），数字视频光盘（DVD）（1995 年）

软盘为计算机用户提供了一个可靠、便携的数据存储系统。软盘由单个旋转磁盘组成，磁盘放置在一个纸板或塑料的封套内。在封套内有一种特殊的织物，用于清洁旋转介质，并捕捉可能污染磁盘表面的灰尘。另外，系统中还有一部分是软盘驱动器，这是一种机电装置，其中包括一个抓取磁盘的圆形夹子、一个旋转磁盘的电机，还有一个安装在径向轨道上的读写磁头，可借助步进电机对磁盘进行读写操作。

相较而言，软盘的存储数据较少，存储速度较慢，但价格也便宜很多。更重要的是，软盘可以很方便地从驱动器中取出，再放入另一张软盘，这就形成了一个具有无限存储空间的系统（当然，前提是用户愿意购买另一张软盘）。

1971 年，IBM 公司发布了第一张 8 英寸软盘，只能存储 80 KB 的信息——相当于 1000 张打孔卡片的数据量。短短几年之后，8 英寸软盘的容量就提升至了 200 ～ 300 KB。作为 8 英寸软盘的研发者之一，舒加特联合公司在 1976 年生产了世界上第一个 5 英寸的驱动器和磁盘。IBM 公司和苹果公司都采用了较小规格的软盘，但这两家公司开发的磁表面存储方法不同，因而相互不能兼容。1983 年，苹果公司推出了容量为 360 KB 的 3 英寸软盘并采用硬塑料外壳；1984 年，苹果公司采用了同样的硬件，并为麦金塔电脑推出了不兼容格式的版本，将存储空间扩展为 400 KB。后来很快就出现了可以存储 400 或 800 KB 的双面驱动器，再后来就是可以存储 1.44 MB 的双面高密度驱动器。■

激光打印机

加里·斯塔克韦瑟（Gary Starkweather，1938—2019）

图为在美国计算机博物馆中展出的 Dover 激光打印机。

施乐奥托（1973 年），PostScript 语言（1982 年），桌面出版（1985 年）

1967 年，加里·斯塔克韦瑟是美国施乐公司的一名工程师，工作地点位于纽约。在当时，施乐公司复印机的工作原理是用强光照射原始稿件，再将反射光聚焦在感光鼓上，墨粉会附着在感光鼓上未被照亮的部分，然后感光鼓将墨粉压在一张普通纸上。最后，对纸张进行加热，使墨粉熔化并凝固在纸张表面。这就实现了即时复印。

后来，斯塔克韦瑟提出了一个大胆的想法：不再使用强光，也不再需要原始稿件，取而代之的是使用经过计算机调制的激光，对感光鼓进行扫描，可以精准控制打印页面上的内容。这就像是一台不需要原始稿件的复印机，由此出现了一种全新的计算机输出设备——打印机。

施乐公司的管理层没有采纳斯塔克韦瑟的这个想法，还安排他去做其他事情。斯塔克韦瑟并没有放弃，他花费了 3 个月时间秘密设计建造他的原型机器。然而，施乐公司位于纽约的管理办公室对此依然毫无兴趣。斯塔克韦瑟没有办法，只得转入施乐公司的帕洛奥托研究中心，在那里到处都是正在制造未来机器的工程师们。他于 1971 年 1 月进入帕洛奥托研究中心，仅仅用了 9 个月的时间，他的激光打印机就研制成功了。

对于帕洛奥托研究中心而言，制造激光打印机并不是那么难，难的是如何说服公司销售激光打印机。XGP（Xerox Graphics Printer）是帕洛奥托研究中心推出的第一款激光打印机，每英寸打印 180 个点，在 8 英寸宽的连续纸卷上进行打印，然后再将其切割成单页。有一台 XGP 借给了同在一条街道上的斯坦福大学，还有一台放在了麻省理工学院人工智能实验室。然而，没有一台 XGP 被卖掉。

1976 年，帕洛奥托研究中心发明了 Dover 打印机，可以每秒打印两页，每英寸打印 300 个点。与 XGP 一样，Dover 也只是一款实验机型。同年，IBM 公司发布了第一台商用激光打印机——IBM 3800。施乐公司不愿落入下风，第二年就推出了 Xerox 9700 激光打印机。■

NP 完全问题

史蒂芬·A. 库克（Stephen A. Cook，1939— ）
理查德·卡普（Richard Karp，1935— ）
列昂尼德·阿纳托利耶维奇·莱文（Leonid Anatolievich Levin，1948— ）

旅行商问题是一个 NP 完全问题，是要为旅行商寻找遍历城市的最优路线。

邱奇-图灵论题（1936 年）

邱奇-图灵论题回答了什么是可计算的、什么是不可计算的。但是，它却忽略了计算效率问题——要想完成 1 个计算任务，需要 1 小时或是 100 万年？

即使对于第一代计算机而言，计算速度也是非常快的，例如 ENIAC 计算机可以在几毫秒内完成 10 位数字的加法运算。同时，得益于计算机科学家不断研发出高效的计算方法，许多原本十分困难的问题变得更加容易了。例如，在第二次世界大战期间，破译德军密码起初是不可能完成的任务，但是最终还是被科学家们找到了破译技巧，使盟军能够在短短几个小时内就能掌握当天的德军加密信息。

然而，与此同时，还有一些难题始终没有得到很好的解决，不论已经有多少程序员前赴后继地尝试。例如“大学排课问题”，即为一所大学制订课程表，避免教授或学生重复预定教室；还有“旅行商问题”，即为一位旅行推销商制订出行路线图，使他用最少的时间或金钱走遍 50 座城市。对于这些复杂的问题，寻找答案的过程是很困难的，但是一旦找到了，也很容易验证答案是否正确。

令人惊讶的是，1971 年，加拿大多伦多大学计算机科学专业的副教授史蒂芬·库克指出，任何一个旅行商问题都可以转化成为大学排课问题。因此，其中一个问题的解决方案也可以用来解决另一个问题。在随后的两年时间里，美国教授理查德·卡普证明，一共有 21 类问题，其实都是相互等价的。

今天，计算机科学家们将这些问题称为“NP 完全问题”，我们还是不知道如何更加有效地解决大学排课问题或者旅行商问题。如果能找到其中一个问题的答案，我们就能立即得到所有这些问题的答案。让人感到沮丧的是，我们现在甚至都不知道 NP 完全问题是否存在着一个高效解决方案。NP 完全问题仍然是当今计算机科学的最大难题之一。

由于他们的杰出工作，库克和卡普分别于 1982 年和 1985 年获得图灵奖。此外，在苏联时期，列昂尼德·莱文采用了一种不同的数学推理方法，独立提出了 NP 完全理论。因此，NP 完全理论也被称为库克-莱文定理（Cook-Levin theorem）。■

@ 符号

雷 · 汤姆林森（Ray Tomlinson，1941—2016）

美国BBN科技公司的工程师雷 · 汤姆林森用 @ 符号将邮箱名称与服务器名称分开。

分时系统（1961 年），阿帕网 / 互联网（1969 年）

许多早期的分时计算机系统都向用户提供了相互留言功能。例如，在 PDP-10 计算机系统中，有一个名为 SNDMSG 的程序。用户可以编写消息，然后通过该程序将消息发送至另一个用户的邮箱。当后者登录系统后，再运行另一个名为 READMAIL 的程序，就能查看前者留下的消息。但是，用这些程序编写和发送的信息，只限于同一台计算机。

1971 年，美国 BBN 科技公司的工程师雷 · 汤姆林森开发了一款名为 CPYNET 的程序，用于在计算机之间发送文件。很快，汤姆林森就意识到，可以将 SNDMSG 和 CPYNET 结合起来使用。用户可先使用软件编写消息，并通过邮件传送至另一台计算机的指定邮箱。没过多久，在美国马萨诸塞州 BBN 科技公司的剑桥实验室中，汤姆林森就成功地在两台计算机之间发送了一封网络电子邮件。他没有保存下来这封邮件的具体内容，但他曾表示很可能就是键盘上第一行的字母“QWERTYUIOP”之类的内容。

除了发送第一封网络电子邮件，汤姆林森还使用 @ 符号将邮箱名称与服务器名称分开。@ 最初有价格含义，例如“2 个鸡蛋 @ 35 美分 = 70 美分”。但是，@ 很快就成为邮件地址的标志符号。

阿帕网的建造初衷就是为了实现计算机的远程访问和文件传输，但是电子邮件并不在最初的设计之中。然而，电子邮件很快就成为阿帕网的“杀手级应用程序”*，这也是众多研究实验室愿意在阿帕网上投入时间与金钱的原因。毫无疑问，电子邮件的成功得益于美国高级研究计划局的使用：很多研究人员发现，通过电子邮件的方式与美国高级研究计划局沟通更加便捷，也更容易获得项目资助。

尽管电子邮件一开始就确定采用 @ 符号，但是直到 1973 年的 RFC 561“标准化网络邮件头”中，才对“发件人”“日期”“主题”进行了规定；直到 1975 年的 RFC 680“消息传输协议”中，“收件人”“抄送”“密送”才实现了标准化。■

---

* 杀手级的应用程序（killer App）是计算机行业中的一个行话，指一个极具价值的计算机程序或者服务，具有极强的吸引力或必要性。——译者注

第一台微处理器

费德里科·费金（Federico Faggin，1941—　）
特德·霍夫（Ted Hoff，1937—　）
斯坦利·马泽尔（Stanley Mazor，1941—　）

费德里科·费金站在一张放大了的 Intel 4004 设计图前。

EDVAC 报告书的第一份草案（1945 年），第一台个人计算机（1974 年）

1971 年

美国英特尔公司（Intel）成立于 1968 年 7 月，最初是由一名风险投资人出资了 250 万美元，用于制造集成电路。英特尔公司的第一款芯片是 Intel 1101 存储芯片，可存储 256 比特数据，但销量并不好；第二款芯片是 Intel 1103 存储芯片，容量提升至 1024 比特，立即取得了巨大的成功，帮助英特尔公司于 1971 年在美国纳斯达克交易所上市。

同年，英特尔公司推出了 Intel 4004，这是世界上第一台微处理器。它由费德里科·费金、特德·霍夫和斯坦利·马泽尔设计建造，内部集成了大约 2300 个晶体管。

20 世纪 40 年代，数学家和物理学家约翰·冯·诺依曼提出了现代计算机采用的“冯·诺依曼结构”。在冯·诺依曼结构中，计算机有一个被称为运算器的算术逻辑单元，可以执行基本数学运算（加法和减法），有若干被称为寄存器的快速存储单元，可以从中获取数据和指令，并将计算结果存储其中。还有一个叫作程序计数器（PC）的特殊寄存器，可以指向计算机存储器中的一个特定位置。计算机从程序计数器指定的内存位置读取指令并执行，然后递增程序计数器的数值，使其指向下一个内存位置，然后重复执行上述操作。Intel 4004 第一次将这些所有功能集成到一块芯片上，拥有 16 个 4 位寄存器和 45 条指令，将程序保存在 4096 字节的只读存储器（ROM）中，同时可以处理另外一个 1280 字节的 4 位随机存取存储器（RAM）。

Intel 4004 的字长只有 4 位，4 位已经足以存储从 0 到 9 的二进制数字。Intel 4004 最初是为计算器而设计的，但是由于采用了通用设计，也可以用于其他应用。例如，有一家公司采用了 Intel 4004 来控制弹球机。

推出 Intel 4004 5 个月后，英特尔公司又发布了 8 位版本的 Intel 8008，能够处理 16 384 字节的内存。1974 年 4 月，再次发布了 Intel 8080，内存容量提升至 65 536 字节。尽管各款处理器之间存在差异，但所有处理器都使用了相同的基本汇编代码——这种代码也被英特尔公司后来的奔腾和酷睿处理器所采用。■

第一个无线网络

诺曼·艾布拉姆森（Norman Abramson，1932—2020）
罗伯特·梅特卡夫（Robert Metcalfe，1946— ）

图为美国夏威夷大学马诺阿分校，这里的计算机与夏威夷其他大学的计算机相连。

TCP/IP 国旗日（1983 年）

1971 年

1968 年，当时的电话网络显然无法满足计算机网络蓬勃发展的新需求。ALOHANET 系统应运而生，主要用来探索无线通信的可能性。

在美国夏威夷大学，诺曼·艾布拉姆森带领研究小组设定了一个目标，要将位于檀香山附近的主校区计算机与希洛分校计算机连接起来，同时还要让瓦胡岛、考艾岛、毛伊岛和夏威夷岛上的 5 所社区大学也都连入网络。如果项目取得成功，夏威夷大学的学生就可以远程使用计算机，不必在校区之间来回奔波。

在那个时候，点对点的微波通信已经被广泛使用，但是价格昂贵。这种点对点的信道非常浪费，因为只是零星使用，常常处于空闲状态，且只能容忍很小的延迟。很快，这个研究小组想出了一个主意，让所有发送者共享一个高速无线信道：如果一个发送方没有收到接收方的确认，将会重新发送数据包，直到收到确认为止。

1971 年 6 月，第一个数据包从一个由 RS-232 接口连接的终端发送到一个被称为“终端控制单元”（terminal control unit，TCU）的新设备。夏威夷大学周边约 160 千米之内的任何地方，都可以使用 TCU 设备。不久，该研究小组建造了更多的 TCU，将夏威夷周边岛屿都连接起来，组建了世界上第一个无线计算机网络系统 ALOHANET。

ALOHANET 于 1972 年 12 月 17 日通过一个每秒 56 千比特的卫星通信信道与阿帕网相连。

电气工程师罗伯特·梅特卡夫意识到，相同的信道架构也可以在一根同轴电缆上得以实现。他改进了网络基本协议，要求设备发送数据包前必须侦听信道是否处于空闲状态，这种方法被称为“载波侦听多路访问”（carrier sense multiple access，CSMA）。由此，以太网（Ethernet）就诞生了。

后来，ALOHANET 协议也被用到了其他无线网络之中，包括早期的蜂窝网络系统。ALOHANET 的最大贡献是对以太网协议产生了重要影响，进而也对今天的 Wi-Fi 标准产生了重要影响。

C 语言

丹尼斯・里奇（Dennis Ritchie，1941—2011）


```
/*
 * If the new process paused because it was
 * swapped out, set the stack level to the last call
 * to savu(u_ssav).  This means that the return
 * which is executed immediately after the call to aretu
 * actually returns from the last routine which did
 * the savu.
 *
 * You are not expected to understand this.
 */
if(rp->p_flag&SSWAP) {
        rp->p_flag =& ~SSWAP;
        aretu(u.u_ssav);
}
```

图中这段源代码包含一条注释和一条复杂程序语句，出现在 UNIX 操作系统内核中，主要功能是暂停一个程序并启动另一个程序。

UNIX 操作系统（1969 年）

当一个程序在计算机上运行时，计算机 CPU 会执行一系列低级机器指令，这些指令调用一些基本操作，如读取数据、数字相加、放入内存等。如今的程序员会使用高级语言编写程序，这些高级语言会被编译器翻译成机器代码。有了编译器，程序员就能够编写出更加复杂、更加强大的程序，而不必直接编写机器代码或者汇编语言。

C 语言是美国贝尔实验室的丹尼斯・里奇为编写操作系统而设计的。C 语言能够精确控制计算机内存数据，可以混合高级指令和机器代码，并且运行速度比其他高级语言更快。

直至今日，C 语言仍被广泛使用，还允许程序员在更高抽象层面上编写代码。C 语言有一个内置函数库，其中的函数可以实现复杂功能，例如读写数据文件和执行高级数学运算。此外，程序员可以创建自己的函数，可以像内置函数一样使用，即使是初级程序员也可以轻松地对 C 语言进行拓展。随着 C 语言越来越受欢迎，程序员们开始共享他们的函数库，逐渐形成了一种开源文化。

最初的 UNIX 操作系统是用汇编语言编写的，一开始是在 PDP-7 计算机上，后来改到了 PDP-11 计算机上。1973 年，UNIX 第二版用 C 语言进行了改写，这也使得 UNIX 成为历史上第三个用高级语言编写的操作系统。采用C语言的UNIX，更容易维护，也更容易扩展。

今天，C 语言是世界上最流行的计算机编程语言之一。C 语言对之后的很多编程语言产生了影响，包括 C++、C#、Java、PHP、Perl 等。■

1972 年

克雷研究公司

西摩·克雷（Seymour Cray，1925—1996）

1983 年，位于美国加利福尼亚州国家核聚变能源计算机中心的 Cray-1 超级计算机。

精简指令集计算机（1980 年），《创》（1982 年）

1972 年

在长达 20 多年的时间里，西摩·克雷的名字几乎等同于超级计算机。“克雷”不仅成为高性能计算的基石，甚至还成为流行文化的一部分。克雷计算机曾出现在《创》（*TRON*）、《通天神偷》（*Sneakers*）等电影中。

西摩·克雷是世界上第一台超级计算机 CDC 6600 的主要设计者。之所以被称为超级计算机，是因为在 1964 年发布时 CDC 6600 的运行速度是当时其他任何计算机系统的 10 倍以上。正是因为它借助了系统工程，才产生了这样的差别。克雷曾说：“任何人都可以建造一个高速 CPU，关键之处就在于要建造一个高速系统。”

CDC 6600 是第一台可以动态计算和执行 CPU 指令的计算机。如此一来，可以在不改变计算结果的情况下加快计算执行速度。它还有多个可以同时运行的执行单元，被称为“指令级并行”（instruction-level parallelism）。它没有大量复杂的指令，恰恰相反它的指令数量不多且运行快速，这种方法启发了 20 世纪 80 年代所谓的精简指令集计算机（Reduced Instruction Set Computers，RISCs）。

克雷前后共设计了 3 代计算机，每一代都更加雄心勃勃，同时风险也更大。1972 年，克雷从朋友那里获得30万美元投资，成立了克雷研究公司（Cray Research），也就是克雷公司（Cray Inc.）的前身。4 年后，克雷研究公司研制出了第一台 Cray-1 超级计算机，还租借给了美国洛斯阿拉莫斯国家实验室（Los Alamos National Laboratory），为期 6 个月。

Cray-1 一经发布立即取得了成功。由于它的外观是由半圆形底座包围着一个中央立柱，人们戏称它为“世界上最昂贵的情侣沙发”。之所以要采用这样一种奇特的形状，是因为弯曲的背板可以使计算机内部导线更短，尽可能地减少信号传递带来的延迟。Cray-1 的售价超过 800 万美元，卖出了 80 多套，这帮助克雷研究公司成为世界领先的高性能计算机制造商。Cray-1 主要用于科学计算，如天气预报，此外，还被苹果公司用来做个人计算机的外观设计。■

《生命游戏》

约翰·H. 康威（John H. Conway，1937—2020）

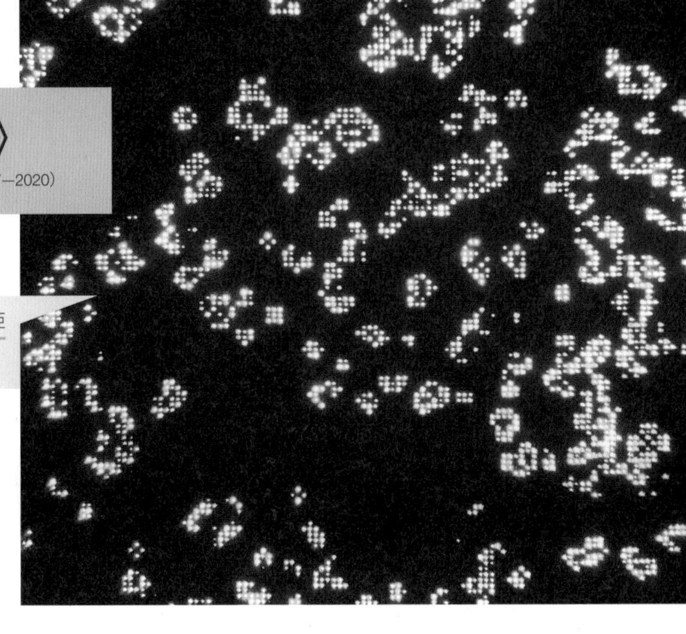

约翰·康威的《生命游戏》在 LED 矩阵上显示出各种形态。

首届国际合成生物学大会（2004 年），
AlphaGo 战胜世界围棋大师（2016 年）

1972 年

数学家约翰·康威的《生命游戏》（*Game of Life*）构建在一个由许多小方格组成的数字网格上。每个方格有 8 个“邻居”，即在水平、垂直、对角方向上与该方格接触的其他方格。方格具有生或死两种状态。在每轮游戏中，计算机将对每个方格进行检查。如果一个活着的方格没有或只有一个活着的邻居，那它有可能会因为人口不足在下一轮死去。如果一个方格有 4 个以上活着的邻居，它也会因为人口过多而死去。如果一个方格有 2 个或 3 个活着的邻居，那么它将继续活到下一轮。如果一个死亡的方格有 3 个活着的邻居，它将重新变为活着的状态，也就是诞生了新生命。随着时间的推移，网格上的生存状况会发生演变，但是最后通常会呈现稳定的形态。除了设置模式和启动游戏，再无任何人为干预，《生命游戏》有时也被称为“零玩家游戏”。

约翰·冯·诺依曼曾提出一个问题，机器是否可以实现自我复制。康威由此受到启发，从而研发了这款《生命游戏》。通过《生命游戏》，康威证明了机器是可以实现自我复制的。

这款游戏对计算机科学具有重要意义，因为这是人类第一次编写出一种可以独立于任何人类编码活动（当然除了需要手动启动程序）的自我复制程序。《生命游戏》开辟了一个新的建模研究领域。在这个领域中，人们可以将自然界的循环和进化——无论是环境层面、人类层面，或者组织层面——转换为一个在超级简化环境中涌现出的进化行为，进而对其进行观察和研究。

马丁·加德纳（Martin Gardner）在 1970 年 10 月出版的《科学美国人》（*Scientific American*）杂志上提及了该游戏。自此，《生命游戏》名声大噪。这款游戏规则简单易懂，而且人们完全无法预料在相对简单的初始设置后将会产生多么复杂的结果。直到今天，在网上还可以找到这款游戏的多个版本。■

HP-35 计算器

比尔·休利特（Bill Hewlett，1913—2001）
戴维·帕卡德（David Packard，1912—1996）

世界上第一台手持式科学计算器——HP-35 计算器。注意上面有一个 π 键。

计算尺（1621 年），托马斯计算器（1851 年），第一个发光二极管（1927 年），科塔计算器（1948 年），ANITA 电子计算器（1961 年）

1972 年

1939 年，比尔·休利特与他在斯坦福大学上学时的同窗戴维·帕卡德仅凭借 538 美元的启动资金，在一间小小的车库里创立了美国惠普公司。到 1950 年，惠普公司已经成为电子行业知名的测试设备制造商。1966 年，惠普公司推出了第一台计算机；1968 年，一台带屏幕、打印机和磁卡存储器的惠普可编程台式计算机售价高达 4900 美元。

1968 年，比尔·休利特提出惠普应该制造一种可以放进衬衫口袋的便携式电子计算器。休利特对此非常乐观，认为这款产品一定会获得成功，然而惠普公司的营销部门认为没有必要这样做，毕竟惠普台式计算机销量不错。但是，这个项目还是按照休利特的意愿实施了，并在 1972 年向公众发布。

休利特的想法是利用英特尔和其他两家供应商的新型集成电路，由 3 节 5 号电池供电，并在由发光二极管制成的单行显示屏上显示结果。计算器内部由一个微处理器驱动，运行频率 200 千赫兹，虽然程序只有 768 行，但正如该计算器的说明书所述，“它的十位数精度超过了大多数宇宙物理常数的已知精度”。

惠普公司在计算器的外壳设计上也花了很多心思。这种塑料按键是用一种特殊的两步法工艺制造的，所以上面的数字在使用时不会被擦掉。此外，从约 90 厘米高的地方掉到混凝土上还能正常使用，这款计算器的强度和可靠性广受赞誉。据说惠普公司的销售代表会故意把计算器摔到地上，甚至是远远地扔出去，以此证明这款计算器是多么的坚固。

这款计算器售价 395 美元，一经推出就席卷了整个市场。惠普要卖出 1 万台才能收回所有成本，然而仅仅第一年就成功售出 10 万台。惠普计算器凭一己之力就完全摧毁了此前的计算尺市场。

最初，这款产品只被称为“计算器”。到了 1973 年，惠普公司开始销售另一款便携式商务计算器——HP-80，并将前期产品重新命名为 HP-35，理由是它有 35 个按键。但令人感到困惑的是，HP-80 其实也还是 35 个按键。■

《乓》

艾伦・奥尔康（Allan Alcorn，1948— ）
诺兰・布什内尔（Nolan Bushnell，1943— ）

图为 1972 年在美国硅谷安迪・卡普酒馆里的《乓》游戏机和硬币盒。玩家通过转动旋钮来控制球拍。

PDP-1 计算机（1959 年），
《太空大战》（1962 年）

20 世纪 60 年代末，把计算机放在街机大厅里赚钱的想法还相当新颖。作为《太空大战》的忠实粉丝，诺兰・布什内尔曾尝试将《电脑空间》（*Computer Space*）放在街机大厅。这款游戏被认为是世界上第一款投币式电子游戏。虽然《电脑空间》未能取得商业上的成功，但布什内尔并没有放弃这一想法。他与泰德・达伯尼（Ted Dabney，1937—2018）联合创立了雅达利公司，第一款产品就是《乓》（*Pong*）。

《乓》通常被认为是一款推动了视频游戏产业发展的游戏，它让这种新的娱乐方式成为人们关注的焦点。这种娱乐方式不仅彻底改变了电子游戏，而且推动了其他领域的发展，其中就包括从运行现代游戏的计算机图形技术创新中受益的人工智能。

据传言，布什内尔想开发一款超级简单易懂的游戏。他对第一款家用电子游戏机米罗华奥德赛（Magnavox Odyssey）及其乒乓球游戏很熟悉，受到了一些启发，这也导致他后来卷入了一系列旷日持久的诉讼。他要求新员工艾伦・奥尔康设计一款具有类似游戏机制的街机版本。奥尔康发现他不需要任何编程，完全可以用数字电路来制作这样一款游戏。他找来了一台黑白电视机，把电视机放进一个木箱内，最后根据需要将电路焊接到电路板上。这样的操作已经足以开发一台原型机并进行测试，布什内尔和达伯尼在木箱内安装了一个硬币收集器，每场比赛收费 25 美分。这款游戏机最早于 1972 年在美国硅谷的安迪・卡普酒馆（Andy Capp's Tavern）中试运行。

这款游戏由一个屏幕界面组成，屏幕分为两半，作为球场的两侧。两侧各有两个竖杆或球拍，当球在屏幕两侧来回弹跳时，玩家可以上下移动竖杆或球拍。如果玩家未能将球击回，则对手得分。这款游戏迅速引起了轰动。两周后，酒吧老板打电话给公司的工程师，让他们赶紧过来修理机器：因为硬币盒塞满了硬币，没办法继续玩了。■

第一通移动电话

马丁·库珀（Martin Cooper，1928— ）

图为马丁·库珀与第一部便携式手机。1973 年 4 月 3 日，库珀给他在贝尔实验室的对手乔·恩格尔打了世界上第一通移动电话。

《星际迷航》首映（1966 年），iPhone（2007 年）

1973 年

1973 年 4 月 3 日，摩托罗拉员工马丁·库珀做了一件前所未有的事：他在街上一边走路，一边拨打电话。这是人类历史上首次用手持式移动电话拨打电话。这样一通电话如果不是打给自己的母亲，还能打给谁呢？事实上，这位核心研发人员决定打给他在贝尔实验室的竞争对手。为了宣传该事件，摩托罗拉特意邀请记者和摄影师随行记录，路人也纷纷驻足围观，他打通电话后的第一句话是："乔，我是马丁。我现在正在用移动电话与你通话，这是一部真正的手持式移动电话。"

库珀是在美国纽约第六大道第 53 街和第 54 街之间打的这通电话。他唯一担心的是，在他打开手机时，它能否正常工作。

库珀的研究团队仅用了 5 个月的时间，利用他们研究实验室的现有技术，就完成了这台原型机的设计制造工作。由于当时还未出现大规模集成电路，摩托罗拉的工程师不得不将数千个电感器、电阻器、电容器和陶瓷滤波器塞入一个设备中，而且还要保证这个设备足够轻巧，便于携带。这台原型机重 1.13 千克，高 27.94 厘米，生产成本大约相当于今天的 100 万美元。

在此之前，以美国电话电报公司为首的美国电话行业，一直致力于将移动电话技术应用于汽车，并未打算生产手持电话。在库珀和他的团队看来，美国电话电报公司的目光太过短浅。多年后，库珀在一次采访中向 BBC 记者说道，他想创造的是"能够代表个人的东西，这样一来你就可以把一个电话号码分配给一个人，而非一个地方、一张桌子、一个家庭"。

摩托罗拉公司花了 10 年时间才将该原型机转化为商品，这在很大程度上是由于当时缺乏信号基站和基础设施。当时有一款名为 DynaTAC 8000x 的手机，充电 10 小时才能通话 30 分钟。在电影《华尔街》（*Wall Street*）中，有一个镜头是迈克尔·道格拉斯在海滩上看日出，当时手中拿的就是这款移动电话。这款移动电话在当时售价 3995 美元，大约相当于今天的 9000 美元。■

施乐奥托

巴特勒·兰普森（Butler Lampson，1943— ）
查尔斯·西蒙尼（Charles Simonyi，1948— ）

图为一位女士正在使用施乐奥托计算机编辑电子文档。奥托是世界上第一台由图形用户界面控制的个人计算机。

面向对象程序设计（1967 年），“所有演示之母”（1968 年）、激光打印机（1971 年）、MS-DOS 操作系统（1982 年）、麦金塔计算机（1984 年）

1973 年

由施乐公司（Xerox）帕洛奥托研究中心设计和制造的奥托（Alto）是世界上第一台运用图形用户界面控制的个人计算机，它是苹果 Macintosh OS、微软 Windows 及许多其他计算机的前身。

奥托是以在线系统（oN-Line System，NLS）中体现的交互式计算的愿景为基础设计的。NLS 是道格拉斯·恩格尔巴特于 1968 年 12 月 9 日在旧金山举行的联合计算机会议上发布的，那一场演示也被称为“所有演示之母”。但是，NLS 需要一个大型主机来支持多个用户，而且很难学习掌握。而帕洛奥托研究中心则要设计一款操作简单的个人计算机。

奥托是后来所有计算机的先驱。该系统有一个纸张大小的屏幕，显示计算机的图形用户界面。用户通过键盘和鼠标与计算机进行交互。用户可将文件储存在个人硬盘驱动器上，通过以太网与其他系统通信，使用 Bravo（世界上第一款“所见即所得”文字处理器）创建具有字体和图形的文档，并通过网络使用第一台激光打印机进行打印。

奥托还引领了一场软件革命。虽然奥托的处理器最初是用机器语言和一种称为 BCPL（C 语言前身）的编程语言编写的，但帕洛奥托研究中心的研究人员使用奥托开发了一种复杂的面向对象语言——Smalltalk。

帕洛奥托研究中心制造了大约 2000 台奥托，并将其中的 500 台捐赠给各所大学的实验室，剩余的机器留在施乐公司内部开展研究。1979 年，苹果公司麦金塔项目的负责人杰夫·拉斯金（1943—2005）安排史蒂夫·乔布斯和项目其他主要成员参观了帕洛奥托研究中心实验室。在那里，他们看到一台拥有位映像和鼠标的机器，仿佛看到了未来，满怀灵感地回到了苹果公司。1981 年 2 月，Bravo 的首席开发人员查尔斯·西蒙尼离开施乐公司，加入微软并编写了一款文字处理器，也就是后来的 Microsoft Word。1992 年，由于设计了奥托软件，巴特勒·兰普森获得了图灵奖。■

数据加密标准

霍斯特·费斯特尔（Horst Feistel，1915—1990）

由古斯塔夫·多雷（Gustave Doré）雕刻的约翰·弥尔顿（John Milton）《失乐园》（*Paradise Lost*）中的路西法（Lucifer）。1974 年，美国国家标准局采用路西法算法作为数据加密标准。

高级加密标准（2001 年）

1974 年

20 世纪 60 年代末，英国劳埃德银行（Lloyds Bank）委托 IBM 公司设计制造一种无须人员看管的自动取款机，也称为 ATM。IBM 意识到，必须要对银行和取款机之间的数据进行加密，防止盗贼接入电线仿冒信号，取走机器中的所有现金。所以，IBM 将这项任务交给了一个新成立的密码学研究小组，由霍斯特·费斯特尔领导。后来，该研究小组设计出了名为“路西法”的加密算法。

路西法算法使用的密钥长达 128 位。在当时，这一算法牢不可破。这就意味着，除了尝试所有可能的密钥（但这是一项不可能完成的任务），没有其他方法可以找到加密密钥。

1973 年 5 月和 1974 年 8 月，美国国家标准局（NBS）两次邀请密码学家们提交他们的加密算法，用以制定一个国家加密标准。路西法算法是 NBS 收到的最好算法。但是，就在 NBS 最终决定要将路西法算法作为数据加密标准（Data Encryption Standard，DES）时，美国国家安全局（National Security Agency，NSA）提出两项修改要求：一是将密钥长度从 128 位减少到 56 位；二是将密钥加密方式设计得更加复杂。一些学者对此提出了批评，认为美国国家安全局在故意削弱路西法算法的加密等级。

事实证明，这一要求并非削弱而是加强了路西法算法。当时，美国国家安全局发现了一个对路西法算法的攻击方式，使用了一种名为差分密码分析（differential cryptanalysis）的破译技术。但在 1974 年，美国国家安全局无法对此作出详细解释。直到 20 年后，有学者们再次独立发现了差分密码分析。

DES 一直被使用到 20 世纪 90 年代。当时有一个非营利性组织，名为电子前沿基金会（Electronic Frontier Foundation），投入了大约 25 万美元，成功研制了一台专门破解 DES 的机器。从那时起，只用 DES 加密已不足以确保数据的加密安全。1999 年，许多用户开始使用三重 DES，也就是重复使用 3 次算法，使用 3 个不同的密钥。如此一来，有效密钥长度就达到了 168 位。

如今，三重 DES 基本已被高级加密标准（Advanced Encryption Standard，AES）所取代。■

第一台个人计算机

亨利·爱德华·“埃德”·罗伯茨
(Henry Edward "Ed" Roberts，1941—2010)

《大众电子学》1975 年 1 月刊以 MITS 公司发布的 Altair 8800 为封面。

第一台微处理器（1971 年），IBM 个人计算机（1981 年），MS-DOS 操作系统（1982 年）

1974 年

尽管是众多技术与无数专家共同促成了个人计算机革命的兴起，但人们普遍认为，Altair 8800 是引爆这场革命的导火索，其是由美国工程师爱德华·罗伯茨和他在微型仪器遥测系统公司（Micro Instrumentation and Telemetry Systems，MITS）的团队设计建造的。

1974 年，要想拥有一台计算机的唯一途径就是自己制造一台。当时，虽然微处理器已经问世了三年，但计算机爱好者想要一台个人计算机，只能自己绘制电路图，制作计算机外壳，从十几家，甚至几十家公司购买所需的零件，独自组装计算机。Altair 计算机改变了这一状况。

MITS 成立于 1969 年，总部位于美国新墨西哥州的阿尔伯克基，其旨在为业余爱好者制造未装配的成套电子组件。1974 年，该公司推出了世界上第一套微型计算机组件。当时，罗伯茨想要一款比 Intel 4004 和 Intel 8008 更强大的微处理器，他看中了前景颇佳的 Intel 8080，并与英特尔协商签订了一个较低的采购价格。一块 Intel 8080 微处理器通常售价为 300 美元，但他能以 75 美元的价格批量购买。MITS 推出的 Altair 计算机套件包括一个金属外壳、电源、电路板和组装说明，既没有键盘，也没有显示器，仅通过前置面板上的开关将程序和数据输入计算机，计算结果以灯的闪烁作为显示。用户只能自己编写让灯闪烁的程序。另外，RS-232 接口卡可以作为配件单独购买。MITS 将这款产品命名为 Altair 8800。

让罗伯茨没有料到的是，有非常多的用户都希望拥有这款产品。罗伯茨最初预计，可卖出约 200 台，但在短短 7 个月内就卖出了 5000 多台。其中一个原因是 Altair 8800 登上了《大众电子学》(*Popular Mechanics*) 1975 年 1 月刊的封面，标题是“世界上第一台可与 Rival 商用计算机媲美的组装式计算机”。这期杂志引起了比尔·盖茨和保罗·艾伦的注意，不久之后，他们就找到 MITS，提出要为 Altair 编写第一款编程语言——这就是微软公司的首款产品 Altair BASIC。■

《冒险》

威廉 · 克罗泽（William Crowther，1936— ）
唐 · 伍兹（Don Woods，1954— ）

在 VT100 终端机上运行的《巨洞冒险》。

《太空大战》（1962 年），ELIZA 聊天机器人（1965 年）

1975 年

《冒险》（*Adventure*，后更名为《巨洞冒险》）是一款交互式文字游戏，故事背景是探索美国肯塔基州的猛犸洞穴。游戏的作者正是参与研发了阿帕网的程序员威廉 · 克罗泽。《冒险》并不只是简单的模拟，它可以让玩家感受到穿越洞穴寻找宝藏的乐趣，受到众多玩家的喜爱。玩家无须阅读任何手册，只要在命令行中输入简单直白的指令，就会接收到同样简单直白的回复。

克罗泽本人就是一位洞穴探险爱好者。当他将洞穴探索作为这款游戏的主题时，已经绘制出了猛犸洞穴的内部地图。他把猛犸洞穴的自然特征和历史遗物融入游戏设计中，让玩家自己决定下一步该往哪里走。《冒险》开启了后来被称为“互动小说游戏”的先河。此类游戏用叙述、逻辑和谜题编织出一个宏大故事。玩家可以按照自己的意愿，决定故事的发展方向。《冒险》也是其他知名游戏的灵感来源，其中就包括 *Rogue*。*Rogue* 是一款非常容易让人上瘾的地下城探索游戏，最初发布在伯克利大学的 UNIX 上，后来由此衍生出了一个游戏类型——Roguelike。

《冒险》最初是为 PDP-10 计算机研发的，由 700 行 FORTRAN 代码和 700 行数据构成，描述了 78 个地图位置、66 个房间和 12 个导航信息。1976 年，美国斯坦福大学研究生唐 · 伍兹对游戏进行了第一次扩展。在征得克罗泽的同意后，伍兹放大了游戏中的幻想元素，也体现出他对 J.R.R. 托尔金（J.R.R.Tolkien）奇幻作品的喜爱。多年来，先后出现了多个版本的《冒险》，后来直接催生了 Infocom 公司的《魔域帝国》（*Zork*）等游戏。Infocom 公司是于 1979 年由美国麻省理工学院的几个教职员工和学生创建的。

这款游戏在黑客群体中也产生了十分深远的影响。黑客会在其他网络环境中仍然使用游戏中的独特词语，其中最受欢迎的两个词是“xyzzy”*和“你已进入地下迷宫，这里道路迂回曲折、各不相同”。■

* xyzzy 是《冒险》游戏中的一个咒语，后来被其他很多的游戏用来表示有彩蛋或作弊码。——译者注

《电波骑士》

约翰·布鲁纳（John Brunner，1934—1995）

图为巴兰坦图书出版社于 1975 年出版的《电波骑士》封面。

《我们可以这样设想》（1945 年），《星际迷航》首映（1966 年），“所有演示之母”（1968 年）

相较于人类的技术成就，那些展现因技术带来的社会变化的文学作品，也是同样重要的。有些故事颇有洞见，甚至会构想出一个尚未存在的社会。其中，最著名的就是英国作家约翰·布鲁纳在 1975 年出版的科幻小说《电波骑士》（*The Shockwave Rider*）。在更早些时候，阿尔文·托夫勒（Alvin Toffler）在 1970 年出版过一本畅销书，名为《未来的冲击》（*Future Shock*），重点讲述了加速变化与信息超载给人们带来的负面影响。布鲁纳深受这本书的影响，他在《电波骑士》中以细腻的笔触描述了一个虚拟世界，在其中个人数据隐私与信息管理被当权者滥用，计算机技术主导着每个人的日常生活。

《电波骑士》的故事发生在 21 世纪的美国，那是一个反乌托邦的社会。主人公尼克·哈夫林格是一位计算机黑客天才，他利用电话窃听技术让自己逃离了一个训练高智商人才的秘密政府项目。政府和精英组织通过一个超链接数据信息网络控制着整个社会，让普通民众对他们周围的世界一无所知。这本书中涉及的主题包括利用技术修改身份、隐私与监控的道德决策，以及当个人空间及个性价值被弱化时的自我变化。

此外，《电波骑士》还因创造了“蠕虫”（worm）一词而闻名于世。所谓“蠕虫”，就是一种可以通过计算机系统传播并能够实现自我复制的计算机程序。在本书中，哈夫林格以各种类型的“蠕虫”来改变、破坏或者释放网络中的数据，用以达到自己的目的。

人们普遍认为，《电波骑士》对 20 世纪 80 年代科幻赛博朋克流派的兴起产生了影响。这一流派的故事情节主要是关于反乌托邦、社会冲突，以及扭曲的技术应用。《电波骑士》所表述的内容远远超过了它所处的时代。它提醒人们，计算机技术不仅是一种扩展人类认知和提高生产力的工具，还可能是一种能够展现人性之极端恶劣的工具。■

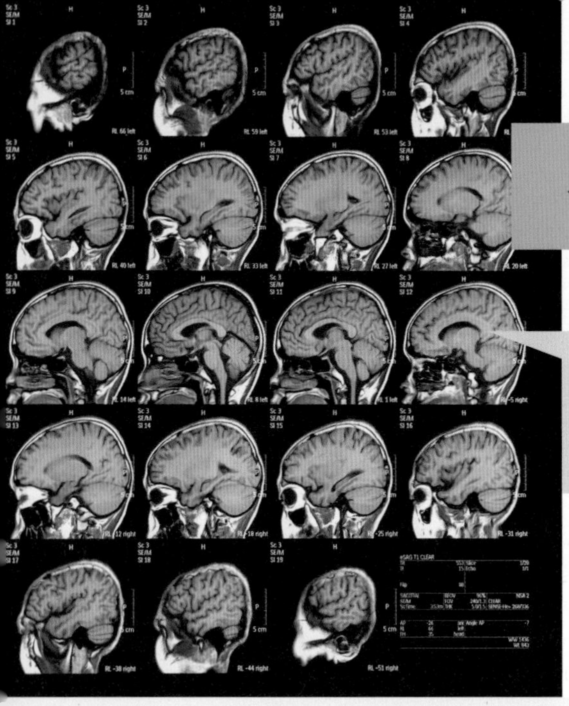

人工智能医学诊断

爱德华·肖特利夫（Edward Shortliffe，1947— ）

图为一名 13 岁男孩的大脑核磁共振成像，目的是检查他是否患有嗜酸性粒细胞增多性脑膜炎。MYCIN 专门为重度血液感染患者提供抗菌治疗建议。

《我们可以这样设想》（1945 年），DENDRAL 专家系统（1965 年），“所有演示之母”（1968 年）

MYCIN 是第一个证明计算机程序可以在诊断特定医学问题方面胜过医生和医科学生的专家知识系统。MYCIN 专门为重度血液感染（例如脑膜炎）患者提供抗菌治疗建议。

MYCIN 的研发始于 1972 年，最初是医生兼计算机科学家爱德华·肖特利夫在美国斯坦福大学攻读博士学位的论文课题。该程序使用了早期的人工智能技术，这些技术是基于人类专家所掌握的知识规则。为了制定这些知识规则，计算机专家会与抗菌医学专家一起讨论患者病历信息。计算机专家会将已获得的数据编写为一系列“如果—那么”（IF-THEN）语句，然后再将其编译到 MYCIN 系统中。MYCIN 系统会对医患沟通中常见问答方式进行建模，向医生提供判断和建议。医生只需坐在计算机终端前，回答 MYCIN 提出的有关患者的问题。很快，计算机就会给出诊断结果，或者至少是诊断建议。

MYCIN 由 3 个相互关联的部分组成。咨询系统会根据特定领域知识提供治疗建议。解释系统会针对诊断结论、治疗建议、问诊问题给出基础原理与处置理由。知识获取系统可以让专家或医生方便地更新静态知识库。

为了证明该专家系统的准确性，9 位微生物专家和 MYCIN 展开同台较量，分别针对 10 名患者提出抗菌素治疗建议。另外，还有 8 位专家对诊断结果进行评估。经评估，MYCIN 得分为 65，而人类专家得分为 42 ～ 62。

尽管 MYCIN 取得了成功，但它从未在实际工作环境中得以应用。在当时，医院等终端用户尚不具备该系统所需的计算资源，而且关于 MYCIN 系统还存在一些伦理及合法性问题有待解决。■

《字节》杂志

韦恩·格林（Wayne Green，1922—2013）
弗吉尼亚·朗德纳·格林（Virginia Londner Green，生卒不详）

第一本个人计算机杂志《字节》1982年7月刊的封面。

第一台个人计算机（1974年），家酿计算机俱乐部（1975年）

韦恩·格林和他的前妻弗吉尼亚·朗德纳·格林在1975年创办了《字节》（*BYTE*）杂志。他们聘请了《实验员计算机系统》（*Experimenter's Computer System*，ECS）的独立出版人卡尔·赫尔默斯（Carl Helmers）担任编辑。在格林出版社的支持下，《字节》开启了通讯邮寄业务，扩展了业务范围。《字节》被认为是第一本个人计算机杂志，吸引了一大批充满激情的计算机爱好者，也推动了一场计算机革命。

第一期《字节》杂志的出刊时间几乎与早期家庭计算机的发行时间相同，还创造了多个"第一"的纪录，其中包括微软公司的第一条广告。早期《字节》杂志涉及的主题包括："哪款微处理器适合您？""组装您的汇编程序""搭建一个图形显示器"，等等。该杂志不仅探讨抽象问题，例如"设计程序的流程是什么？"，而且也论述实际问题，例如人们想在家里组装一台个人计算机的原因是什么？可能是换食谱、玩游戏，甚至是托管一个计算机远程安全系统。

此外，《字节》杂志还因艺术家罗伯特·廷尼（Robert Tinney）为其设计封面而闻名。罗伯特·廷尼通过自己非技术性的眼光，根据每期杂志的主题，精心设计视觉隐喻，展现出了计算机如何融入流行文化这一更大的概念。《字节》上还列出了美国加利福尼亚州、科罗拉多州、康涅狄格州、北卡罗来纳州、得克萨斯州以及纽约市的"计算机俱乐部"。其中包括位于硅谷的"家酿计算机俱乐部"（Homebrew Computer Club），它在斯蒂夫·沃兹尼亚克（Steve Wozniak）发明苹果电脑的过程中发挥了积极作用。

科幻小说作家杰里·普尔内勒（Jerry Pournelle）也在《字节》杂志撰文，他曾写过人气专栏"从混乱庄园看世界"。20世纪90年代，由于读者人数和广告收入双双下降，《字节》杂志于1998年5月被收购，2个月后停刊，后来也曾多次尝试将《字节》在网络上进行出版发行，最终于2009年停刊，成为历史。■

家酿计算机俱乐部

弗雷德·摩尔（Fred Moore，1941—1997）
戈登·弗伦奇（Gordon French，生卒不详）

图为家酿计算机俱乐部通讯的封面，刊发时间为1975年4月12日。

第一台个人计算机（1974年），《字节》杂志（1975年），Apple Ⅱ计算机（1977年），MS-DOS操作系统（1982年）

1975年

就像被誉为“荒野边境之王”的美国探险家戴维·克罗克特（Davy Crockett）一样，颇具传奇色彩的家酿计算机俱乐部的成员们都是参与并引领个人计算机革命的开拓者。这个俱乐部的宗旨是“给予他人帮助”。在这里，志同道合的爱好者们可以相互认识、交换见解、展示作品，还可以交易软硬件设计信息，分享图纸和经验、了解计算机出版物、批量采购设备零件。所有这些都使得自制计算机更加容易实现，而且最重要的是不断突破自制计算机的极限。

该俱乐部成立时，Altair 8800计算机组件套装刚刚上市，这也在一定程度上推动了俱乐部的发展。作为第一款个人计算机组件套装，Altair 8800向个人开启了一个前所未有的、实验与创新的新世界。

1975年3月，该俱乐部在美国加利福尼亚州门洛帕克举行了第一次俱乐部会议，地点就在联合创始人戈登·弗伦奇与弗雷德·摩尔的车库里。随着俱乐部的发展壮大，会议地点迁至了位于门洛帕克的斯坦福直线加速器中心（Standford Linear Accelerator Center，SLAC）。俱乐部的成员包括著名技术专家史蒂夫·沃兹尼亚克和史蒂夫·乔布斯，他们二人曾在俱乐部中发布Apple Ⅰ计算机原理图；还有恶名昭著的约翰·德雷珀（John Draper），他曾入侵电话系统盗打电话，外号“嘎吱船长”（Captain Crunch）。

许多俱乐部成员都是计算机硬件爱好者，在此之前，他们对计算机软件并没有太多研究。戈登·弗伦奇在家酿计算机俱乐部的第二期通讯中指出：“软件开发要比硬件开发困难得多。”

家酿计算机俱乐部聚集了一群热情洋溢的天才，他们对技术的好奇、热爱与探索，深刻地影响了个人计算机行业的兴起与发展。■

《人月神话》

弗雷德里克·布鲁克斯（Frederick Brooks，1931—2022）

图为弗雷德里克·布鲁克斯在 2012 年英国曼彻斯特举办的图灵诞辰百年大会上发言的照片。

IBM System/360 计算机（1964 年）

1963 年，IBM 投入了大量的资源来完成最新的 OS/360 操作系统，以便及时推出 System /360 计算机。OS/360 是一个单独的、统一的、有史以来最复杂的操作系统，专门为 IBM 新系列计算机而设计。尽管 IBM 的 System /360 于 1964 年如期发布，但是 OS/360 的研发进展并不顺利。

面对进度延迟问题，布鲁克斯做了任何一个项目经理在这种情况下都可能会做的事：招募了更多程序员。但是，让布鲁克斯大为惊讶的是，OS/360 的研发进度不但没有加快，甚至还进一步落后于计划。由此得出了布鲁克斯法则（Brooks's Law）："对于一个进度延迟的软件项目而言，增添人手只能使其更加缓慢。"这条法则被写在了他的经典文集《人月神话：软件工程论文集》（*The Mythical Man-Month: Essays on Software Engineering*）之中。该书于 1975 年首次出版，一直以来都是计算机专业学生的必读书目。

这本著作被奉为软件工程领域的"圣经"，书中描述了诸如"第二系统效应"等现象。"第二系统效应"指的是，系统设计者在第一版取得成功后，倾向于将过多的功能加入第二版中，导致系统变得臃肿不堪且漏洞百出。此外，布鲁克斯还详细介绍了他在 OS/360 项目中的管理经验，其中许多方法至今仍在被使用。

布鲁克斯于 1964 年离开了 IBM，到美国北卡罗来纳大学教堂山分校担任教职，并在那里成立了该校的计算机科学系。也正是在这一年，IBM 发布了 System/360。1995 年，布鲁克斯出版了《人月神话》的 20 周年纪念版，新增 4 个章节。《没有银弹》（*No Silver Bullet*）是他最重要的一篇论文。他在文中指出，在计算机领域，没有任何一项技术或方法，能将软件工程的生产力和可靠性提高 10 倍。相反，他写道，做出伟大设计的关键在于，在才华横溢的软件工程师职业早期，发现并指导他们，让他们有机会参与系统设计，并与其他佼佼者相互沟通、相互激励。■

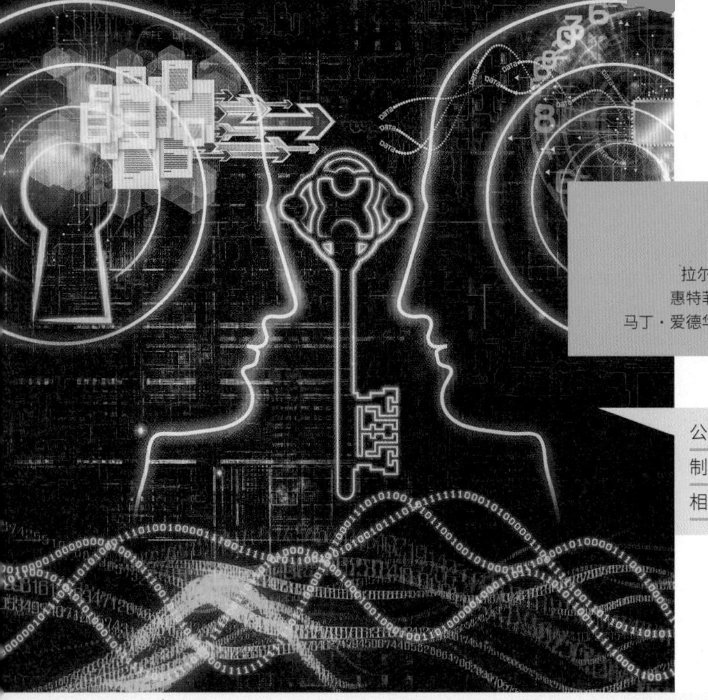

公钥密码学

拉尔夫·默克尔（Ralph Merkle，1952— ）
惠特菲尔德·迪菲（Whitfield Diffie，1944— ）
马丁·爱德华·赫尔曼（Martin Edward Hellman，1945— ）

公钥加密技术允许双方交换特制的数字，双方可以从中获得相同的加密密钥。

RSA 加密算法（1977 年），比特币（2008 年）

2000 多年来，密码学一直有着一个“阿喀琉斯之踵”，那就是发送方和接收方必须提前私下商定一个加密密钥（一串字母和数字），然后才能相互发送加密信息。对于外交官和将军来说，这并不会造成什么困难，因为在执行任务前他们都会亲自领取密钥。1971 年出现了电子邮件，计算机科学家们意识到，如果要保证电子邮件的信息安全，唯一的方法就是对其进行加密。但是，对于电子邮件而言，如何确定密钥就成了一个问题。

1974 年，拉尔夫·默克尔提出了一个解决方案，虽然有些粗糙，但极具开创性。当时他还只是加州大学伯克利分校的一名大四学生，他将这一方案作为课堂作业的一部分。默克尔的方法是，先通过互联网交换数百万个密钥，然后让双方就其中一个达成一致。默克尔的课程教授并未理解这一解决方案的重要意义，因此默克尔放弃了这一课程。他将自己的想法写了下来，提交给当时计算机科学的第一期刊——《美国计算机学会通讯》（*Communications of the ACM*）。但是，这篇论文被拒了，理由是“根据经验表明，公开传递关键信息是极其危险的”。

第二年，在美国斯坦福大学一个由马丁·赫尔曼教授领导的密码学研究小组中，一位名叫惠特菲尔德·迪菲的学生提出了一个与默克尔类似的想法，不同之处在于他的方法基于数论，更加有效。这一方法现在被称为“迪菲-赫尔曼密钥交换算法”（Diffie-Hellman key exchange），它让双方交换特制的数字，双方都可以从中获得相同的加密密钥。而与此同时，其他外部的观察者是无法获得密钥的。这项研究于 1976 年 6 月在美国计算机会议上发表。

至于默克尔，他的论文最终于 1978 年发表在《美国计算机学会通讯》上，并附了一份通讯编辑的道歉信。

迪菲和赫尔曼因密钥交换算法而获得了 2015 年的图灵奖。默克尔后来还发明了加密散列和散列树，奠定了比特币等加密货币的基础。2010 年，他获得了电气与电子工程师协会的汉明奖章。■

NonStop 系统

詹姆斯·特雷比格（James Treybig，1940— ）

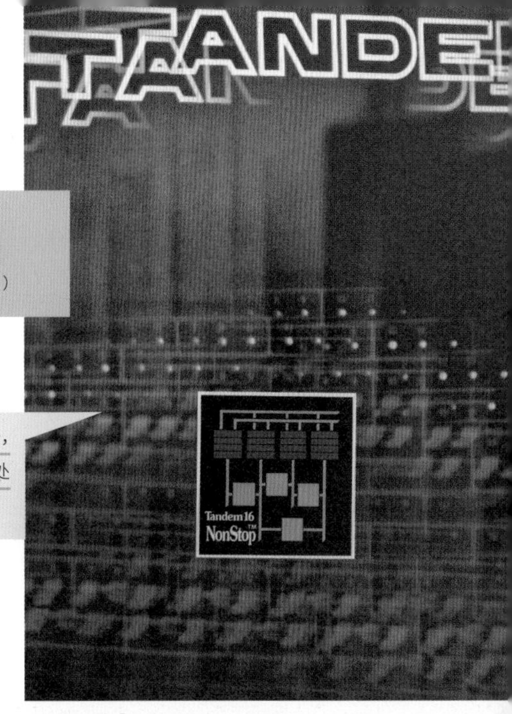

图为天腾 16 NonStop 计算机的广告，它通过使用冗余通信通道互连多个处理器来实现可靠性。

连接机（1985 年）

詹姆斯·特雷比格的天腾计算机公司（Tandem Computers）致力于制造更加可靠的计算机，甚至希望永远不会死机。生产这样的计算机，同时还要具有价格优势，是非常难的，这也使得成立于 1974 年的天腾公司成为 20 世纪 80 年代早期发展速度最快的公司之一。

天腾公司采用了一种与同类公司完全不同的方法来制造高可靠性计算机。大多数公司的方法是配备一台主计算机和一台“热备机”来实现可靠性：如果主计算机发生崩溃，则备用计算机便会即刻接管。但是，如果没有发生故障，这种方法是非常浪费的，因为备用计算机就成了一台完全空闲的计算机。此外，这一方法也并没有使得计算机系统变得更加可靠。如果主计算机是因为软件问题而崩溃的，那么同样的软件问题也会影响备用计算机。

天腾公司采用了一种完全不同的设计，避免了单点故障导致系统崩溃。NonStop 系统在多个节点都搭建主计算机，每个节点通过冗余通信通道相互连接。每个节点有 2 ～ 16 个独立处理器，每个处理器都有电源、内存、备用电池、输入 / 输出通道。与节点一样，每个处理器同样通过冗余通信通道相互连接。不同的处理器之间并不共享内存，而只是互相发送信息。

通常来说，NonStop 系统中的不同部分可以相互监测。一旦发现任何错误，系统会确定错误所在的系统模块，并将该模块与系统其他部分进行隔离。如果是硬件故障，系统会对硬件进行诊断，并判断是否为永久性故障，是否需要更换硬件设备。故障电路板可以直接被拔除并更换，无须关闭整个系统。同样地，软件也采用高度分区的设计，使数据不间断地进行备份。因此，如果软件出现错误，也可以被及时隔离并纠正。

天腾公司于 1975 年设计完成了第一个 NonStop 系统，并在 1976 年 5 月交付给了美国花旗银行。用户很快就发现，NonStop 系统除具备可靠性外，还具备可扩展性：如果将节点数量增加一倍，NonStop 系统的运行速度就可以提高一倍。■

Dr. Dobb's Journal of
COMPUTER
Calisthenics & Orthodontia
Running Light Without Overbyte
Volume One People's Computer Company, Box E, Menlo Park, CA 94025 1976
A Reference Journal
for Users of
Home Computers
Volume One
People's Computer Company

《多布博士》

鲍勃・阿尔布莱特（Bob Albrecht，生卒不详）
丹尼斯・艾利森（Dennis Allison，生卒不详）
小吉姆・C. 沃伦（Jim C. Warren Jr.，1936— ）

图为《多布博士》第一卷的封面。

第一台个人计算机（1974 年），家酿计算机俱乐部（1975 年）

如果你向某个年龄段的程序员提及《多布博士》(*Dr. Dobb's Journal*)，可能会得到一丝微笑和一声叹息。《多布博士》由鲍勃・阿尔布莱特创办，他是家酿计算机俱乐部的成员。《多布博士》是一份技术期刊，主要面向计算机程序员分享软件开发知识和编程实践。按照创刊号上的原话，这份期刊是“有关设计、开发和分发那些免费或便宜的家用计算机软件的传播媒介”。《多布博士》之所以与众不同，是因为它的关注点在计算机软件，而不是计算机硬件。它最早解决了早期个人计算机的一个重要难题——内存问题。第一代个人微型计算机（如 Altair 计算机），内存大小只有 4 KB。在这样的条件下，想要扩展早期计算机功能，就得开发体量小、功能强大的程序。这对于程序设计者来说是一个挑战。

《多布博士》将这些程序发表出来，人们可以直接键入并运行程序，在一定程度上缓解了早期计算机内存有限的问题。它最初主要关注的是 Tiny BASIC，这是 BASIC 编程语言的一个简单版本，只需 3 KB 的内存。这一版本的开发者是美国斯坦福大学的讲师丹尼斯・艾利森。他曾为《多布博士》撰写了一系列文章，其中就包括 Tiny BASIC 的完整代码。正因为如此，其他人可以为 Intel 8080 之外的处理器开发解释器。在发表了一系列关于 Tiny BASIC 的文章后，《多布博士》更名为《多布博士计算机的健身与矫正》(*Dr. Dobb's Journal of Computer Calisthenics & Orthodontia*)。

后来，《多布博士》的早期编辑小吉姆・沃伦发表了一篇期刊概述。其中，他记录了自己关于微型计算机领域新变化和新特性的观察，谈及了他对技术发展方向的种种看法。2014 年，《多布博士》在经营了 38 年后停刊。■

137

RSA 加密算法

罗纳德・L. 李维斯特（Ronald L. Rivest，1947— ）
伦纳德・阿德曼（Leonard Adleman，1945— ）
阿迪・萨莫尔（Adi Shamir，1952— ）
克利福德・科克斯（Clifford Cocks，1950— ）

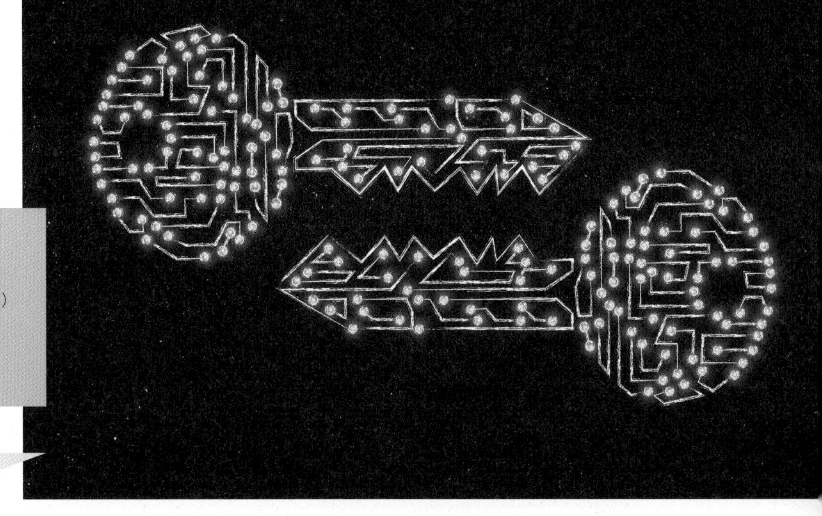

想要破解 RSA 加密信息，攻击者必须将两个大素数相乘的结果进行因数分解。

公钥密码学（1976 年），破解 RSA-129（1994 年），量子计算机（2001 年）

1977 年

公开密钥加密的发明者们设想了这样一种未来情形：如果你想向某人发送一封加密电子邮件，首先只需在一个密钥库中查找此人的公钥，然后使用公钥进行加密，最后将电子邮件发送出来。当收件人收到这封电子邮件时，可以用自己的私钥来解密邮件。这里只有一个问题：迪菲-赫尔曼密钥交换算法是交互式的，并没有可以公开发布并长期有效的密钥。因此，想要实现这一设想，还有很多工作要做。

来自美国麻省理工学院的 3 位教授兼好朋友共同接受了这项挑战。在随后的几个月里，罗纳德・李维斯特和阿迪・萨莫尔提出了许多数学方法，用来生成公钥和私钥。但是，伦纳德・阿德曼每一次都能成功破解。也就是说，密码攻击者在不知道私钥的情况下就可以破译公钥加密消息。

1977 年 4 月，他们 3 人正在享用逾越节的晚餐，自然而然地聊到了他们的研究项目。在喝了几杯酒之后，他们突然想到了一个解决方案：选择两个大素数并将它们相乘，就可以得到私钥。按照基本数论，他们可以证明，想要破解公钥就必须对所产生的数字进行因数分解。只要攻击者无法对这一数字进行因数分解，那么用公钥加密的信息就无法被破解。

这个算法被称为 RSA 加密算法，是由他们 3 人姓氏首字母组合而成的。在接下来的几年时间里，这一算法被用在了“网景导航者”（Netscape Navigator）的浏览器，推动了互联网商业化进程；还被用在了智能卡片中，保护信用卡交易免受欺诈。2002 年，他们 3 人共同获得图灵奖。

与此同时，有一个危险即将到来。由于量子计算机几乎可以在瞬间对数字进行因数分解，因此美国国家标准与技术研究所正在进行一个“后量子密码”项目，其中就包括研发 RSA 加密算法的替代品。

早在 1973 年，英国密码学家克利福德・科克斯已经独自发现了与 RSA 等效的加密算法。但在 1997 年之前，英国一直将其作为机密。■

Apple Ⅱ计算机

史蒂夫·乔布斯（Steve Jobs，1955—2011）
史蒂夫·沃兹尼亚克（Steve Wozniak，1950— ）
兰迪·威金顿（Randy Wigginton，生卒不详）

图为 Apple Ⅱ计算机在《字节》杂志 1977 年 12 月刊上的广告。

第一台个人计算机（1974 年）、《字节》杂志（1975 年）、家酿计算机俱乐部（1975 年）、第一款电子表格软件（1979 年）

1977 年

如果说 Altair 8800 将计算机推广到个人计算机爱好者的手中，那么 Apple Ⅱ就是将计算机推广到了普通人的手中。1976 年 12 月，Apple Ⅱ的首席设计师史蒂夫·沃兹尼亚克和程序员兰迪·威金顿在家酿计算机俱乐部中向大家展示了第一台原型机。1977 年 4 月，他们二人与史蒂夫·乔布斯一起在美国西海岸计算机展上向公众介绍了这款计算机。史蒂夫·乔布斯是该团队的财务专家和推广专员。Apple Ⅱ是有史以来第一台成功量产的个人计算机。

Apple Ⅱ的原型是沃兹尼亚克自己设计并研制的 Apple Ⅰ。Apple Ⅰ是作为一种单板机出售的。也就是说，购买者需要自己配备键盘、显示器、射频调制器以及机箱。相比之下，Apple Ⅱ带有键盘和外壳，但还是需要一个射频调制器才能用在显示器上。

Apple Ⅱ在技术人员、学校师生和普通消费者中广受欢迎。它在 ROM 中提供了 BASIC 语言，因此用户只要一打开计算机，就可以立即编写和运行程序。Apple Ⅱ有一个稳定可靠的盒式磁带接口，便于使用低成本、消费级的盒式磁带来保存和加载程序。此外，它甚至还可以实现彩色文本，这在业内尚属首例。

1978 年，苹果公司推出了一款价格偏低的 5.25 英寸外置软盘驱动器，采用软件形式和创新电路设计替代电子元件。软盘比盒式磁带更快速、更可靠，而且可以实现随机存取，这使得 Apple Ⅱ从一个新颖奇特的机器，变成了一个非常实用的教育和商业工具。1979 年，第一款电子表格办公软件 VisiCalc 问世。VisiCalc 专为 Apple Ⅱ设计，有助于提升其销量。

Apple Ⅱ取得了巨大的成功，从 1977 年 9 月到 1980 年 9 月，苹果公司的收入从 77.5 万美元增长到 1.18 亿美元。苹果公司共计发布了 7 个版本的 Apple Ⅱ，销量高达 500 万～ 600 万台。■

139

第一封互联网垃圾邮件

加里·瑟尔克（Gary Thuerk，生卒不详）
劳伦斯·坎特（Laurence Canter，1953— ）
玛莎·西格尔（Martha Siegel，1948—2000）

1978年5月3日，史上第一封“垃圾邮件”被群发到阿帕网的账户中。如今，许多电子邮件服务可以检测出垃圾邮件，并将之隔离在不同的文件夹中。

第一封电报垃圾邮件（1864 年），@ 符号（1971 年）

1978 年 5 月 3 日，美国东部时间 12 时 33 分，世界上第一封群发的电子营销邮件出现了，也就是我们现在所说的垃圾邮件。这封邮件被发送到了美国国防部阿帕网的 100 多个电子邮件账户中。这封邮件来自 DEC 公司的员工加里·瑟尔克，内容是为 DEC 新系列计算机 DECSYSTEM-2020 的开放参观日做宣传。

瑟尔克不知道早期邮件程序可以直接从地址文件中读取电子邮件地址，因此他将所有邮件地址都放进了电子邮件发送栏。然而，只有 120 个地址被真正写进了发送栏，其余的 273 个地址都溢出至邮件正文，这让这封邮件变得既不合时宜，又索然无味。

当时，大家对这封邮件的态度是非常负面的。阿帕网管理部门的负责人为此回复了一封电子邮件，指出瑟尔克的邮件“公然违反了阿帕网的使用准则”，并称阿帕网“仅供美国政府公务使用”。

与此同时，麻省理工学院人工智能实验室的理查德·斯托尔曼（Richard Stallman）也作出了回应。作为一名自由言论的倡导者，他写道：“我收到过大量无聊的电子邮件，甚至是关于婴儿出生的系统公告。至少这封邮件或许还算是有趣的。”但是，斯托尔曼也不赞同这封邮件的发送方式，他还写道：“任何人都不应该发送这么长的消息头，无论邮件内容是什么。”

直到 20 世纪 80 年代，人们才开始将这种不请自来的电子邮件称为“垃圾邮件”（spam）。这一用法最早出现于 1970 年著名喜剧团体蒙提·派森（Monty Python）的一段小品中。这段小品讲的是一群维京人在一家自助餐厅里反复唱着“SPAM，SPAM，SPAM”，完全淹没了房间里其他人的谈话。这里的“SPAM，SPAM，SPAM”指的是美国荷美尔食品公司（Hormel Foods）生产的肉罐头。后来，这种未经请求的信息爆炸已经蔓延至每一种数字媒体。如今，尽管仍有大量“垃圾邮件”，但越来越多地借助个人数据算法机制，可以更加精确地筛选出收件人。■

Minitel 网络

图为 1987 年巴黎-达喀尔拉力赛期间，一位来自法国村镇的妇女正在使用 Minitel。

电子商务（1995 年）

1978 年

在线游戏、在线购物、在线聊天、在线订票，甚至包括在线银行和在线教育，所有这些都出现在了 20 世纪 80 年代许多法国人的日常生活中。这一时间远远早于互联网和万维网，令人十分惊叹。1978 年，法国电信公司推出了 Minitel，这是一种小型计算机终端，配有屏幕和键盘，通过传统固定电话线进行连接，但是没有微处理器。法国政府起初为每一位电信用户提供了一个免费终端，后来在 1982 年将 Minitel 推广至全法国。到了 20 世纪 90 年代中期，Minitel 网络达到鼎盛时期，拥有大约 2500 万用户，可提供 26 000 项在线服务，其中甚至包括在线色情服务，如“Minitel 玫瑰”。

在 Minitel 网络的背后，是一种被称为“视频文本”（videotext）的技术。这项技术并非法国独有。其他国家也都在尝试使用这项技术，并且获得了不同程度的成功，包括英国、德国、西班牙、瑞典、日本、新加坡、巴西、澳大利亚、新西兰、南非、加拿大和美国。然而，Minitel 的不同之处在于它获得了法国政府的巨大支持——法国电信公司就曾声称部署 Minitel 比分发纸质电话簿还要便宜。这是一种超前于时代的现象。在当时的 Minitel 网络上，甚至可以订购食品或杂货，能够做到当日订购、当日送达。可以看出，早在亚马逊等行业巨头出现之前，Minitel 就已经开始瞄准了网络消费需求。

后来，随着互联网、万维网和移动技术的兴起，Minitel 的使用逐步被压缩和瓜分，最终于 2012 年被彻底关闭。在最后阶段，Minitel 的铁杆用户主要是相互交换牛群信息的养牛农民，以及与国家卫生服务机构交流患者信息的医生。

Minitel 网络曾是法国人引以为傲的事情之一。人们会思考一个问题，为什么 Minitel 网络最终没有成为在线领域的胜出者。对此有很多分析和猜测，其中一种观点认为，它不是一个开放的平台。尽管如此，Minitel 成了一种公共现象，它让整个世界都认识到，只要一项核心技术能够满足用户的需求，就有可能实现巨大的规模经济。■

密钥共享

阿迪·萨莫尔（Adi Shamir，1952— ）
小乔治·罗伯特·布莱克利（George Robert Blakley Jr.，1932— ）

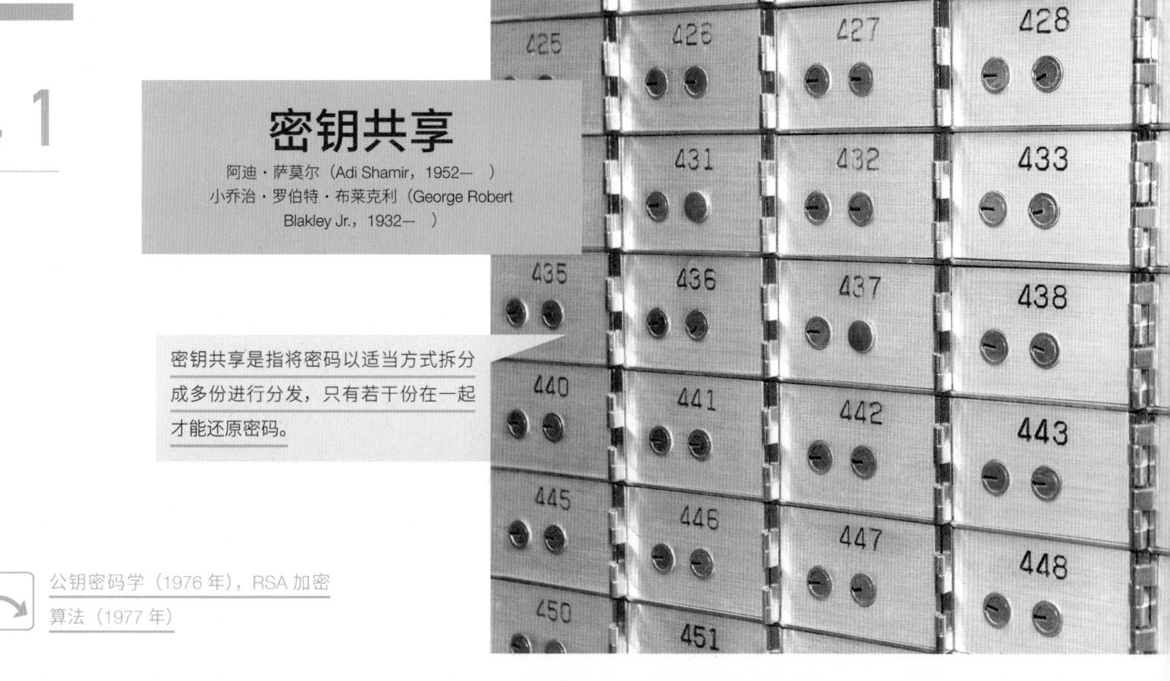

密钥共享是指将密码以适当方式拆分成多份进行分发，只有若干份在一起才能还原密码。

公钥密码学（1976 年），RSA 加密算法（1977 年）

举个例子：假如你将一份遗嘱放在保险箱中，保险箱有一个十分安全的密码锁。你打算让你的律师在你去世之后再打开它，所以你把密码告诉了律师，希望他或者她可以尊重你的想法。或者你还可以这么做，聘请两位律师，给他们各一半密码。只有当他们二人同时在场时，他们才能打开保险箱。

但是有一个问题，如果某一位律师粗心大意，把自己的那份密码弄丢了，该怎么办呢？或许更好的方案是，聘请 3 位律师，将密码一分为三，每一位律师都可以得到其中的两份密码，并且他们手中的 6 份密码可以组合成两套完整的密码。这样一来，只要其中任意两位律师到场，就可以还原密码。随着律师数量的增加，这种办法的可行性会逐渐降低，甚至会变得相当荒谬：如果你聘请了 11 位律师，并且希望其中任意 6 位律师到场就可以打开密码锁，那你需要把密码分成 462 份，每一位律师得到其中的 252 份。

1979 年，美国麻省理工学院教授阿迪·萨莫尔和得克萨斯农工大学教授乔治·布莱克利教授针对这一问题分别提出了类似的解决方案。他们的方案非常简洁、高效、安全，至今仍在使用。

萨莫尔用基础几何学解决了这个问题。举例来说，假设要保护的“秘密”是一个数字。在一个二维坐标系上，分别给两位律师一个坐标点。这两个点可以确定一条直线，而这条直线与 y 轴的截距就是这个“秘密”。任何一个点都无法单独确定直线的 y 轴截距，而两个点就能轻松画出直线，计算出截距。布莱克利的方法与之相似，不同之处在于它是基于在 n 维空间中的点。

如果你想要实现用 3 份密码来还原出密码，那应该怎么办呢？在这种情况下，就不要画一条直线，而是画一条抛物线：一条直线需要两个点来确定，而一条抛物线则需要 3 个点才能确定。现在给所有的律师每人一个抛物线上的点：只要他们中的任意 3 位到场，就能重建抛物线，并计算出 y 轴截距。这里只是简要说明，事实上萨莫尔的方法要比上面的描述更复杂些。不是在二维平面上绘制曲线，而是在有限数域中绘制曲线，这与迪菲-赫尔曼密钥交换算法、RSA 加密算法类似。共享的密码不再是那个保险箱的真实密码，而是加密算法的加密密钥。■

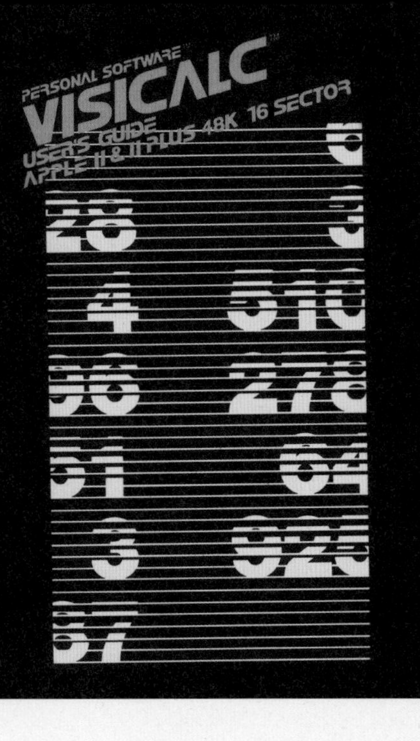

第一款电子表格软件

丹・布里克林（Dan Bricklin，1951— ）
鲍勃・弗兰克斯顿（Bob Frankston，1949— ）

图为 VisiCalc 的用户指南，VisiCalc 是世界上第一款计算机电子表格软件。

Apple Ⅱ计算机（1977 年）

1979 年

1973 年，丹・布里克林在美国麻省理工学院获得了计算机科学学士学位。他先后到 DEC 公司和 FasFax 公司工作了一段时间，后来决定去美国哈佛大学继续攻读工商管理硕士学位。在哈佛大学时，他发现用纸笔做商业分析实在是一件苦差事。为了能让自己把更多的心思放在建模上，布里克林在一台 Apple Ⅱ计算机上用 BASIC 语言编写了一个自动计算程序。

布里克林与他的朋友鲍勃・弗兰克斯顿开展了合作。弗兰克斯顿自己编写的交叉汇编器，曾运行在麻省理工学院的大型计算机上。他将布里克林的程序用交叉汇编器改写成 Apple Ⅱ的机器码。1979 年，两人共同成立了软件艺术公司（Software Arts），进一步开发该项目。几个月后，他们将该程序授权给一家个人软件公司（Personal Software，后更名为 VisiCorp）。很快，这家公司就将这一程序以 VisiCalc 的名字推向市场。短短 5 年，VisiCalc 的销量超过了 100 万份。

虽然此前在 IBM 大型计算机上已有数值建模工具，但是 VisiCalc 是第一款兼具交互性、自动重新计算、就地编辑功能并拥有传统电子表格外观的程序。由于上述特性，VisiCalc 简单易学，入门难度低，并拥有创建和编辑公式的高级功能，几乎可以立即让非程序员构建出复杂的财务模型。许多公司开始为使用这个 100 美元的程序而购买 2000 美元的 Apple Ⅱ电脑。

但是，如果想要借助计算机来推广商业应用程序，Apple Ⅱ并不是一个理想选择。因为 Apple Ⅱ只有 25×40 的显示屏、8 位微处理器，并且最大内存只有 48 KB。1981 年，IBM 推出了 IBM 个人计算机，拥有 25×80 的显示器和 16 位微处理器，最大内存 640 KB，已经足够容纳一个非常复杂的财务模型。两年后，美国莲花公司（Lotus Development Corporation）发布了一款电子表格软件 Lotus 1-2-3，将各项功能汇集一身，取得了巨大成功。VisiCalc 的销售额从 1983 年的 1200 万美元暴跌至 1984 年的 300 万美元。1985 年 4 月，莲花公司收购了软件艺术公司，然后立即将 VisiCalc 产品撤出市场。■

辛克莱 ZX80 计算机

克莱夫·辛克莱（Clive Sinclair，1940—2021）
吉姆·韦斯特伍德（Jim Westwood，生卒不详）

辛克莱 ZX80 是英国第一款面向大众市场的个人计算机。

BASIC 语言（1964 年）

辛克莱 ZX80（Sinclair ZX80）是英国第一款面向大众市场的个人计算机。组件套装售价仅为 79.99 英镑，全功能整机售价也仅为 99.99 英镑。因此，ZX80 也是世界上第一款售价低于 100 英镑（在当时折合约 200 美元）的计算机。ZX80 采用了 Zilog Z80 微处理器，拥有 1 KB 的 RAM 和 4 KB 的 ROM，其中还配备了 BASIC 解释器。ZX80 使用了白色塑料外壳，带有一款薄膜键盘，大小仅适合儿童使用，对于成年人来说有些困难。它内置了盒式磁带接口，用于存储和加载程序，还配备了射频调制器，可以直接连接电视机。

为了节省成本，ZX80 的射频调制功能大部分都是通过软件实现的。这也导致了每一次敲击键盘或者每一次运行程序，屏幕内容都会短暂消失，出现黑屏，这一点非常令人烦恼。显示器采用的是 24 行、32 列的黑白屏幕，每个字符可以显示为 2 × 2 的图形。

ZX80 在上市的第一年就卖出了 50 000 台。第二年，这款计算机的制造商辛克莱研究公司（Sinclair Research）推出了新款 ZX81。ZX81 是一款更时尚的计算机，提供了一种所谓的慢速模式，通过降低计算机运行速度，有效解决了黑屏问题。ZX81 拥有 8 KB 的 ROM，可实现浮点运算，能够用于严谨的工程计算。ZX81 共计售出了 150 万台，组件价格为 49.95 英镑，整机价格为 69.95 英镑。这两款计算机都是由吉姆·韦斯特伍德设计，并由天美时公司（Timex）生产的。此后，辛克莱研究公司于 1982 年又推出了一款拥有彩色显示屏的 ZX Spectrum。

ZX 系列计算机的许多机型存在机器过热的问题。因此，一些计算机爱好者会将原装外壳拆掉，放进一个更大的盒子中，顺便安装一个外接键盘。此外，还可以增加 16 KB 内存，甚至增加一台价格为 49.95 英镑的打印机。当时，有超过 100 家公司在销售 ZX80 和 ZX81 的相关配件。

由于 ZX80 和 ZX81 的成功，辛克莱公司的创立者克莱夫·辛克莱于 1983 年被英国女王授予了爵位。■

1980 年

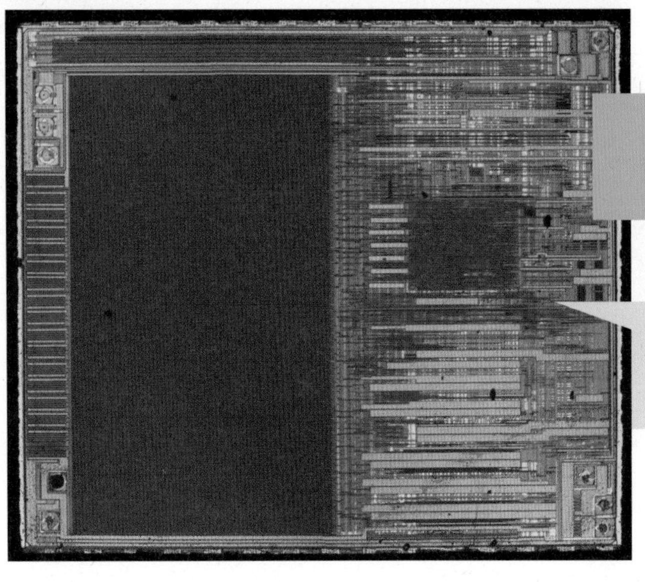

闪存

舛冈富士雄（Fujio Masuoka，1943— ）

图为存储器芯片 MX25U4035Z 的显微照片，容量大小为 4 MB，左侧为闪存，右侧为逻辑控制电路。

通用串行总线（1996 年），USB 闪存驱动器（2000 年）

闪存（Flash Memory）是舛冈富士雄在 1980 年发明的，他是日本东芝公司的一名员工。当时，舛冈富士雄和他的团队尝试研发一种新型存储器。这种存储器作为一种固态设备而非机械磁盘，可以在没有电源的情况下存储数据，并且相较磁芯存储器价格更加合理。直到 4 年后，他才在美国旧金山的 IEEE 会议上向公众展示了他的研究成果。

在那之后，又过了 20 年时间，闪存才真正占领了便携式存储市场。在此期间，人们对便携式数字媒介进行了各种各样的尝试，包括数字音频磁带（DAT）、迷你光碟（MiniDiscs），甚至还有火柴盒大小的微型硬盘驱动器。但是，所有这些设备都是机械结构的。也就是说，如果受到冲击或振动，就会影响设备运行的可靠性，而且采用机械结构还会限制尺寸与容量。

闪存没有采用机械结构，而是依赖半导体制造技术，与微处理器和其他集成电路一样。闪存芯片逐年变得越来越小、越来越快、越来越便宜，容量也变得越来越大。闪存的发明为后来的一系列新型移动电子设备奠定了重要基础，包括智能手机、MP3 播放器、数码相机、电子阅读器、平板电脑。然而，直到 20 世纪 90 年代后期，随着闪存制造成本的大幅下降，闪存的作用才真正发挥出来。

与此同时，闪存还被证明具有惊人的灵活性。一方面，单个闪存芯片可以和其他芯片一样直接焊接在印刷电路板上。另一方面，闪存还可以被封装在 CF（Compact Flash）卡中，或被封装在 SD（Secure Digital）卡中，成为一种移动存储设备。从 1999 到 2017 年，SD 卡的容量从 1 MB 增加至 2 TB，扩大了 2000 倍。

借助通用串行总线（USB）技术，闪存还可以作为笔记本电脑、台式计算机等设备的外部存储器。■

145

精简指令集计算机

大卫·帕特森（David Patterson，1947— ）
约翰·L. 轩尼诗（John L.Hennessy，1952— ）

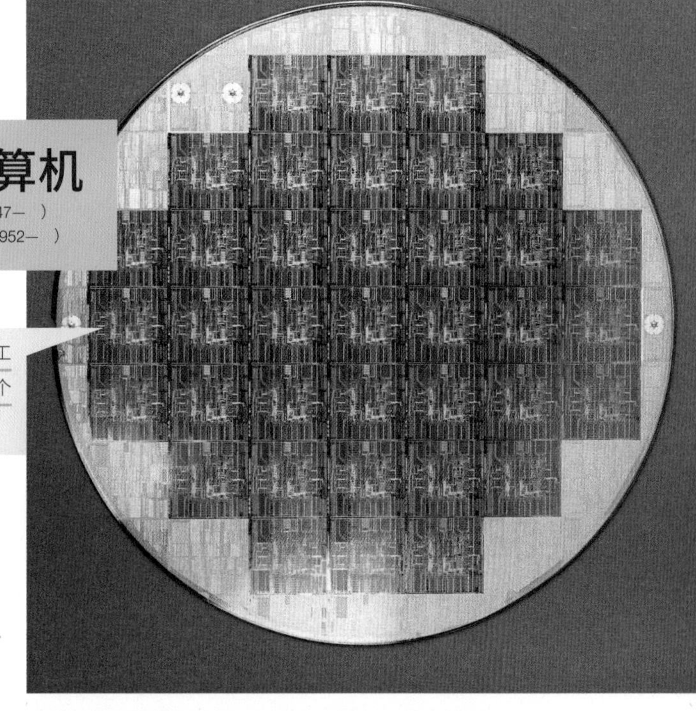

1992 年 2 月 1 日，在法国 IBM 工厂中，在一个晶圆上制造了 37 个 RISC 微处理器。

微程序设计（1951 年），克雷研究公司（1972 年），MS-DOS 操作系统（1982 年）

美国加州大学伯克利分校的大卫·帕特森教授对当时 CPU 系统低效问题进行了研究，提出了一种优化计算机机器指令的方法，称为“精简指令集计算机”（Reduced Instruction Set Computer，RISC）。最早的机器指令大部分是在 20 世纪 60 年代被设计出来的，主要是便于人们使用汇编语言编写计算机程序。但是，到了 20 世纪 80 年代，计算机大多采用了高级语言编程。帕特森认为，如果删除那些对机器编译器没有用的指令，就可以从根本上实现对 CPU 的简化。

在美国军方的资助下，帕特森于 1980 年启动了 RISC 项目。第二年，美国斯坦福大学计算机科学家约翰·轩尼诗带领研究小组也开始了一个类似的项目。这两个项目都在一定程度上借鉴了西蒙·克雷于 20 世纪 60 年代在 CDC 6600 计算机项目中提出的想法。

几年后，这两个项目都分别研制出了它们的首款微处理器。它们的运算速度要远远超过市场上所谓的复杂指令集计算机（Complicated Instruction Set Computer，CISC），尤其是英特尔公司生产的 x86 微处理器。尽管如此，RISC 在全世界微处理器中只占非常小的一部分，主要是因为它们无法运行大多数为微软 DOS 和 Windows 操作系统编写的软件。

1984 年，轩尼诗带领的斯坦福大学团队创建了 MIPS 计算机系统公司。MIPS 后来研发出的高性能微处理器，曾被美国硅图公司（Silicon Graphics）和 DEC 公司使用。但是，MIPS 在与英特尔的竞争中落入了下风，因为英特尔客户群体更加庞大，研发资金也更加充足。

对于 RISC 来说，重大的转折点出现在 20 世纪 90 年代，当时芯片制造商们想到了一个方法，可以将 RISC 放入 CISC 计算机中。这就是说，CPU 可以获取 x86 的 CISC 指令，但在芯片内部会将它们转换成 RISC 指令。这可是一举两得的好事：一台计算机既可以运行传统的 CISC 代码，又可以具备 RISC 的速度和功率优势。

今天，几乎所有的计算机都是 RISC。■

以太网

罗伯特·梅特卡夫（Robert Metcalfe，1946— ）
大卫·博格斯（David Boggs，1950—2022）
查尔斯·P. 萨克尔（Charles P. Thacker，1943—2017）
巴特勒·兰普森（Butler Lampson，1943— ）

图为以太网电缆和网络交换机。

第一个无线网络（1971 年）

罗伯特·梅特卡夫在撰写博士论文时，偶然发现了一篇关于夏威夷大学研发 ALOHANET 无线计算机网络的论文。为了了解更多相关内容，他专程飞往夏威夷向 ALOHANET 的发明者们请教。

ALOHANET 以无线方式发送数据包，而梅特卡夫的设计是通过同轴电缆发送射频信号。同轴电缆可以有多个抽头，与每一台计算机相连接。梅特卡夫将之命名为“以太网”（Ethernet）。这个名字取自“以太”（ether）——19 世纪“以太”被认为是光传播的媒介，后来科学家证明并不存在这种物质。“以太网”是一种简单、廉价、快速的方式，将房间或建筑物内的计算机连接起来，形成一个局域网（LAN）。

虽然梅特卡夫有时被认为是以太网的发明者，但是以太网的专利是由美国施乐公司申请的。梅特卡夫在研究生期间以及毕业之后都曾在施乐公司工作，他与大卫·博格斯、查尔斯·萨克尔、巴特勒·兰普森一起被列为以太网的共同发明人。1979 年，梅特卡夫离开了施乐公司，成立了 3Com 公司，后来与 DEC、英特尔和施乐合作，推动以太网成为计算行业的标准。1983 年 6 月，电气和电子工程师学会将以太网作为 IEEE 802.3 标准。

以太网的标准规定了计算机之间的物理连接和网络传输数据包的逻辑结构。但是，以太网没有确定更高级的网络协议，后来 DEC 和施乐分别推出了他们自己的网络层——DECNet 和 XNS。然而，所有这些专有的网络技术最终都败给了在以太网上运行的互联网协议（ Internet Protocol，IP）。

到 20 世纪 80 年代末，许多公司都推出了采用双绞线而非同轴电缆的以太网版本。双绞线也被最终标准化为 10Base-T，大大降低了布线成本，提高了运行可靠性。最初以太网的运行速度是每秒 10 兆比特，但在 1995 年出现了“快速以太网”，以太网运行速度提升到了每秒 100 兆比特，1999 年进一步达到每秒 1000 兆比特，2002 年通过光缆达到了每秒 10 000 兆比特。■

Usenet 网络

汤姆·特拉斯科特（Tom Truscott，1953— ）
吉姆·艾利斯（Jim Ellis，1956—2001）

Usenet 是一个电子公告板系统，会将队列中的信息分发给接入网络的计算机。

阿帕网 / 互联网（1969 年），调制解调器提速（1984 年）

美国杜克大学的汤姆·特拉斯科特和吉姆·艾利斯于 1979 年设计了 Usenet，并于第二年投入使用。Usenet 是一个分布式点对点的电子公告板系统，没有过多的规则，只有一些简单的用户社区准则。

最初，Usenet 网络只有两台计算机通过 UUCP 协议相连。UUCP（UNIX-to-UNIX Copy Protocol）就是从 UNIX 到 UNIX 复制协议。但是，向网络中添加更多计算机是非常容易的，于是大家纷纷加入。与建立在永久连接基础上的阿帕网不同，UUCP 协议是基于计算机相互拨打电话以及传输队列中的信息，因此添加新计算机的成本很低。在基于调制解调器的网络之上，Usenet 搭建了一个分布式留言板。在任何一台计算机上写入和发布的所有信息都将进入传输队列，并最终复制到网络上的每一台计算机上。

Usenet 网络将留言板划分为多个新闻组。通过任何一台连接网络的计算机，用户可以编写一篇文章，并发布到留言板上。这篇文章可被立即阅读，并很快被复制传播。似乎在突然之间，网络中的每一个人都可以成为一名出版商。那些兴趣相投却又身处不同地区的人们可以通过网络进行讨论。

Usenet 普及并推广了“常见问题（FAQ）”，偶尔其中一些新闻组容易受到人身攻击。由于缺乏中心控制，Usenet 网络会自行衍生出社区规范、志愿版主，以及主干站点的系统管理员。主干站点是大多数文章必须流经的关键站点，因此管理员的权力会更大一些，可以任意对文章或作者进行审查。

Usenet 网络的衰落并不在于万维网，而是由于 Usenet 自身成功引起的：在 20 世纪 90 年代和 21 世纪初，Usenet 的 alt.binaries 新闻组规模不断扩大，出现了一些非法色情内容。人们一开始对此的解决办法是禁止 alt.* 层级，最后逐步变成了禁止所有的 Usenet。■

IBM 个人计算机

威廉 · C. 罗威（William C. Lowe，1941—2013）

图为在瑞士洛桑博物馆展出的 IBM 个人计算机。

MS-DOS 操作系统（1982 年）

1981 年

起初，IBM 公司几乎完全置身于微型计算机革命之外。1980 年，微型计算机领域被苹果、雅达利（Atari）和康懋达（Commodore）等公司主导，这些公司都推出了自己的办公或家用 8 位计算机。有一天，雅达利公司联系了 IBM 博卡拉顿实验室主任威廉 · 罗威，提议 IBM 是否可以更名，并为雅达利公司售卖计算机，这或许是一笔双赢的交易。罗威将这一提议转达给了 IBM 管理层，但是被管理层立即拒绝了，并要求罗威在 12 个月时间内建造 IBM 自己的微型计算机。

罗威将之称为“国际象棋项目”（Project Chess），并为此打破了 IBM 的每一条规则。罗威没有组建有数百名工程师的研发团队，而只有 12 名工程师；没有研发全新软硬件，而是用现成的组件和系统来搭建。此外，这款计算机没有借助 IBM 的经销商网络，也不是由 IBM 员工维修，只是通过零售店进行销售，零售店员工会接受计算机维修培训。与此同时，罗威决定要将机器维修率降到最低：每台机器的每一个部件都在极端情况下进行测试，为的就是向客户交付一台高稳定且零缺陷的计算机。

这款计算机最终被命名为 IBM 5150，配备了 16 位处理器与 16 KB 内存，可最大扩展到 256 KB。此外，它拥有一个全尺寸的专业键盘，可以再额外订购一个用于文本处理的单色显示器或用于显示图像的彩色显示器。它还有 5 个可供用户使用的扩展槽，这也开启了丰富的软硬件配件市场。1981 年 4 月，第一台全功能原型机制作完成，然后被带到美国西雅图，由微软公司继续为其开发应用软件。

1981 年 8 月 12 日，IBM 发布了首台个人计算机 IBM 5150，定价为 1565 美元。仅第一天就售出了 40 000 台，在当年年底售出了超过 75 万台。■

149

简单邮件传输协议

乔纳森·B. 波斯特尔（Jonathan B. Postel，1943—1998）
埃里克·奥尔曼（Eric Allman，1955— ）

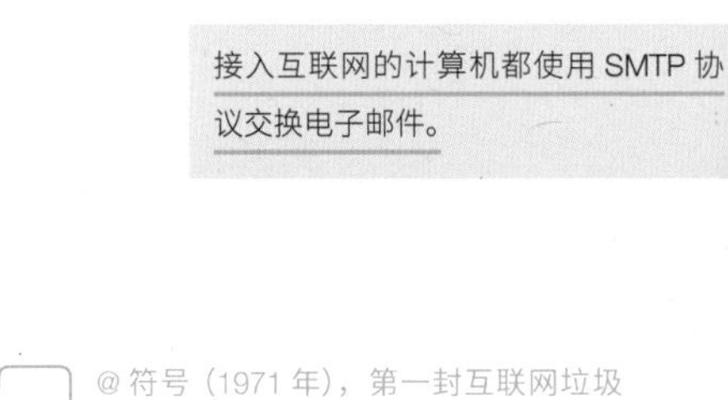

接入互联网的计算机都使用 SMTP 协议交换电子邮件。

@ 符号（1971 年），第一封互联网垃圾邮件（1978 年）

1981 年

电子邮件是互联网上的第一个“杀手级应用”。早期大学和企业竞相连入互联网，原因之一就是可以通过电子邮件与其他科学家、专业人士和资助机构进行沟通。在那些年，时常会有人为了能够继续使用电子邮件，而拒绝一些工作或学业的邀约。

由于电子邮件早于互联网，因此当互联网出现时，发送信息的网络兼容性问题就出现了。不同的计算机系统采用了不同的字符集，例如 ASCII 和 EBCDIC，甚至连字节长度都是不同的，有的是 8 位，有的是 12 位。一些系统允许在用户名中使用特殊字符，而在其他系统中甚至不能显示出这些字符。想要在不同系统中稳定可靠地交换电子邮件，是一项非常重要的任务，需要进行开发部署和协议替换。

因此，就有了“简单邮件传输协议”（Simple Mail Transfer Protocol，SMTP）。顾名思义，SMTP 就是更复杂邮件传输协议的简化版本。SMTP 的发明者是互联网的设计者之一乔纳森·波斯特尔。他将一台计算机向另一台计算机发送信息的行为进行了拆解，明确了具体步骤，即建立连接、指定信息来源、指定消息接受者、发送消息。这一协议非常简单，因此更易于开发和调试。

在 SMTP 发布后不久，美国加州大学伯克利分校的埃里克·奥尔曼在自己编写的电子邮件程序 sendmail 中添加了 SMTP 协议。加州大学伯克利分校在其 UNIX 操作系统中加入了对 sendmail 和 TCP/IP 网络协议的支持，这使得所有接入互联网的大学和企业都可以用 SMTP 发送和接收电子邮件。

直至今日，SMTP 协议仍在被使用。尽管已更新多次，但电子邮件还是按照 40 年前的基本协议进行发送和接收。当然，这也是有代价的。SMTP 没有对那些不想接收的电子邮件采取任何保护措施，这直接导致了如今垃圾邮件的泛滥。■

日本第五代计算机系统

图为一个并行推理引擎，可以同时在 512 个并行处理器上运行一个 Prolog 程序。

人工智能的诞生（1955 年），人工通用智能（—2050 年）

1981 年

日本国际贸易产业省（MITI）提出建造第五代计算机系统（Fifth Generation Computer Systems，FGCS）的计划，这是一项长达十年、耗资巨大的研究项目，涉及逻辑编程、并行计算、人工智能等领域。最初预计投入 4.5 亿美元，用以资助那些潜力巨大的技术研究。这些技术或许最初没有什么商业可行性，但是一旦成功便会具备颠覆能力。第五代计算机系统项目的主要目的是推动日本计算机厂商和科研人员走在计算机研究领域的最前沿。

FGCS 计划的关键是数据流与逻辑编程技术的发展，这在西方国家并不流行，但是许多学者都将其视为计算机领域的未来变革方向。人们普遍认为，这些技术更适用于并行处理。所谓并行处理，是一种通过同时执行多项操作来提高计算机运行速度的方法。第五代计算机系统项目要想取得成功，必须在人工智能技术研究上投入巨额资金。MITI 的领导人希望建造出的计算机可以像人类一样使用并理解自然语言，具有知识表征、定理证明以及逻辑推理的能力。MITI 为这个项目精心挑选了研究公司与技术方向。该系统软件是由 Prolog 语言编写而成的，Prolog 是一种较为晦涩的计算机语言，虽然数学特性很出色，但是运行速度很缓慢。

当时，许多美国公司都非常关注这个项目。毕竟，20 世纪 80 年代初期，日本政府开展了战略投资，一举帮助日本占据了 64 KB 内存芯片 70% 的全球市场。大家都在猜想，日本是否会在人工智能领域再次上演这一幕？

然而，整整十年过去了，MITI 终止了第五代计算机系统项目，同时在互联网上公布了所有项目研发软件。日本为提高 Prolog 运行速度而投入了数百万美元，然而美国为提高英特尔 x86 架构运行速度而投入了数十亿美元，二者之间的差距是显而易见的。另外，将 Prolog 作为人工智能研究的基础也受到了诸多质疑。在总结 Prolog 失败原因时，人工智能研究员卡尔·休伊特（Carl Hewitt）写道：“思维方式是不一致的。”■

AutoCAD 软件

迈克尔·里德尔（Michael Riddle，生卒不详）
约翰·沃克（John Walker，1950— ）

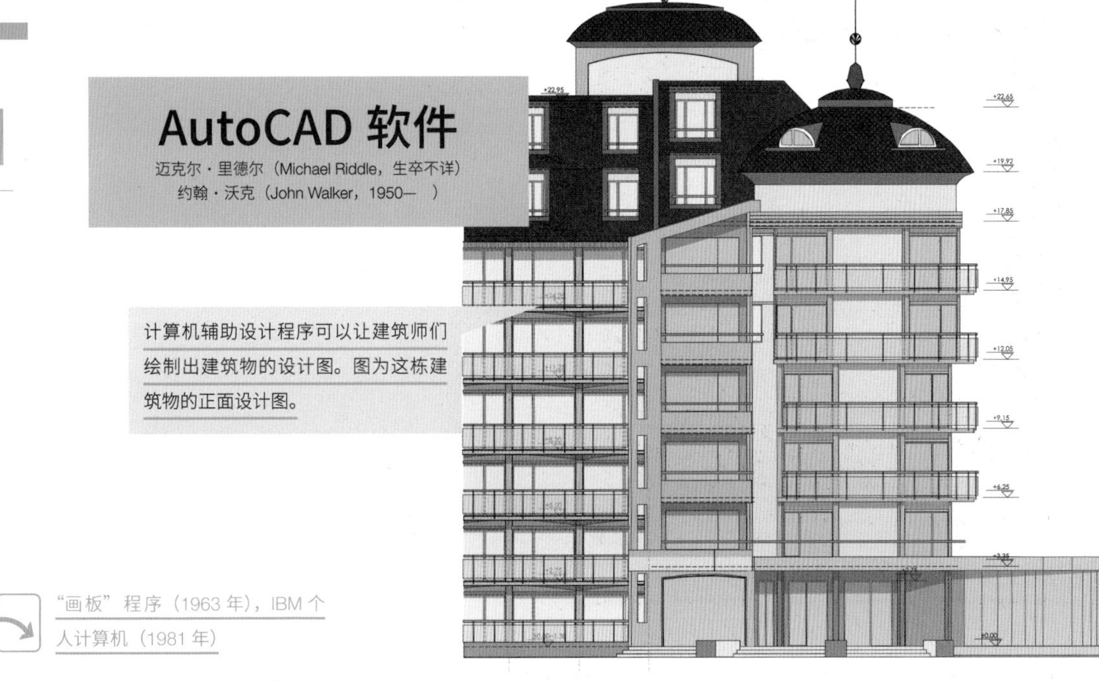

计算机辅助设计程序可以让建筑师们绘制出建筑物的设计图。图为这栋建筑物的正面设计图。

“画板”程序（1963 年），IBM 个人计算机（1981 年）

世界上一些最壮观、最奇特的建筑物，比如悉尼歌剧院，都得益于计算机辅助设计（computer-aided design，CAD）软件。AutoCAD 就是一款 CAD 软件，也是最早、最有影响力的建筑结构设计软件之一。这款软件极大地提高了生产力，不仅突破了建筑和工程设计的局限，而且使得那些原本难以设计的结构成为可能。

AutoCAD 发布于 1982 年，最具革命性的一点就是不管在何时何地都可以很方便地使用。与当时其他计算机辅助设计软件不同，AutoCAD 无须运行在那些带有独立图形控制器的大型计算机上，而是一款可以运行在个人计算机上的应用程序。建筑师们和其他依赖于计算机辅助设计的人们又多了一种新工具，不仅使用更加便捷，而且还提供了一些功能，随着项目发展或需求变化可以轻松修改和更新。对于那些用图纸和其他传统工具的人而言，AutoCAD 带来了巨大变革。后续推出的新版本还加入了许多特性和功能，例如，团队协作功能和技术反馈功能。

AutoCAD 建立在数十年计算机图形学研究的基础之上，这些研究大部分由美国政府资助。该软件的前身是迈克尔·里德尔于 1979 年设计的 Interact CAD 程序。AutoCAD 来自一家名为 Autodesk 的公司，公司创始人是程序员约翰·沃克与其他 13 人。这些创始人最初计划研发 5 款桌面自动化工具，AutoCAD 便是其中之一，也是第一个完成并投放市场的。AutoCAD 在美国拉斯维加斯的计算机经销商博览会（COMDEX）上发布，被称为第一款在个人计算机上运行的 CAD 程序。一经发布，便迅速成为世界上最受欢迎的 CAD 软件。■

第一个商用 UNIX 工作站

安迪·贝希托尔斯海姆（Andy Bechtolsheim，1955— ）
斯科特·麦克尼利（Scott McNealy，1954— ）
维诺德·科斯拉（Vinod Khosla，1955— ）
比尔·乔伊（Bill Joy，1954— ）

图为 Sun-1 工作站，拥有以太网络、自定义内存管理、高分辨率图形显示，以及摩托罗拉 68000 处理器。

UNIX 操作系统（1969 年），精简指令集计算机（1980 年），Linux 内核（1991 年）

1982 年

1980 年，安迪·贝希托尔斯海姆还是美国斯坦福大学的一名研究生。这一年，他为大学网络设计了一个计算机系统，有些类似于施乐公司的奥托系统。他当时的想法是搭建一个单用户、高性能、网络化的图形工作站，主要采用了当时现成的零部件。例如，摩托罗拉的高性能 32 位微处理器，以及 UNIX 操作系统。后来，贝希托尔斯海姆与美国斯坦福大学商学院的两名毕业生斯科特·麦克尼利和维诺德·科斯拉一起创立了太阳微系统公司（Sun Microsystems）。几个月后，来自美国加州大学伯克利分校的比尔·乔伊也加入了他们，他是 UNIX 系统的核心研发人员之一。

当时，大容量的硬盘还非常昂贵。太阳微系统公司首次提出了“无盘工作站”的概念。这是一种通过高速局域网下载操作系统、应用程序以及所有文件的计算机。但是，该公司并没有将这项技术转化为专利优势，而是更加重视其学术价值。太阳微系统公司发表了多篇高技术含量的研究论文，阐述了网络文件系统（NFS）的工作原理，并公布了系统源代码。此后，该公司产品销售额大幅增长。

没过多久，太阳微系统公司对微处理器芯片的需求量快速增长，摩托罗拉和英特尔都已供不应求。该公司决定自己研发基于 RISC 的处理器，采用可扩展处理器架构（SPARC）。在 20 世纪 90 年代，太阳微系统公司推出的工作站曾一度是运算速度最快的单用户计算机，它的数据库服务器甚至比 IBM 最快的大型计算机还要快。在现存的超级计算机中，有的仍在使用太阳微系统公司的 SPARC 技术。

随着时间的推移，由于英特尔拥有更大的客户群，也就拥有更多的研发资金，与此同时，SPARC 的性能优势也开始出现下滑。虽然太阳微系统公司后来将其 UNIX 操作系统移植到了英特尔处理器上，但仍无法与同样基于英特尔但更加便宜的 Linux 系统相抗衡。最终，该公司被数据库供应商甲骨文公司（Oracle Corporation）收购。■

PostScript 语言

查克·格施克（Chuck Geschke，1939—2021）
约翰·沃诺克（John Warnock，1940— ）

PostScript 语言可以轻松创建带有文本、图形和色彩的复杂图形。

激光打印机（1971 年），施乐奥托（1973 年），桌面出版（1985 年）

100 多年来，打印机都是一款相对简单的设备：只需连接一根电线，接收博多码或 ASCII 码字符，然后打印出来。一页文本需要接收和打印数千个字符。然而，激光打印机改变了这一切。

按照每英寸 300 个点的分辨率计算，一张标准打印纸张大约有 850 万个像素点。但是，如果每一页都要给打印机发送数百万个 0 或 1，不仅速度慢，而且效率低，因为页面中有许多空白。更加合理的方法是，先将字体发送给打印机，然后再发送字符。

PostScript 是一种规定了如何将字体和字符发送到打印机的编程语言，但是 PostScript 的作用远不仅于此，还可以用来描述印刷文件。打印机不再是从计算机接收字符序列或位图，而是接收并运行一个特殊用途的计算机程序，该程序的作用就是生成所需要的页面。正是由于它基于程序代码，所以 PostScript 可以用非常简洁的方式来实现复杂页面效果。

PostScript 是基于一种名为 Interpress 的编程语言。Interpress 语言由查克·格施克和约翰·沃诺克在施乐公司帕洛奥托研究中心研发。但是，Interpress 专为施乐公司早期打印机而设计，因此市场空间非常有限。1982 年，格施克和沃诺克二人离开了施乐公司，创立了 Adobe 公司。在这里，他们设计出了 PostScript 语言，并成功实现了商业化。PostScript 作为一种通用页面描述语言，可以应用在低成本家庭和办公打印机，也可以应用在高端照排机等设备。

第一台配备 PostScript 的打印机是 1985 年 3 月苹果公司推出的 LaserWriter。麦金塔（Macintosh）和 LaserWriter 可以帮助小型企业以及专业人士轻松快速地创建高质量排版文档，进而催生了桌面排版。PostScript 语言成了行业通用标准，帮助 Adobe 公司成长为世界上最重要的软件出版商之一。

11 年后，Adobe 公司创建了“可携带文档格式”（Portable Document Format，PDF），这是一种经过简化、更加现代的 PostScript 版本。■

MS-DOS 操作系统

蒂姆·帕特森（Tim Paterson，1956— ）
比尔·盖茨（Bill Gates，1955— ）

图为美国微软公司的联合创始人比尔·盖茨。

IBM 个人计算机（1981 年），
Microsoft Word（1983 年）

1981 年，IBM 发布个人计算机时，在 ROM 中装载了 BASIC 语言，还有一个可选购的软盘驱动器，其中配备了个人计算机磁盘操作系统（PC-DOS）。但是，不管是 BASIC 还是 PC-DOS，其实都不是出自 IBM，而是来自美国华盛顿州雷德蒙德市的一家名为“微软”（Microsoft）的小公司。最初，微软公司的主要产品是运行在各类微型计算机上的 BASIC 语言。

1980 年的春天，那时 IBM 环顾四周，发现微型计算机的操作系统主要是由数字研究公司（Digital Research Inc.，DRI）推出的 8 位操作系统——CP/M。然而，IBM 正在设计建造一款 16 位的微型计算机，需要一个 16 位版本的 CP/M。但是 IBM 未能与 DRI 达成协议，最终于 1980 年 7 月与微软公司签订了一份合同。微软公司要为 IBM 提供一个功能与 CP/M 类似的 16 位操作系统，可以让软件开发人员更加容易地将程序从 CP/M 移植到 IBM 新的微处理器上。

但是，微软公司也没有足够的时间来编写自己的操作系统。因此，微软公司从西雅图计算机产品公司（Seattle Computer Products，SCP）购买了一个操作系统的版权。SCP 也是微软 BASIC 语言的重要客户之一。SCP 最初也尝试过研发 16 位版本的 CP/M，但是没有成功，因为当时 CP/M 还不够成熟。后来，SCP 的一位程序员蒂姆·帕特森自己编写了一个操作系统，称为 QDOS（Quick and Dirty Operating System）。SCP 将 QDOS 更名为 86-DOS。微软以 2.5 万美元的价格购得了 86-DOS 的版权，随后又以 7.5 万美元的价格买断了其所有版权。

在微软与 IBM 的合同中，允许微软同时向其他公司授权 DOS 操作系统。事实上，微软的确也是这么做的。短短不到一年，微软就以 MS-DOS 的名义向 70 家公司授权了 DOS 操作系统。一时之间，市场上出现了几十款计算机都可以运行与 IBM 计算机完全相同的软件，但价格只是 IBM 计算机的零头。很快，制造和销售 PC 兼容机的公司在全球范围内如雨后春笋般地涌现出来。

由于 IBM 并没有拥有 MS-DOS 的版权，因此只过了几年时间，使用 MS-DOS 的个人计算机大批涌入市场，冲击了 IBM 在个人计算机市场上的主导地位。2004 年 12 月，IBM 宣布退出个人计算机市场，消息传出后其股价上涨了 1.6%。■

第一个电影 CGI 片段

阿尔维·雷·史密斯（Alvy Ray Smith，1943— ）

《星际旅行 2：可汗怒吼》中关于“创世计划”的片段是在电影史上使用 CGI 的一个里程碑。

PDP-1 计算机（1959 年），《星际迷航》首映（1966 年），皮克斯动画工作室（1986 年）

1982 年

纵观电影史上所有那些不可思议的计算机生成图像（Computer-generated Imagery，CGI）里程碑，其中最惊艳壮观、最具技术意义的当属《星际迷航 2：可汗怒吼》（*Star Trek Ⅱ: The Wrath of Khan*）中关于“创世计划”的片段。这一片段可以称得上是电影魔术，将一种难以言状的事物展现给了观众，这在一定程度上得益于 CGI 的惊人视觉效果。

在电影的这一片段中，首先对柯克船长进行了视网膜识别扫描，验证通过后播放了一段讲述“创世计划”的视频。创世计划装置会像导弹一样，穿过黑暗的太空，射向一颗无生命的星球。装置撞击地面时发生爆炸，形成巨大的冲击波，火焰在整个星球上蔓延开来。视线穿过星球，原本毫无生命的地方，转眼之间生机勃勃。树木、河流、森林、动物，这一切都是凭空出现的。镜头再次拉远时，这颗星球看起来与地球类似，被蓝色和白色的纹路所覆盖。

在当时，对于一部电影而言，这段 CGI 是具有开创性的，相较而言在技术上也更加复杂。但是，影迷和极客之所以念念不忘，并将之载入史册，是因为这段 CGI 与剧情、对话和音乐都做到了恰到好处的搭配。既具有极强的观赏性，又推进了电影关键情节。卢卡斯影业计算机部与乔治·卢卡斯的工业光魔公司（Industrial Light & Magic）合作完成了这段 CGI 的制作，由 DEC VAX 计算机进行渲染，有些画面甚至需要 5 个多小时才能完成。

这一片段由阿尔维·雷·史密斯设计并导演。后来，他和艾德·卡姆尔（Ed Catmull）在此基础上共同成立了皮克斯动画工作室（Pixar Animation Studios）。■

156

《国家地理》图片造假

图为《国家地理》1982年2月封面的原始照片。

博客（1999年）

1982年

当我们用1和0来展现现实世界时，数据会非常容易被篡改，就会发生很多奇奇怪怪的事情。1982年2月，美国《国家地理》（*National Geographic*）杂志刊登出一张封面照片——前面是一支骆驼探险队，后面是埃及吉萨金字塔。更难得的是，不只有一座金字塔，而是两座金字塔重叠在一起，景色壮丽、令人难忘，甚至带有一种像是电影《夺宝奇兵》（*Indiana Jones*）的视觉风格。

然而，这张照片却是假的。按照《国家地理》的说法，最初的照片是横版，他们的一位照片编辑将其裁剪成了竖版。但是，经过修改后的图片中的两座金字塔的位置被拉近了，视觉上也更具冲击力。《国家地理》最初还辩称，这是一种"摄影师的回溯性重新定位"。后来，《国家地理》官方网站不得不明确表示，"要把确保照片真实作为我们使命的一部分"。

从胶卷照片到数码照片，人们对照片的编辑能力在范围与程度上都变得非常强大。与其他所有行业一样，一旦出现数字化的工作方式，就必须制定相应的工作规范。随着图片生产的每个环节具有更大的灵活性，新的责任与标准也在不断演变。美国国家新闻摄影师协会也参与其中，列举了很多实际发生的例子，例如在体育、新闻、时尚等领域。

《国家地理》最初采用了Scitex数码摄影系统进行图片编辑，费用成本20万～100万美元。然而，短短不到10年，就出现了像Photoshop这样的图片编辑工具，可以在台式计算机上使用。再过10年，任何人都可以接入互联网在全球范围内实时发布经过修改的图片。■

安全多方计算

姚期智（Andrew Chi-Chih Yao，1946— ）

姚期智教授在清华大学给学生们上课。

密钥共享（1979 年），零知识证明（1985 年）

1982 年，计算机科学家姚期智提出了一个奇怪的数学问题：假设有两位百万富翁，他们第一次见面。他们能在不向对方或者他人透露各自净资产的情况下，判断出谁更有钱吗？令人惊讶的是，答案是肯定的。

用数学语言来表示，姚期智想到了一种方法来评估不等式 $a<b$ 是否成立，其中 a 和 b 是双方的数据，但无须向对方透露。这一思想实验被称为“百万富翁问题”，标志着我们现在称为“安全多方计算”（Secure Multi-Party Computation，SMC）的开端。

经过了 4 年的研究，姚期智取得了更令人瞩目的成果：对于任意两个数学函数，都可以在相同隐私保护下进行安全评估。如果超过两个数学函数，可以用两个数学函数的组合来表示。任何一个计算机程序，也可以用数学函数的组合来表示。因此，姚期智的这一成果可以推广到所有可能的项目之中。姚期智在 2000 年获得了图灵奖。

正是由于姚期智的研究，才使得后来的各类电子商务和数字化活动成为可能，不必再依赖于中介机构。这一点意义十分重大。例如，如今在拍卖网站 eBay 上，网站知道所有参与拍卖用户的出价，用户必须相信网站不会不恰当地披露这些出价。如果是在基于安全多方计算的拍卖中，就不必有这样的担心了。

在接下来的几年中，姚期智和其他人一直致力于让 SMC 以及其他具有安全属性的协议得以高效实现，例如检测任意一方是否在作弊。经过不断发展，SMC 已经走出实验室，真正投入实际应用中，例如网络支付、电子投票、机器学习等。如今，SMC 已成为网络信息安全的基石，可有效解决数据孤岛与隐私保护等问题，让繁荣发展的全球数字经济成为可能。■

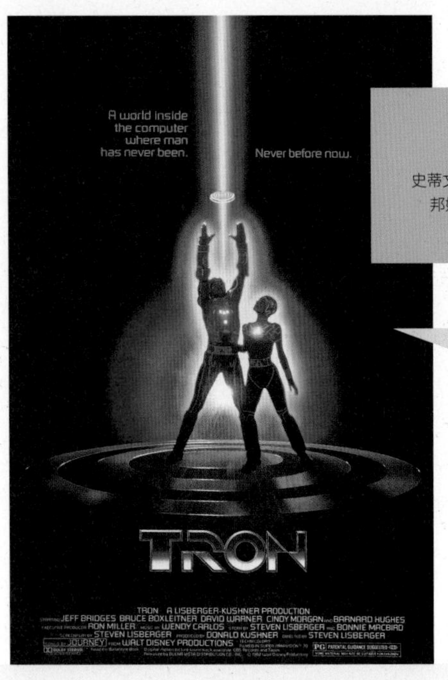

《创》

史蒂文·利斯伯吉尔（Steven Lisberger，1951— ）
邦妮·麦克伯德（Bonnie MacBird，1951— ）
艾伦·凯（Alan Kay，1940— ）

图为电影《创》的海报。《创》由邦妮·麦克伯德编剧、史蒂文·利斯伯吉尔执导。

《罗森的通用机器人》（1920 年），《星际迷航》首映（1966 年），施乐奥托（1973 年）

在电影《创》（*TRON*）中，游戏设计师凯文·弗林（Kevin Flynn）被计算机从现实世界传送至虚拟世界中，就如同是现代版的《爱丽丝梦游仙境》（*Alice in Wonderland*）。在虚拟世界中，他被迫成为一名为生存而战的游戏玩家，而这款游戏正是他自己设计的。

1982 年夏天，美国华特迪士尼公司（Walt Disney Productions）推出了电影《创》，那时街机游戏热潮正如火如荼。这部电影引发了科技迷的共鸣，似乎电影中的那些“高科技”已经变得触手可及。虽然这部电影的视觉呈现与观影感受都十分出色，但是在有些人看来这部电影的故事情节过于超前。因此，对《创》的评价是褒贬不一的。该电影讲述了一个普通人与拟人化的计算机软件进行斗争的故事，其中随处可见闪耀光芒的太空战斗服。虽然受到了技术爱好者的追捧，但也被批评为“仅有惊人的视觉而无可信的情节”。

《创》开创了计算机动画的先河，是第一部包含计算机合成场景的电影。其中，计算机动画时长约 20 分钟，还做到了将真人镜头无缝映射到计算机生成场景中。在当时，有几位动画设计师拒绝参与《创》的工作，他们担心数字动画很快会使传统手绘动画无法生存。由于这项技术被认为太过激进，以至于美国电影艺术与科学学院（Academy of Motion Picture Arts and Sciences）取消了这部电影获得特效奖提名的资格，理由是计算机辅助视觉效果是一种欺骗。

来自施乐公司帕洛奥托研究中心的计算机先驱艾伦·凯是这部电影的顾问。他在个人计算机原型“奥托”上编辑了这部电影的脚本。这部电影由邦妮·麦克伯德编剧，由史蒂文·利斯伯吉尔执导，票房表现平平。然而，根据电影改编的街机游戏却非常受欢迎，收入甚至超过了电影本身。这部电影在游戏迷中培养了一批狂热粉丝，此外还推出了衍生系列电影，其中就包括 2010 年上映的《创：战纪》（*TRON: Legacy*）。■

159

“个人计算机”被评为“年度机器”

奥托·弗里德里希（Otto Friedrich，1929—1995）

20 世纪 80 年代早期家用计算机得到普及，使得《时代周刊》在 1983 年 1 月 3 日宣布将个人计算机选为“年度机器”。

Apple Ⅱ计算机（1977 年），IBM 个人计算机（1981 年），任天堂娱乐系统（1983 年）

1982 年

美国《时代》（*TIME*）周刊的“年度人物”系列在 1982 年转向了数字领域，将个人计算机评为“年度机器”，副标题为“计算机来了”。这是《时代》周刊第一次将非人类提名为年度最具影响力人物。正如杂志编辑所述：“在某些情况下，纵览全年新闻，最重要的力量或许不是一个人，而是一个过程。整个社会都已普遍认识到，这个过程正在改变所有其他的过程。”

为了帮助人们更好地理解这一决定，《时代》周刊记者奥托·弗里德里希撰写了一篇长达 11 页的封面故事，向个人计算机的发展致以敬意。在文章中，弗里德里希讲述了普通大众对拥有个人计算机的好奇与兴奋，列举了一些生动的例子，包括医生、律师、家庭主妇，甚至还有一位美国国家橄榄球联盟前球员，这些人都认为个人计算机提高了工作质量，并且创造了新的商业机会。

这篇文章详细描述了个人计算机所能做的事情，令人印象十分深刻。但更为重要的是，这篇文章还告诉人们，通过个人计算来扩展认知与能力，一个人可以变成什么样。因此，或许可以说在这一年，公众认识到他们自己原本的局限可能已不再是局限。

伴随着突破和转变，焦虑与兴奋也贯穿了整篇文章，文中讨论了面对面社交的功能与价值，如果人们不再花时间思考日常工作将对大脑产生何种影响，计算机将如何改变对于犯罪的看法，年轻人与中年人在使用计算机上的不同思考，计算机对就业产生的长期影响。

对于许多人来说，个人计算机被选为“年度机器”已经表明，美国当时正在发生一种令人不安的转变。同时，这也明确了一种“竞争优势”的转变，无论是对职业发展还是对个人生活，这种转变都将不断加速。■

量子比特

斯蒂芬·威斯纳（Stephen Wiesner，1942—2021）
本杰明·舒马赫（Benjamin Schumacher，生卒不详）

图为一款量子计算机。机械谐振器位于芯片的左下方，耦合电容器（较小的白色方块）位于机械谐振器和量子比特之间。

比特（1948 年），量子计算机（2001 年）

我们可以说，现代计算机是由存储比特、传输比特、计算比特的设备所组成。一个比特，可能是 0 或 1。因此，一个 8 位寄存器可以有 256（2^8）个可能值，但是每次只能有一个值。如果是在量子领域上，情况就会不一样了。电子、光子或离子等量子状态，可以用概率波动方程来更好地描述。例如，电子有一个自旋值，类似于陀螺可以顺时针或逆时针旋转，电子的自旋可以“向上”或者“向下”。

量子计算机可以利用电子自旋来表示 1 比特的信息。但是，由于电子自旋实际上是由概率波表示的，这个假设的 1 比特可以同时表示 0 和 1，至少在它的值被测量之前是这样的。这种现象称为量子叠加，这时非 0 即 1 的“比特”概念已经不能再描述这种现象了，而应当被称为量子比特（qubit）。一台由 8 个量子比特组成的量子计算机在求解过程中可以同时表示 256 个可能的数字。

除亚原子粒子外，量子计算机还依赖量子纠缠（quantum entanglement），这是量子领域的一种现象。阿尔伯特·爱因斯坦曾讥讽量子纠缠是“幽灵般的超距作用”。量子纠缠可以将一组量子比特连接起来，用来解决数学计算问题。但是，要实现量子纠缠，就必须与外界环境进行隔离，例如量子比特要保持低温并防止电子干扰。实际上，量子比特越多，量子计算机的构建难度就越大。

斯蒂芬·威斯纳在 20 世纪 70 年代提出了“量子信息”的概念：他的思想实验涉及一张假想的银行票据，其中包含一个不可伪造的量子序列号，这个序列号是用纠缠量子位元写的。“量子比特”（qubit）一词是本杰明·舒马赫 1995 年在其文章《量子编码》（*Quantum Coding*）中创造的。在此之前，量子比特被称为“两能级量子系统”（two-level quantum systems）。1995 年，第一台量子计算机问世。■

161

《战争游戏》

劳伦斯·拉斯克（Lawrence Lasker，1949— ）
沃尔特·F. 帕克斯（Walter F. Parkes，1951— ）
约翰·巴德姆（John Badham，1939— ）

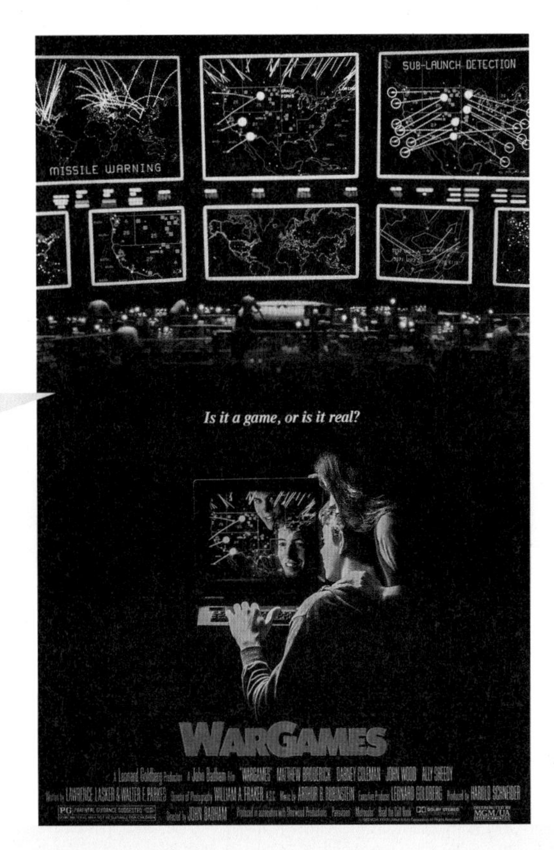

图为电影《战争游戏》海报，由劳伦斯·拉斯克和沃尔特·帕克斯编剧，约翰·巴德姆执导。

SAGE 网络（1958 年）

1983 年

《战争游戏》（*War Games*）是一部讲述一位电脑极客成为英雄的电影，由马修·布罗德里克（Matthew Broderick）和艾丽·希迪（Ally Sheedy）主演。在电影中，高中黑客天才大卫·莱特曼闯入一台军用超级计算机，并用这台计算机玩起了“全球热核战争”游戏，差点引发美国和苏联之间的第三次世界大战。

在一次在线视频游戏中，大卫不经意间闯入了“北美防空系统”（North American Air Defense，NORAD），该系统掌控着整个美国的核武器库。而大卫并不知情，他以为只是溜进了一家玩具公司的网络，并在这个网络上玩起了游戏。但当苏联的导弹已瞄准美国拉斯维加斯和西雅图后，他才明白这个游戏是真实的。然而，超级计算机已经采取了措施，升级了危险等级，试图赢得这场“游戏”。

这部电影给当时的美国总统里根留下了深刻的印象，他询问当时的美国参谋长联席会议主席小约翰·W. 维西（John W. Vessey Jr.）将军，美国政府的重要敏感计算机是否真的有可能会被入侵。经过调查评估后，将军告诉里根：“总统先生，问题比你想象的还要严重得多。”不久之后，美国对外发表了计算机风险报告，为后来的美国防御性计算机安全计划奠定了基础。

《战争游戏》由劳伦斯·拉斯克和沃尔特·帕克斯编剧，约翰·巴德姆执导。这部电影对未来几代程序员产生了深远影响，这些人后来大多都在美国硅谷工作。2008 年，谷歌公司在硅谷举办了《战争游戏》25 周年放映活动。此外，这部电影也影响了计算机黑客，例如，著名的拉斯维加斯黑客大会 DEFCON 的名字就是在向这部电影致敬。■

3D 打印

查尔斯·（查克）·赫尔 [Charles (Chuck) Hull，1939—]

3D 打印也被称为增材制造，可以制造各种形状和颜色的物体。

AutoCAD 软件（1982 年）

1983 年

1983 年，查尔斯·赫尔发明了 3D 打印技术，也被称为增材制造（additive manufacturing）。当时，他在一家为桌子制造硬质涂层的公司工作，研究通过紫外线固化和硬化聚合物。他意识到，如果将紫外线激光对一桶聚合物进行照射，并使用计算机精准控制光线位置，就可以逐层创造出复杂的形状。1984 年 8 月 8 日，他提交了美国专利申请。

所谓增材制造，就是用添加材料的方式来制造一个物品，而不是通过切割、铣削、钻孔等方式对大块材料进行削减。3D 打印可以使用许多材料，包括树脂、塑料、金属，甚至是食物。所有 3D 打印技术都有两个共同点：一是数字文件，就是计算机系统参照的“蓝图”，明确应当在哪里添加材料；二是建造机制，就是如何一层一层地叠加材料，将“蓝图”变成实物。

3D 打印出的物品可大可小，小至可放置在蚂蚁的额头上的纳米雕塑；大至利用碳纤维的大型 3D 打印机制造的波音 777 机翼的加工工具，或者风力涡轮机叶片。2014 年，美国国家航空航天局在国际空间站打印了一个棘轮扳手，展示了零重力 3D 打印技术。这意味着，在某些极端环境中，例如太空，人们可以通过打印的方式得到他们所需要的东西。

未来，3D 打印或将改变整个制造流程。在此之前，制造商先对原材料进行加工，生产出商品后运输到商店，然后到达最终的使用者手中。有了 3D 打印后，一些商品可以在当地直接生产，甚至可以在家中制造。例如，厨师们也会使用 3D 打印，如今有些超市会使用 3D 打印机来制作蛋糕的装饰物。未来，我们可以 3D 打印出人造器官，或许可以用患者自己的细胞来制造器官，从而避免移植排异反应。■

163

本地电话网络的计算机化

正是本地电话网络的数字化，才使得来电显示等功能成为可能。

史端乔步进式交换机（1891 年），数字长途电话（1962 年）

来电显示功能最早出现在 20 世纪 80 年代，与此同时出现的还有一些其他服务，例如来电回复、来电显示阻止，以及来电等待。之所以能够出现这些服务，得益于实现了本地电话网络的数字化，特别是美国西方电气公司（Western Electric）设计并建造出了交换机，名为“5 号电子交换系统”（Number 5 Electronic Switching System，5ESS）。

对于电信行业而言，5ESS 的出现是革命性的。它从根本上颠覆了当时的传统商业模式，将电话网络变成了一个庞大的数字生态系统。在这个数字生态系统中，声音、数据、视频、图像以及其他任何二进制数据，都可以同时传输。5ESS 采用的技术可以根据需求扩大或缩小线路数量，而且不需要电话公司工程师安装或拆除电缆。

研发 5ESS 整整花费了 20 年时间，动用了 5000 余人，撰写了 1 亿行系统源代码。在项目进行过程中，AT&T 公司被拆分为几个独立的公司，这也意味着仅仅完成新交换机的设计与制造是不够的——5ESS 必须被打包并销售给一个全新的客户，这就是地区贝尔运营公司（Regional Bell Operating Companies，RBOCs）。5ESS 的工作包括培训销售人员、技术人员和管理人员，让他们了解这种新技术是如何工作的，以及如何描述这项技术，而且根据他们的工作内容掌握相应的细节。

对于消费者来说，5ESS 的出现意味着将面对一个更加复杂的电话系统，功能更加丰富，但也会在一定程度上影响人们的隐私。例如，来电显示功能，会显示来电者的电话号码，可以让人们在拿起电话之前就知道是谁打来的，电话再也不是以前的电话了。5ESS 上市时的经济大环境并不好，AT&T 被拆分后 5ESS 被转移到 AT&T 网络系统部门。该部门随后被剥离给朗讯技术公司（Lucent Technologies），最终被诺基亚收购。■

第一款笔记本电脑

TRS-80 Model 100 计算机采用了扁平形状的设计，销量超过 600 万台。

BASIC 语言（1964 年），MS-DOS 操作系统（1982 年）

1983 年，美国无线电器材公司 Radio Shack 发布了世界上第一款笔记本电脑 TRS-80 Model 100。对于三四十年前的产品而言，这款笔记本电脑的配置还算不错。它的重量只有 1.36 千克，电量可续航 20 小时，预装了文字处理软件与电子表格软件。在存储方面，它没有使用机械磁盘，而是全部采用了固态存储，并支持扩展。在接口方面，它配备了一个串行接口和一个电话调制解调器，可实现本地及网络数据交互。此外，还有一个盒式磁带接口，可以在磁带上存储数据。

TRS-80 Model 100 专为便携使用而设计，很快就成了那些经常需要外出、旅行、采访等人士的重要工具。售价 1099 美元起，共售出 600 多万台。

其中，内置的文字处理程序可以实现输入和编辑的功能，也可以通过网络进行传输。还有一个微软的 BASIC 解释器，一个用于远程连接的通信软件包，一个地址簿以及一个待办事项列表管理器。这款计算机的启动速度非常快，因为它的应用程序被内置于只读存储器之中。它的固态存储只是一些静态随机存取存储器（SRAM）芯片，配有防止数据丢失的电池。Model 100 拥有 8 KB 的 RAM，最大可扩展到 24 KB。显示器是一个 8 行 40 字符的液晶显示器，只能显示黑白文本，图形显示能力有限。

Model 100 采用了 Intel 80C85，这是一个 8 位处理器。计算机的操作系统与应用程序都存在 32 KB 的只读存储器中，其中大部分代码都是比尔·盖茨亲自编写的。

与此同时，外部设备、配套软件、教学书籍也推动了 Model 100 的销售。直到 1986 年，Model 100 才被更轻薄的 Model 102 所取代。■

乐器数字接口

戴夫·史密斯（Dave Smith，生卒不详）
伊库塔罗·卡克哈什（Ikutaro Kakehashi，1930—2017）

通过 MIDI 接口，计算机可以跟随演奏者的旋律，生成一段合成伴奏。

Rio MP3 播放器（1998 年）

1983 年

在乐器数字接口（Musical Instrument Digital Interface，MIDI）出现前，要想制作一段由不同乐器和声音组成的音乐，存在着许多技术和操作上的挑战。音乐家可以组织一支管弦乐队来直接录音，又或者可以先录制多条音轨，再合成在一起。但是不管怎样，这都是一个烦琐且低效的过程。因此，MIDI 就出现了。

20 世纪 70 年代，微型计算机已经发展成为一个较为成熟的行业，逐步开始颠覆一些传统市场，例如音乐行业。计算机合成声音在音乐创作中逐渐流行，但是由于生产软硬件的制造商不断增加，各家技术标准并不统一，使得完成一段音乐创作的复杂性也在大大增加。戴夫·史密斯和伊库塔罗·卡克哈什二人既是音乐家，又是工程师。他们与其他许多业内人士都认识到了这一问题，想要研发和推广一个统一的数字通信协议。

借助这一协议，他们想要让大部分合成器及其他电子仪器相互连通起来。通过一个接口或者“主控制器”，实现对原始音源的混合、操作及编辑。从本质上来说，这一协议有一组可以让不同的乐器弹奏不同音符的命令集。如果要生成一段 MIDI 数据，作曲者只需要在琴键上弹奏一个片段，数据就会通过 MIDI 进行发送。然后，这些数据会保存在一个 MIDI 文件中。如果想要回放音乐，可以再次通过 MIDI 进行重建。正是由于 MIDI 的出现，音乐行业的计算机化才更加容易实现，同时也对音乐创作带来了彻底的革新。如今，不需要成为一名音乐大师，谁都可以创作和录制音乐，计算机可以帮助你完成音乐的演奏。■

Microsoft Word

查尔斯・西蒙尼（Charles Simonyi，1948— ）
理查德・布罗迪（Richard Brodie，1959— ）

作为微软办公套件的一部分，Microsoft Word 已经成为世界上最具标志性和最受欢迎的文字处理程序之一。

《我们可以这样设想》（1945 年），“所有演示之母”（1968 年），施乐奥托（1973 年），IBM 个人计算机（1981 年），MS-DOS 操作系统（1982 年），桌面出版（1985 年）

1983 年

现如今，要想找到一个从未接触过 Microsoft Word 的计算机用户，几乎是不可能的。Microsoft Word 不是第一个文字处理程序，也不是当前唯一的文字处理程序，但它在长达几十年的时间中是世界上占绝对主导地位的文字处理程序。

Word 程序是由施乐公司帕洛奥托研究中心的两位前员工研发的，他们是查尔斯・西蒙尼和理查德・布罗迪。他们二人创造了世界上第一款“所见即所得”（What You See Is What You Get，WYSIWYG）文字处理器。“所见即所得”意味着程序要运行图形显示器，将文字的字体、粗体、斜体等格式都显示出来。

Word 1.0 版本（原名为 Multi-Tool Word）于 1983 年 10 月发布，适用于 MS-DOS 和 Xenix 操作系统。在 Word 出现之前，还有数据通用公司为小型计算机开发的 WordPerfect，以及为 8 位微型计算机开发的 WordStar。这两个竞争对手都出现在 20 世纪 70 年代末，并在 1982 年移植到了 MS-DOS 操作系统。最初这三个程序都是以文本模式运行的，直到 1989 年微软发布了 Word 的 Windows 版本 , Word 才开始在个人计算机上以图形模式运行。

微软公司为竭尽所能地推广 Word 作出了种种努力，其中就包括在《计算机世界》（*PC World*）杂志 1983 年 11 月刊上附赠软件，这也是该杂志第一次附带光盘。

1985 年，微软推出了第一个“所见即所得”的 Word 版本，运行在苹果公司的麦金塔计算机上。这个版本非常受欢迎，甚至超过了 MS-DOS 上的 Word，直接推动了麦金塔计算机的销售。

Word 程序的推广也得益于微软公司操作系统的普及，首先是 MS-DOS，然后是 Windows。随着时间的推移，使用 Word 的人越多，其他人就越难以使用其他文字处理软件，这就是现在经济学家们所说的网络效应的一个重要例子。■

任天堂娱乐系统

山内房治郎（Fusajiro Yamauchi，1859—1940）
山内溥（Hiroshi Yamauchi，1927—2013）

一位艺术家在英国布里斯托尔市中心的墙上绘制的超级马里奥兄弟。

增强现实技术（2016 年）

1889 年，山内房治郎创立了任天堂（Nintendo Koppai），最初只是一家纸牌游戏制造商。后来，这家公司逐步发展成为一家大型电子游戏软硬件开发公司，以《宝可梦》(*Pokémon*)、《超级马里奥》(*Super Mario Bros*)、《俄罗斯方块》(*Tetris*)、《大金刚》(*Donkey Kong*）等标志性游戏而闻名。

任天堂不仅对游戏行业产生了深远影响，而且对人与游戏的互动技术产生了深远影响。事实上，正是任天堂创造了移动电子游戏，将娱乐与移动进行了融合。此外，任天堂还最早提出了跨设备的多人游戏互动概念。当任天堂推出这一概念时，其他公司对此大都不屑一顾。

1983 年，任天堂首次在日本发售“家庭电脑”(Famicom，俗称“红白机”)；1985 年，进入美国市场；1986 年，进入欧洲市场。在韩国，它也被称为“现代牛仔”(Hyundai Cowboy)。正是这款游戏机，重振了自 1983 年以来一直处在下滑状况的美国电子游戏行业。任天堂的成功归功于当时的公司总裁山内溥。他明确了任天堂的产品路线，推出低成本的卡带游戏机，而非那种带有键盘和软盘驱动器的价格高昂的家用电脑。

1989 年，任天堂发布了第一代便携式游戏机 Game Boy，不再局限于电视，进入了移动游戏时代。在当时，Game Boy 极具革命性，虽然屏幕是黑白色的，但它为如今的智能手机游戏奠定了基础。任天堂还生产了第一款游戏机的调制解调器。这是 1995 年在日本超级家庭电脑上推出的一项功能，被称为“卫星视图”(satellite view)，每天下午 4 点至 7 点播放游戏，包括一些只在特定时间段播放的独家游戏。

事实证明，任天堂的游戏对现实世界也很有用。2009 年，日本警方使用任天堂推出的虚拟角色服务 Mii，绘制肇事逃逸嫌疑人的通缉令图片。■

域名系统

保罗·莫克佩里斯（Paul Mockapetris，1948— ）
乔恩·波斯特尔（Jon Postel，1943—1998）
克雷格·帕特里奇（Craig Partridge，1961— ）
乔伊斯·雷诺兹（Joyce Reynolds，1952—2015）

域名系统是一个单一的分布式数据库，可以保存构成现代互联网的数十亿台主机的地址。

阿帕网 / 互联网（1969 年）

1983 年

当我们打开浏览器，搜索谷歌公司主页（www.google.com）时，域名系统（Domain Name System，DNS）会给服务器发送报文，查询处理 com 域名称服务器地址。然后，名称服务器会发送一个包含 com 域服务器的地址。接下来，会询问 google.com 的地址，以及 www. google.com 的地址，重复上述过程。

尽管这种查询过程看起来很笨拙，但它有一个独特优势：提供了一个单一的分布式冗余数据库，可以保存构成现代互联网的数十亿台主机的地址。

在 DNS 出现之前，主机名和计算机互联网地址之间的映射关系被保存在一个名为 HOSTS.TXT 的文件中。这个文件的主版本保存在美国斯坦福研究所网络信息中心（Stanford Research Institute Network Information Center，SRI-NIC）的一台计算机上。其他实验室的系统管理员会将更新内容发送给 SRI-NIC 管理员进行手动更新文件。然后，互联网上的计算机将下载该文件的副本供本地使用。整个过程非常烦琐，且极易出错。SRI-NIC 的 HOSTS.TXT 文件总是无法做到及时更新。更加糟糕的是，随着互联网以指数形式快速增长，HOSTS.TXT 文件更新越来越频繁，文件容量也越来越庞大，导致下载速度越来越慢。

1983 年春天，美国南加州大学信息科学研究所（Information Sciences Institute，ISI）的研究员保罗·莫克佩里斯提出了 DNS 的想法。这一系统于 1983 年 6 月 23 日首次成功测试。莫克佩里斯与 ISI 的同事乔恩·波斯特尔、BBN 公司研究员克雷格·帕特里奇一起对这个系统进行了完善。直到今天，我们仍在使用这些基本协议。

1984 年 10 月，波斯特尔和另一位 ISI 研究员乔伊斯·雷诺兹创建了第一组通用顶级域名：.arpa 表示基础建设；.edu 表示教育；.com 表示商业机构；.gov 表示政府机构；.mil 表示军事机构；.org 表示非营利性组织。■

TCP/IP 国旗日

乔恩·波斯特尔（Jon Postel，1943—1998）

1983 年 1 月 1 日，TCP/IP 正式取代了 NCP，这一天被称为“国旗日”（flag day）。

接口信息处理机（1968 年），阿帕网 / 互联网（1969 年），美国国家科学基金会网络（1985 年），第一个商用 ISP（1989 年），世界 IPv6 日（2011 年）

最初的阿帕网通过接口消息处理器（IMPs）来发送数据包以及复杂协议组合。这些协议包括阿帕网主机接口协议（ARPANET Host-to-Host Protocol，AHHP）、网络控制协议（Network Control Protocol，NCP）和初始连接协议（Initial Connection Protocol，ICP）。主机之间的所有通信都必须通过 IMPs，然而 IMPs 非常昂贵。

第一台阿帕网 IMP 于 1969 年 9 月开始安装，于 1971 年正常运行。仅仅两年后，也就是 1973 年，又开始全面重新设计网络。新设计的核心是互联网协议（Internet Protocol，IP），这是一种在主机之间发送数据包的无连接协议。IP 具有速度快、可预测、可扩展的优点，但却无法确保数据包会被交付。相反，IP 提供了一种端到端的原则，称为“尽力而为”——智能端点只对它们自己的通信负责。这种网络也被称为愚蠢网络，它只有一个任务，那就是将数据包从一台主机转移到另一台主机。

在 IP 层之上，还有一个传输控制协议（Transmission Control Protocol，TCP）。TCP 允许网络中两台计算机通过可靠的 8 位字节数据流进行通信。TCP 会给数据包加上序号，如果接收端收到数据包，会进行确认；如果没有收到，会认定数据包已丢失，就会重新发送相应的数据包。正是有了 TCP，才使得程序员们可以轻松地开发诸如远程终端、文件传输和电子邮件等服务。

多年来，阿帕网既支持 NCP，也支持 TCP/IP。1981 年，乔恩·波斯特尔提醒阿帕网用户，可能随时在整个阿帕网上禁用 NCP。1982 年，他就真的这么做了，但只是短暂的一段时间，结果发现并没有什么事情发生。几个月后，他又这样做了，这次是两天时间。最后，波斯特尔在 1983 年 1 月 1 日永久性地禁用了 NCP，这一天也被称为 TCP/IP 的“国旗日”。“国旗日”这一术语是指协议切换的时间。

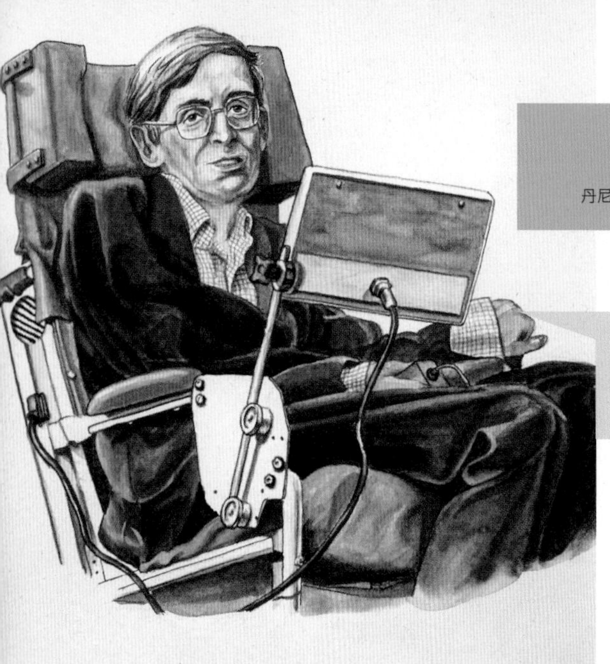

TTS 系统

丹尼斯 · H. 克拉特（Dennis H. Klatt，1938—1988）

著名物理学家斯蒂芬 · 霍金由于患有一种退化性神经疾病而无法说话，故使用 TTS 转换装置来帮助发声。

电子语音合成（1928 年）

1984 年

从文本到语音（Text-to-speech，TTS）指的是计算机先识别文本信息，再将文本朗读出来。1968 年，第一个英语的 TTS 系统起源于日本。但是，真正将这项技术商品化的是 DECtalk，这是一款可以将文本转换为语音的设备。这项技术发明帮助了许多人，其中就包括那些由于种种原因无法说话的人。虽然很多基础研究都未必能够转化为实际应用，但 DECtalk 是一个成功的例子。

DECtalk 大部分核心功能都是建立在丹尼斯 · 克拉特研发的文本转语音算法之上的。他于 1965 年进入美国麻省理工学院，担任助理教授。DECtalk 由 DEC 公司封装成硬件设备，配备了异步串行端口，可以连接几乎任何具有 RS-232 接口的计算机。DECtalk 有点像一台打印机，不过不是打印文字，而是发出声音！ DECtalk 还有两个电话插孔，用户可以连接到电话线上，使 DECtalk 能够拨打和接听电话，实现与电话线另一端的人通话。

TTS 系统的工作原理是先将文本转换成语音符号，然后将语音符号转换成人类可以听到的模拟声波。

DECtalk 刚上市时，价格约为 4000 美元，配备了各种不同的说话声音。随着时间的推移，出现了越来越多的声音，有的沉稳、有的温柔、有的粗糙，各不相同，比如“完美的保罗”“美丽的贝蒂”“巨大的哈利”“脆弱的弗兰克”“孩子基特”“粗糙的丽塔”“傲慢的乌苏拉”“丹尼斯医生”和“耳语风”。

世界著名的英国物理学家斯蒂芬 · 霍金（Stephen Hawking）就是 DECtalk 的早期用户之一。由于患有肌萎缩侧索硬化症（Amyotrophic Lateral Sclerosis，ALS），使得霍金无法说话，只能借助 DECtalk 发出声音，他使用的就是“完美的保罗”。此外，美国国家气象局也使用 DECtalk 进行天气预报。■

麦金塔计算机

杰夫·拉斯金（Jef Raskin，1943—2005）
史蒂夫·乔布斯（Steve Jobs，1955—2011）

图为 1984 年生产的麦金塔计算机的原型机。

激光打印机（1971 年），施乐奥托（1973 年），IBM 个人计算机（1981 年）

苹果公司的麦金塔计算机拥有位图显示器、集成软盘驱动器、128 KB 的 RAM，以及一个鼠标。麦金塔是第一台拥有图形用户界面且面向大众的个人计算机。这台计算机配有 9 英寸大小、512 像素 × 342 像素的单色显示器。配备的 MacWrite 文字处理器和 MacPaint 绘图软件，极大地推动了桌上出版革命。更重要的是，苹果公司对便捷操作和视觉设计的执着追求，为整个计算机行业树立了标杆，一直延续到今天。麦金塔计算机几乎没有什么使用门槛，用户无须阅读用户手册或接受正式培训。

1979 年，杰夫·拉斯金开始启动麦金塔计算机计划。拉斯金之前是一名计算机科学教授，1978 年受雇管理苹果公司的技术著作。然而，作为一名大师级工程师，拉斯金很快就组建了一支研究团队，致力于打造一台颠覆行业、成本低廉（低于 1000 美元）、可用性高的计算机，并用他最爱的苹果品种（Macintosh）来命名。与此同时，苹果公司的其他团队正在研发 Apple Ⅲ和 Apple Lisa。

拉斯金前后两次安排苹果公司的工程师们参访施乐公司帕洛奥托研究中心。拉斯金要求工程师们要详细了解奥托工作站的研发经验和内部结构。奥托错综复杂的操作系统令他们大开眼界，并深受影响。

从施乐帕洛奥托研究中心回来后，工程师们给 Apple Lisa 设计了图形用户界面。就在 Apple Lisa 原型机逐步成型之时，史蒂夫·乔布斯被赶出了团队——于是他只得将注意力转向了麦金塔计算机的研发。后来因为与乔布斯性格不合，拉斯金在 1982 年离开了苹果公司。

1984 年 1 月 24 日，麦金塔计算机问世。苹果公司将其定位为抗衡 IBM 的便捷式个人计算机。尽管售价高达 2495 美元，配套软件也相对缺乏，苹果公司还是在第一年就卖出了 25 万台麦金塔计算机。1987 年 3 月，苹果公司将第 100 万台麦金塔计算机赠予了拉斯金，表示对其贡献的认可。■

美国 VPL 研究公司

杰伦·拉尼尔（Jaron Lanier，1960— ）

图为美国 VPL 研究公司推出的虚拟现实设备。

头戴式显示器（1967 年）

1984 年

VPL（Virtual Programming Language，虚拟编程语言）研究公司由杰伦·拉尼尔与几位朋友共同创办，是第一家从事虚拟现实（VR）研究的创业公司。该公司总部位于美国硅谷，其软硬件产品最早实现了商业化，把虚拟现实技术带入了大众视野。VPL 研究公司以首创了实时手术模拟器和运动捕捉套装等诸多产品而闻名于世。VPL 研究公司曾帮助德国柏林市制定重建规划；帮助石油与汽车行业模拟各类产品及应用场景；与美国国家航空航天局合作开展飞行模拟试验；与美国著名操纵木偶者吉姆·亨森（Jim Henson）合作制作全新提线木偶；还与国际奥组委合作，设计一项可以在虚拟现实（VR）中进行的全新体育运动（最终未能实现）。

该公司的核心产品包括“眼机”（EyePhone），这是一款完全覆盖眼部的眼镜，能够增强虚拟体验感；还有“数据手套”（DataGlove），可以与“眼机”进行同步，使用户可以移动虚拟物品。此外，还有“数据套装”（DataSuit），它可以实现全身运动。VPL 的员工（也被称为 Veeple）有一个愿景，希望有朝一日实现虚拟体验的同步共享，帮助人们在离开虚拟环境后可以更好地感受真实世界的美好。正如拉尼尔所言，在虚拟现实出现之前，没有任何东西可以与真实世界相提并论。

在伊凡·苏泽兰等业界大佬的影响和激励下，拉尼尔提出了“虚拟现实”（virtual reality）一词，用来与“虚拟世界”（virtual world）进行区分。人们通常认为，“虚拟世界”是指个体单独处于虚拟空间，这是一种无法共享的体验。在 VPL 的启发下，出现了不少作品，例如电影《割草者》（*The Lawnmower Man*）的男主角就是以拉尼尔为原型；电影《少数派报告》（*Minority Report*）在未来主义的故事情节中借用了 VPL 的“眼机”和“数据手套”等产品。20 世纪 90 年代中期，VPL 的全盛时期已然过去，但由它在电影、电视、游戏中创建沉浸式世界的愿景却已深入人心。1999 年，太阳微系统公司（Sun Microsystems）收购了 VPL 在全球的专利组合和技术资产。■

量子密码学

查尔斯・本内特（Charles H. Bennett，1943— ）
吉勒斯・布拉萨德（Gilles Brassard，1955— ）

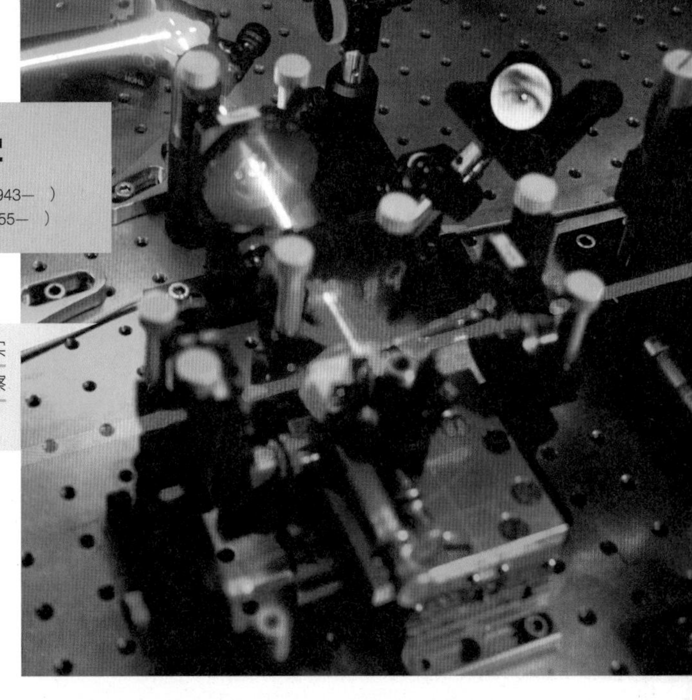

图为奥地利维也纳大学安东・泽林格实验室中的一个量子密码装置。一位观察者的眼睛出现在装置的镜子中。

维尔南密码（1917 年），量子计算机（2001 年）

1984 年，在一篇名为《量子密码学：公钥分发与抛币》（*Quantum Cryptography: Public Key Distribution and Coin Tossing*）的文章中，物理学家查尔斯・本内特和吉勒斯・布拉萨德发明了一种新的分发加密密钥的方法。这种方法以量子物理学为基础，不再需要信使随身携带密码箱，也不会面临分解因数的难题。因此，和公钥密码学不同，量子密钥分发（quantum key distribution，QKD）不会受到数论、分解因子或量子计算机发展的影响。

本内特和布拉萨德提出了一个传输协议，现在称为 BB84 协议，假定在爱丽丝（Alice）和鲍勃（Bob）两人之间发送光子。爱丽丝是信息的发送者，会随机选择测量基，生成随机比特序列，用来调制每个光子的量子态。鲍勃是信息的接收者，也会生成一个随机序列用来选择测量基。然后，鲍勃会告知爱丽丝自己选定的测量基。爱丽丝比较二人的测量基，并告知鲍勃所采用的测量基中的相同与不同。二人分别保存测量基一致的测量结果，丢弃测量基不一致的测量结果，大概为 50%，由此得到量子密钥。

如果有一个伊芙（Eve）在二人中间窃听信息，该怎么办呢？如果窃听者只是测量光子，那么根据海森堡不确定性原理，每个光子态大概率会出现变化，所以当鲍勃将其测量值告诉爱丽丝时，就能判断出有人在窃听，从而及时中止通信。

构建一个量子加密系统，需要实现对每个光子的精确控制。在 1999 年，还无法做到这一点。MagiQ 还只是一家位于美国马萨诸塞州萨默维尔市的创业企业，短短 4 年后它就宣布已经实现了商业化。

自此以后，QKD 以及其他使用量子机制来保障数据安全的方法，越来越引起金融机构、研究公司和政府的浓厚兴趣。2017 年，来自中国的研究团队率先实现了基于量子纠缠的量子加密通信，世界首条保密通信干线——“京沪干线”正式开通。■

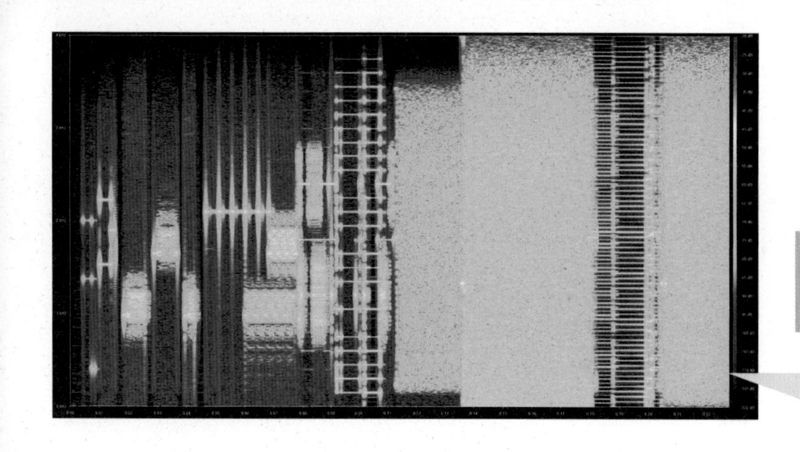

调制解调器提速

这台声谱仪显示了一对调制解调器在高速连接前 22 秒发出的声音。

贝尔 101 调制解调器（1958 年），Usenet 网络（1980 年），PalmPilot 掌上电脑（1997 年）

1984 年

美国 Telebit 公司生产的“先驱者”（TrailBlazer）调制解调器对于计算机网络发展来说是一个重要突破。1984 年，当大部分拨号上网用户的调制解调器开始逐步由 1200 bps 转向 2400 bps 时，Telebit 推出了一款新型调制解调器，可以通过普通电话线传输数据，速率达到了 14 400 ～ 19 200 bps。

“先驱者”之所以可以实现高速传输，关键在于使用了专有的信道测量协议。当时，通话要通过许多模拟线路，形成了通信工程师所谓的信道，每个信道都稍有差别。Telebit 的分组集成协议（Packetized Ensemble Protocol，PEP）将信道分为 512 个不同的模拟接口。当“先驱者”检测到正在通信时，两个调制解调器会测量信道，并确定可供高速传输的数据接口。在任何情况下，调制解调器会将大部分接口分配给传输数据最多的调制解调器。此外，“先驱者”还可以直接支持 UUCP 协议，因此深受 Usenet 用户的青睐。

1985 年，每台“先驱者”的售价为 2395 美元。事实上，第一年节省下的长途电话费就可将这笔钱补上。

“先驱者”的出现引发了广为人知的“调制解调器战争”（Modem Wars）。彼时，Telebit 公司的主要竞争对手是美国机器人技术公司（Robotics Corporation）。1986 年，机器人技术公司推出了速率达到 9600 bps 的调制解调器，价格仅为 995 美元。所谓一山不容二虎，这两家公司自然很难握手言和。第二年，Telebit 将“先驱者”的价格大幅下调至 1345 美元。

人们很清楚，当市场足够大，供应商足够多，大家都会有钱赚，但标准化是必不可少的。1987 年，首个高速标准 V.32 9600 bps 正式颁布，外部调制解调器的价格跌至 400 美元。后来出现了速度更快、价格更低的调制解调器。1998 年 2 月，国际电讯联盟（International Telecommunication Union，ITU）发布了 V.90 标准草案，支持有专门设备的互联网服务提供者（internet service provider，ISP）为消费者提供 56 kbps 的下载速度。这是在不进行压缩的情况下，通过模拟电话线能达到的理论最大值。■

175

Verilog 硬件描述语言

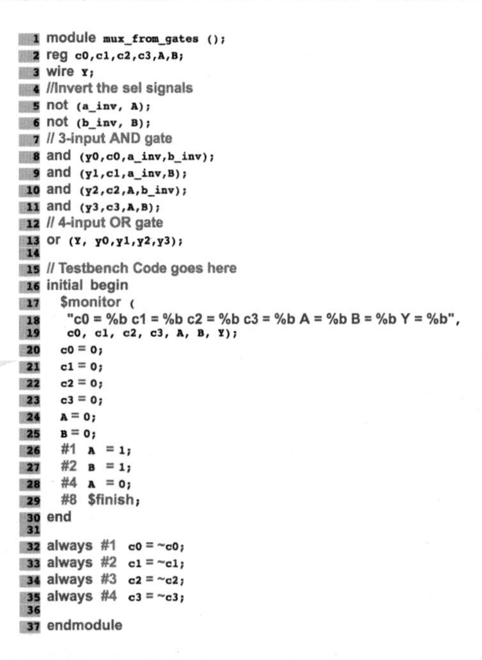
✦ Verilog Code

```
1  module mux_from_gates ();
2  reg c0,c1,c2,c3,A,B;
3  wire Y;
4  //Invert the sel signals
5  not (a_inv, A);
6  not (b_inv, B);
7  // 3-input AND gate
8  and (y0,c0,a_inv,b_inv);
9  and (y1,c1,a_inv,B);
10 and (y2,c2,A,b_inv);
11 and (y3,c3,A,B);
12 // 4-input OR gate
13 or (Y, y0,y1,y2,y3);
14
15 // Testbench Code goes here
16 initial begin
17   $monitor (
18     "c0 = %b c1 = %b c2 = %b c3 = %b A = %b B = %b Y = %b",
19     c0, c1, c2, c3, A, B, Y);
20   c0 = 0;
21   c1 = 0;
22   c2 = 0;
23   c3 = 0;
24   A = 0;
25   B = 0;
26   #1  A  = 1;
27   #2  B  = 1;
28   #4  A  = 0;
29   #8  $finish;
30 end
31
32 always #1  c0 = ~c0;
33 always #2  c1 = ~c1;
34 always #3  c2 = ~c2;
35 always #4  c3 = ~c3;
36
37 endmodule
```

图为一个 Verilog 程序，共 37 行代码，描述了一个简单的电子线路。

现场可编程门阵列（FPGA）（1985 年）

1984 年

很多计算机语言都会描述如何在计算机内存中排列二进制数据。例如，在 C 语言中，有专门操作计算机内存的指令；在 HTML 语言下，也可对页面文本元素进行排列。

相比之下，硬件描述语言（Hardware description language，HDL）描述的是如何在电子电路中排列导线、电阻器和晶体管。硬件设计人员可以使用文本编辑器编写 HDL 程序。然后，该程序会被转化为电路版图，用来制作芯片掩膜，最终生产集成电路。

20 世纪 80 年代初，超大规模集成（very-large-scale integration，VLSI）的发展创造了一种全新的 HDL，不仅能显示接线图，还能显示计时器、寄存器、状态机以及更加复杂的结构和行为。除可以用来制作版图设计和芯片掩膜外，在烧制芯片前还需要一些工具对 HDL 设计进行模拟。这些工具也被称为模拟器，可以在传统计算机上运行 HDL 设计。尽管模拟器运行速度会慢很多，而且无法完全保证准确性（尤其是大规模电路），但是相比制造出可能存在故障的芯片，进行模拟测试会更加便捷、更加节约。

Verilog 是最早取得成功的硬件描述语言之一，允许设计师创建、模拟、测试，并最终为复杂电路设计生产芯片。GDA 公司（Gateway Design Automation）创建了 Verilog 语言以及它的第一个模拟器；随后 GDA 将该语言授权给其他想要制作 Verilog 工具的公司。

Verilogy 语言的主要竞争对手是美国国防部在 1987 年推出的 VHDL（超高速集成电路硬件描述语言）。相比 Verilog，VHDL 更加严格、更加冗长，这导致电路设计的规模和难度都更大。但同时，VHDL 的准确率更高，也就是说，模拟电路和实际电路的行为匹配度更高。由于使用 VHDL 不需要许可，因此得到了广泛使用。1989 年，为了应对 VHDL 的竞争，楷登电子（Cadence Design Systems）公司在收购 Verilog 后，将其公开发布，极大地提升了 Verilog 的使用范围，使得 Verilog 更受欢迎，并按照 IEEE 1364 标准进行标准化。■

连接机

丹尼·希利斯（Danny Hillis，1956— ）

拆下 CM-2 的面板，可以看到其中一个“子立方体”，它包含 16 块印制电路板，每个电路板包含 32 个中央处理芯片，每个芯片包含 16 个处理器。也就是说，在一个子立方体中，共有 8192 个处理器。

Hadoop（2006 年）

对于计算而言，如何更快处理更多数据是最根本的挑战。20 世纪 40—90 年代，更快的组件、时钟周期和存储系统为此做出了诸多努力。但还有一种快速处理数据的方法——用一组机器将问题切分为并行的多个小问题和流程。

并行化是可行的，因为很多计算问题和织毛衣是一个道理。如果你在 1 个月内要织好 4 件毛衣，你可以请全球速度最快的针织工每周织 1 件。或者你可以请 12 名高效率的针织工同时缝制衣袖和正身，每周五将它们拼接起来。如果你需要 1 万件毛衣呢？这种情况下，你可以请 5 万名普通针织工，她们不需要速度太快，如果可以合理地安排工作，即便是部分针织工无法完成工作也没关系。

这就是思维机器公司（Thinking Machine）给出的解决方案——并行。基于其联合创始人丹尼·希利斯在麻省理工学院的博士论文，该公司的首台超级计算机结合了 65 536 个小型 1 比特微处理器，彼此通过大规模并行网络“连接”。

这台计算机被称为 CM-1。事实证明，对 CM-1 进行编程十分困难，因为几乎没有程序员能将在大规模并联的 1 比特处理器上进行有效编程。1991 年，该公司发布了 CM-5，采用了 1024 个标准 32 位微处理器。

编程变得越来越容易，加之有这么多处理器，使得 CM-5 成为当时最快的计算机之一。

尽管将上千台计算机组合成一台机器的方法在 20 世纪 90 年代非常流行，但 10 年后，解决这一问题的主流方式变成了格网计算（grid computing）——通过以太网将成千上万台（甚至上百万台）传统计算机通过专门软件连接在一起。传统系统速度不够快，且存在一定失败率，就像织毛衣例子中的“普通针织工”。最困难的地方不再是 CM 系列计算机面临的复杂并行硬件设计，而是智能软件设计。■

第一位数字主持人

安娜贝尔·简科尔（Annabel Jankel，1955— ）
洛基·莫顿（Rocky Morton，1955— ）

麦特·弗里沃饰演的双面麦斯是一位计算机生成的电视主持人，他成了 20 世纪 80 年代的流行文化偶像。

《大都会》（1927 年）

欢迎来到《双面麦斯》（*Max Headroom*）的世界！在这部科幻电视剧中，明星记者爱迪生·卡特（Edison Carter）在一次行动中因失败而受重伤。技术天才布莱斯·林奇（Bryce Lynch）将卡特的大脑扫描至计算机，发现他的大脑极度活跃又古怪异样，不仅对社会秩序感兴趣，还对飞蛾的智商这样无关紧要的话题感兴趣。

英国导演安娜贝尔·简科尔和洛基·莫顿受英国电视四台委托，负责将所有音乐视频串联起来，于是他们虚构了麦斯这个人物。她们首先制作了电影《双面麦斯：20 分钟通向未来》（*Max Headroom: 20 Minutes into the Future*），并进一步推广到电视四台播放了四季的节目中。麦斯很快就成了英国最受欢迎的电视人物。此外，麦斯还出演了 1987—1988 年播出的美国电视节目。

《双面麦斯》的主角掀起了一阵文化现象，成为 20 世纪 80 年代的流行偶像，他曾出现在可口可乐的广告和 1987 年播放的一集《芝麻街》（*Sesame Street*）中。麦斯由加拿大演员麦特·弗里沃（Matt Frewer）出演，麦斯的演员显然不是电脑生成的：每次出演电视节目、出席代言活动、参加《大卫深夜脱口秀》（*Late Night with David Letterman*）等节目、1987 年担任美国《新闻周刊》（*Newsweek*）和《幽默杂志》（*MAD*）封面人物时，弗里沃都得花 4 小时化妆并安装假肢。

《双面麦斯》中的角色永远都在与商业广告和新闻操纵等问题进行斗争。该剧借用人工智能的思考逻辑描绘了社会的阴暗面——正直和体面的标准节节败退，人们对色情和娱乐的贪婪大行其道。

尽管有些夸张，《双面麦斯》还是前卫地提出一个人的大脑可以被扫描到计算机中，并产生某种程度上有感知能力的存在。《双面麦斯》引发了一系列更深层次的问题，公众与之产生共鸣，其中也包括数字人这项技术前景。■

178

零知识证明

莎菲·戈德瓦瑟（Shafi Goldwasser，1958— ）
希尔维奥·米卡利（Silvio Micali，1954— ）
查尔斯·拉科夫（Charles Rackoff，1948— ）

零知识证明可以让证明人在不泄露事实的情况下证明其掌握事实。比如，你可以证明某种方法只用 3 种颜色就能确保某份地图上相邻国家标识的颜色不同，而不泄露最终上色的地图成品。

安全多方计算（1982 年），数字货币（1990 年）

1985 年

你如何在不泄露秘密的前提下证明自己知道这个秘密？1985 年，莎菲·戈德瓦瑟、希尔维奥·米卡利和查尔斯·拉科夫 3 位计算机科学家找到了方法。他们创建了密码学的一个分支，其中包含诸多应用场景，直到现在才开始被人们意识到。

零知识证明是一种数学技术，在不泄露证明本身的情况下论证证明的各项事实。其中，论证过程涉及两个方面：一是证明人，证明某个数学结论是正确的；二是验证者，要验证证明的准确性。验证者向证明人提问，证明人返回比特串，即我们所说的“见证”，只有上述数学结论为真时才会生成比特串。

举个例子，我们要在地图上用不同颜色标识出不同国家。1976 年，数学家们已证明，任何二维地图都可以只用 4 种颜色就能确保与相邻国家的颜色不一样；但只用 3 种颜色就很困难，也不适用所有地图。在零知识证明出现之前，要证明某一张地图能否用 3 种颜色标识，唯一的方法就是把这张 3 色地图画出来。

基于零知识证明，证明人论证一张只有 3 种颜色的地图，其中所有邻国的颜色都不相同，同时无须展示任何国家标注的颜色。

基于零知识证明构建一个实用的系统，需要应用密码学和工程学，实属不易，但目前已经出现了一些实用的系统，比如密码认证系统并不发送实际密码；匿名凭证系统允许在不透露年龄或姓名的情况下确定凭证持有人已年满 18 岁；数字货币计划允许人们匿名消费数字货币，但能检测出匿名货币是否消费了两次（称为双重支付）。

戈德瓦瑟和米卡利因在密码学方面的突出贡献于 2012 年获得了图灵奖。■

扩展频谱通信

迈克尔·马库斯（Michael J. Marcus，1946— ）

曾经需要政府许可证才能使用的无线频谱于 1985 年开始向公众开放。

第一个无线网络（1971 年）

无线频谱分为很多不同的波段，每个波段都有自己的物理特性和监管规则。20 世纪 70 年代，使用绝大部分波段传送无线电都必须得到政府授权。民用波段（citizens band，CB）是个例外，但由于波段过于拥挤，几乎无法正常使用。

到了 1981 年，美国联邦通信委员会的一位工程师发布了一份官方调查通知书，研究如何将部分射频（radio frequency，RF）频谱进行扩频通信。这位名叫迈克尔·马库斯的工程师在美国联邦通信委员会苦苦钻研了 4 年，他的目标是实现扩频技术的合法化。扩频技术发明于第二次世界大战时期，可以隐藏无线通信，防止敌人监听和干扰，同时也促进了民用扩频系统的研发。

不过，当时的制造商和无线通信用户对推广非授权扩频技术颇有争议。最终，1985 年 5 月 8 日行政立法通过了马库斯所推动的扩频技术的合法化，但扩频的使用在很大程度上仍限于工业（900 兆赫）、科学（2.4 千兆赫）和医疗（5.7 千兆赫）波段。由于微波炉和雷达系统等商业设备也会用到民用波段，因此很容易出现干扰。

尽管如此，马库斯还是就此掀起了一场变革。1991 年 3 月，安迅资讯系统股份有限公司（NCR Corporation）开始销售一款名为 WaveLAN 的无线网络产品，它能在非授权的 900 兆赫波段实现 2 兆比特 / 秒的速度。这项技术广受市场好评，802.11 无线局域网工作委员会应运而生。1999 年，Wi-Fi 联盟成立，并向通过互操作性测试的产品授权 Wi-Fi® 商标和标识。最初的 Wi-Fi 系统最高可达到 2 兆比特 / 秒的传输速度，但到了 2013 年 12 月新版本 Wi-Fi 可实现 866.7 兆比特 / 秒的传输速度。■

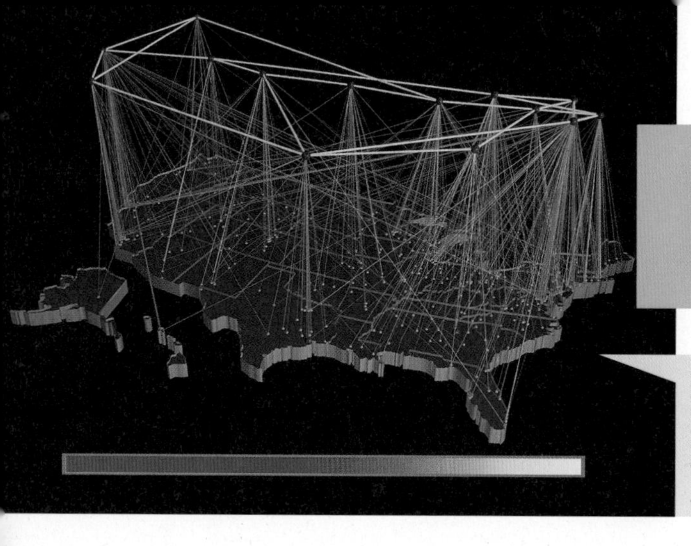

美国国家科学基金会网络

对 1991 年 9 NSFNET 月 T1 主干上以数十亿字节为单位的入站流量的可视化研究，范围从紫色（0 字节）到白色（1000 亿字节）。

第一个商用 ISP（1989 年）

阿帕网可不是谁都能使用的。阿帕网是当今互联网的前身，当时仅向直接支持美国国防部的组织开放，并由他们支付费用。扩大用户基数意味着扩大资金来源。1980 年，美国国家科学基金会向一个大学联盟资助 500 万美元，用来打造计算机科学网络（Computer Science Network，CSNET），并在 1985 年成立了美国国家科学基金会网络（National Science Foundation Network，NSFNET）。在美国国防部及国家科学基金会签订合同的高校中，这些网络也是相互连接的。

CSNET 整合了多项技术，短期目标是向计算机科学部门提供电子邮件和有限访问远程终端能力。主机数量从 1981 年的 3 台逐步增长到 1982 年的 24 台和 1984 年的 84 台。但它的最终目标是帮助学术成员登录阿帕网，以便互相发送邮件和使用其他资源。

NSFNET 以创建一个覆盖全美的网络为使命，特别是为全美研究人员提供登录 NSF 的 5 个超算中心的服务。NSFNET 原型机于 1986 年问世，配有 7 个 56 千比特 / 秒的连接器——但几乎一瞬间就饱和了。1988 年，NSFNET 升级为 13 个节点，由 1.5 兆比特 / 秒的 T1 连接器互联而成。短短 3 年内，T1 链接器升级为 45 兆比特 / 秒的 T3 连接器。至此，NSFNET 连接了 16 个网址的 3500 个网络。1990 年 2 月 28 日，几乎没有用户注意到，阿帕网正式关闭，所有非国防部用户已全部迁移。

尽管 NSFNET 可以购买更快的网络连接器，但没有硬件或软件能跟得上这个速度。为管理 NSFNET 而成立的非营利组织——高级网络和服务公司的总裁艾伦 · 魏斯（Allan Weis）在 NSFNET 最后一份报告中表示：“从未有人建成 T3 网络。”直到多年后，T3 才实现全速运行。

尽管 NSFNET 极大地提升了互联网的可接入性，但它有一项“可接受使用政策”，规定了该网络仅限于支持研究和教育，并将商业投资拒之门外。■

桌面出版

保罗·布莱内德（Paul Brainerd，1947— ）

第一款配备阿图斯 PageMaker 和 Windows 1.0 系统的 IBM 个人计算机。

激光打印机（1971 年），施乐奥托（1973 年）

在桌面出版（Desktop Publishing）出现以前，消费者和小型企业有两种选择：要么自己拥有打印设备，要么请复印店使用造价昂贵的专业设备。桌面出版的出现让所有人都能制作具有字体和图像的精美文档。这一项颠覆性的传播出版技术，成为低成本杂志、时事通讯和小册子的强大助力，同时也为网络和即将到来的社交媒体时代培养了一批平面设计师。

掀起桌面出版时代的风潮早在产品于 1985 年问世前就开始了。20 世纪 70 年代，施乐帕洛奥托研究中心研发了基础技术，民间小型新闻报纸和个人也发明了各种计算机文本排版方法。20 世纪 70 年代末和 80 年代初，小型出版社主要使用“菊花轮打印机”，基础排版时使用大小合适的字体，但 X-ACTO 切刀会裁剪文字，将其粘到白纸板上后送至打印机打印。

1984 年，首台苹果电脑问世，惠普推出了首台桌面激光打印机 LaserJet。保罗·布莱内德曾在一家开发出版软件供新闻报社使用的公司工作，他意识到微型计算机、激光打印机和相应软件的结合能让每个人都成为“出版社”，也就是他所说的桌面出版。当年夏天，布莱内德组建了一支团队，以 15 世纪的维也纳学者和印刷大师阿图斯·曼纽修斯（Aldus Manutius）的名字来命名，成立了阿图斯公司（Aldus Corporation）。

第二年，阿图斯公司在苹果电脑中植入的平面设计软件 PageMaker 成为首款桌面出版的应用程序。与此同时，Adobe 公司发布的 PostScript 成为页面描述语言（PDL）的行业标准，苹果公司开始出售 LaserWriter。很快，个人也能自行设计排版，甚至开展小批量印刷业务。■

通过对 FPGA 进行编程，可以实现点亮灯光、启动马达、合成音乐等功能。

现场可编程门阵列（FPGA）

罗斯·弗里曼（Ross Freeman，1948—1989）
伯尼·冯德施密特（Bernard Vonderschmitt，1923—2004）

硅晶体管（1947 年），第一台微处理器（1971 年），Verilog 硬件描述语言（1984 年）

大部分计算都可以通过硬件或软件实现。一般来说，硬件更快，但也更复杂；软件速度慢，但更容易创建和调试。这是因为硬件往往需要多个电路和电线并行执行计算。而软件在计算机 CPU 内执行一系列指示，让同样的电路和电线可以在不同的计算过程中实现不同功能。在解决问题方面，软件比硬件更适合，因为开发和调整都更为容易。

如果硬件可以像软件一样被编程呢？可编程硬件可以执行视频处理所需的专门算法，也能以更高速度、更少能耗运行图像识别所需的 AI 算法。可编程硬件只需一个可编程芯片就能取代由上千个元器件组成的复杂电路板。

这就是现场可编程门阵列（field-programmable gate array，FPGA）的作用。其中包含可编程逻辑单元，在需要时能互连。连接后，门阵列的作用和硅芯片中的电路一样。唯一的差别在于，如果接线图不正确，或者需要改变接线图，原程序可以被抹除，FPGA 能以全新布局重新被编程。

FPGA 的价格和编程成本往往比专用集成电路（ASIC）高，但由于它能在实验室中编程，并能在需要时可以重新编程，因此使创新变得更快、更便宜——尤其是原型机这种只需要少许集成电路的应用。否则，替换出现故障的电路（比如航天器上的电路）将相当昂贵。这就是为什么美国国家航空航天局会在好奇号火星探测器上使用 FPGA。

1985 年，罗斯·弗里曼和伯尼·冯德施密特共同成立赛灵思公司（Xilinx），并成功创造了首个具备商业可行性的 FPGA。弗里曼因此被列入美国国家发明家名人堂（National Inventors Hall of Fame）。■

GNU 宣言

理查德·斯托尔曼（Richard Stallman，1953— ）

GNU 是一个基于 UNIX 的自由软件操作系统。

《多布博士》（1976 年），Linux 内核（1991 年）

理查德·斯托尔曼是美国麻省理工学院 AI 实验室的一名程序员，也是开源软件（用户可以随意修改软件）的拥护者。1980 年，实验室的静电打印机（xerographic printer，XPG）——一台早期激光打印机——寿终正寝，取而代之的是施乐 9700 打印机。从那时起，斯托尔曼就燃起了对开源软件的兴趣。和 XPG 不一样，施乐并未向麻省理工学院提供新款打印机的源代码，并声称这是他们专有的知识产权。因此，斯托尔曼不能修改 9700 的代码，无法让实验室里的人知道打印机什么时候完成了打印任务或出现了故障。

第二年，斯托尔曼发现，从 AI 实验室离职的程序员分成了两派：一派研究如何用 LISP 计算机程序设计语言制作专有软件，供实验室购买的新 AI 工作站使用；另一派仍专注于实验室之前设计的较早版本的 LISP 软件。斯托尔曼认为，制作的软件无法向所有使用者开放，破坏了实验室的黑客文化；为此，他克隆了专有软件，并向所有人开放。

1984 年，斯托尔曼放弃了 LISP 语言和 LISP 机器，它们都遭到了市场的淘汰。他决定创建一个社区，致力于制作和使用能够自由共享、修改、改进和学习的软件。他将这种软件称为自由软件（free software）——和“言论自由”或“自由使用权”中的“自由”意思一样。经过设计，软件能实现免费共享。斯托尔曼以当时最受欢迎的 UNIX 操作系统为基础，以便各种不同的计算机硬件都能运行。他将这个项目命名为 GNU（实际上是 G.N.U），这是一个递归缩写，意为“GNU 不是 UNIX。”（GNU's Not UNIX.）

后来，斯托尔曼写下了“GNU 宣言”，正式向公众宣布他的项目，并将其发布在 1985 年 3 月的《多布博士》上。他邀请其他人或投入研发时间，或以捐赠资金的方式加入。7 个月后，非营利组织自由软件基金会（Free Software Foundation，FSF）在美国麻省理工学院 AI 实验室成立。包括惠普在内的几家公司向 FSF 捐赠了计算机，帮助该项目筹集资金。■

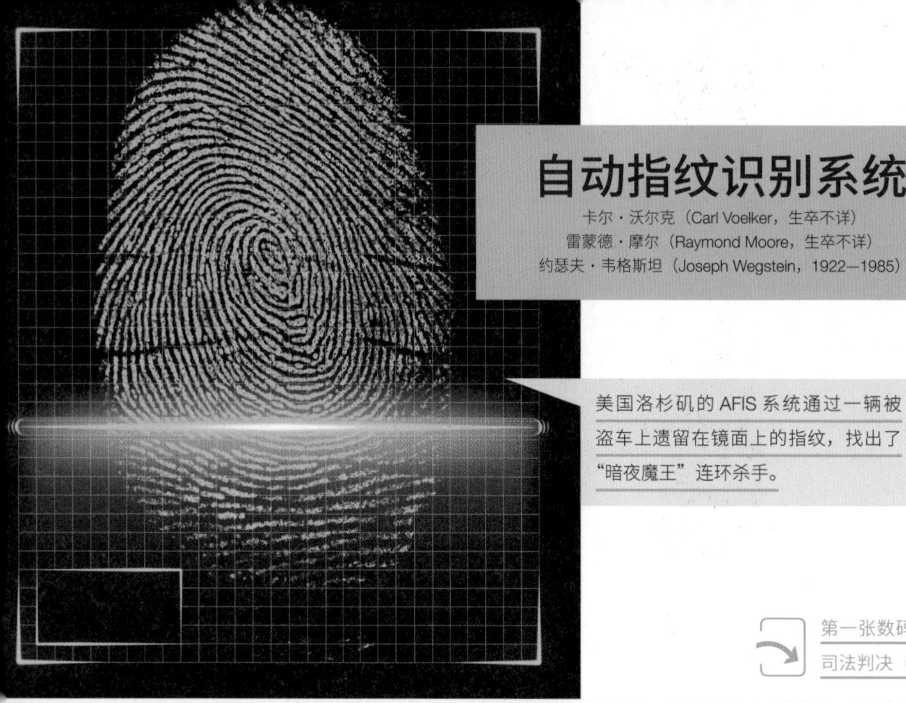

自动指纹识别系统

卡尔·沃尔克（Carl Voelker，生卒不详）
雷蒙德·摩尔（Raymond Moore，生卒不详）
约瑟夫·韦格斯坦（Joseph Wegstein，1922—1985）

美国洛杉矶的 AFIS 系统通过一辆被盗车上遗留在镜面上的指纹，找出了"暗夜魔王"连环杀手。

第一张数码照片（1957 年），算法影响司法判决（2013 年）

1985 年

19 世纪末，执法机构意识到，他们可以使用指纹确定嫌疑犯是初犯（至少是初次被抓）还是惯犯。1924 年，美国联邦调查局（Federal Bureau of Investigation，FBI）成立身份识别部门，到了 20 世纪 60 年代末已搜集了 1500 万名犯罪分子的指纹。身份识别部门沉浸在成功的喜悦中：每天都能收到 3 万张指纹卡，需要他们在数据库中搜索，技术人员处理每张指纹卡需要约 18 分钟。

1963 年，联邦调查局特工卡尔·沃尔克前往美国国家标准局，想看看能否使用信息技术创建一个自动指纹识别系统（Automated Fingerprint Identification System，AFIS）。在那里，他见到了雷蒙德·摩尔和约瑟夫·韦格斯坦。摩尔和韦格斯坦意识到他们要创造一个新的扫描仪用于读取指纹卡；开发一个提取指纹特征点的软件用于识别；最后开发一个用于匹配指纹的软件。前两项任务分别由科内尔航空实验室和北美航空公司的自动部门负责；最后一项由韦格斯坦负责。5 年后，罗克韦尔自动化公司（Rockwell Autonetics）研发出了 5 台高速指纹卡阅读机，供联邦调查局扫描 1500 万张犯罪分子的指纹卡，从而首次实现了指纹搜索的电子化。

随后，英国、法国和日本相继研发了类似系统，但这些系统的主要目的是将犯罪现场的部分指纹和指纹卡作对比，而非身份识别。日本电气股份有限公司（NEC Corporation）为日本国家警察厅设计了一款系统，美国旧金山和洛杉矶也安装了类似的系统，由于入室盗窃时留下的指纹最终可用来识别嫌疑人，这两座城市的入室盗窃率都有所下降。1985 年，美国洛杉矶的 AFIS 系统通过一辆被盗车上遗留在镜面上的指纹，找出了连环杀手理查德·拉米雷兹（Richard Ramirez），终止了他的恶行。■

185

软件故障引发命案

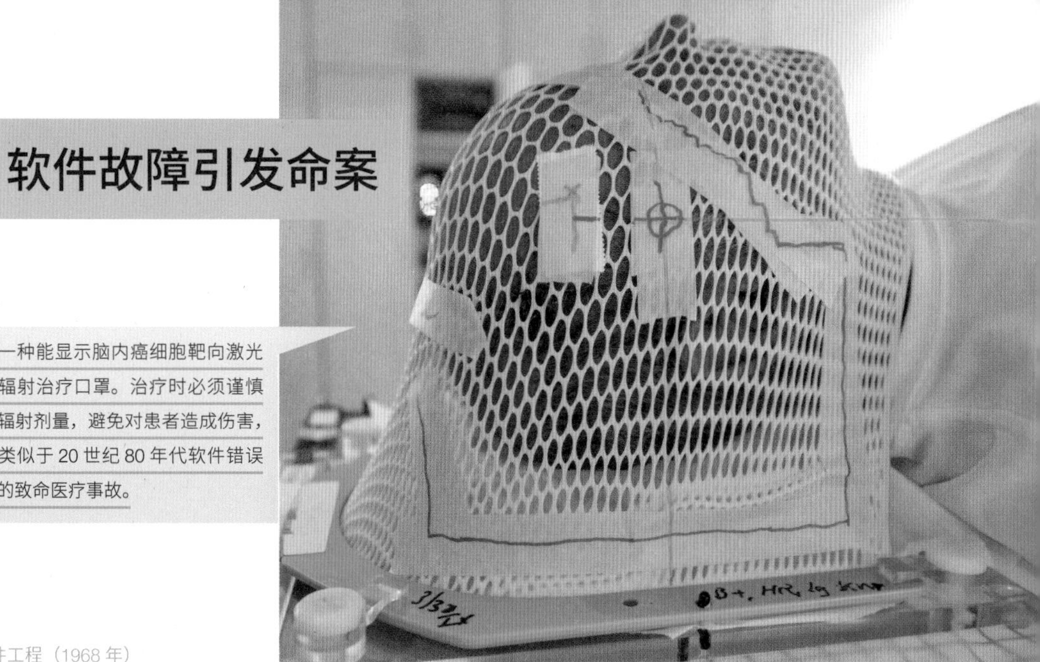

图为一种能显示脑内癌细胞靶向激光线的辐射治疗口罩。治疗时必须谨慎控制辐射剂量，避免对患者造成伤害，发生类似于20世纪80年代软件错误导致的致命医疗事故。

软件工程（1968年）

1986年

加拿大原子能有限公司（Atomic Energy of Canade Limited，AECL）曾生产了一批用于治疗癌症的辐射治疗机器Therac-25，比该公司此前生产的Therac-20价格更低、尺寸更小、更现代化。两款机型都能产生低功率电子束，或者通过提升功率，将电子打到金属板上，产生治疗性X射线。不过，Therac-20使用一系列开关、传感器和电线控制逻辑和安全联锁，而Therac-25则依赖于软件。

1986年4月11日，患者威尔登·基德（Verdon Kidd）在接受Therac-25治疗耳部皮肤癌时，出现了严重的医疗事故。他本应接受低剂量电子束，但却意外接受了大量辐射。他看见一道光闪过，感觉有东西打在了耳朵上，痛得大叫起来。与此同时，Therac-25只是显示错误信息“54号故障”。由于辐射剂量过大，基德在接受治疗20天后去世，他也是已知的首位因医疗设备出现软件故障而身亡的人。

AECL的初步调查显示，如果Therac-25的操作人员在治疗过程中的某个节点点击了向上的箭头，机器将在不移动X射线靶的情况下，施加高强度电子束。

为此，AECL移除了这一按键，并用绝缘带将开关盖住。后来，美国食品药品监督管理局（Food and Drug Administration，FDA）称这一做法“还不够”。

据统计，由于Therac-25编程软件的细微故障，已导致3名患者身亡，2名患者接受了致命剂量的辐射——15 000～20 000拉德，而非治疗剂量的200拉德。华盛顿大学教授南茜·勒弗森（Nancy Leveson）及其学生克拉克·特纳（Clark Turner）曾表示，应针对软件开发、测试和评估建立严格的工程程序。不过，勒弗森称，在Therac-25事故发生30年后，美国监管部门仍未制定出能可靠防范医疗设备软件事故的标准。■

皮克斯动画工作室

艾德·卡姆尔（Ed Catmull，1945— ）
阿尔维·雷·史密斯（Alvy Ray Smith，1943— ）
史蒂夫·乔布斯（Steve Jobs，1955—2011）

皮克斯动画工作室制作的知名影片合集。

"画板"程序（1963 年）

1986 年

或许，皮克斯动画工作室因《玩具总动员》（*Toy Story*）、《赛车总动员》（*Cars*）、《头脑特工队》（*Inside Out*）等动画电影而广为人知，但其领先的计算机动画技术同样举世闻名。

皮克斯动画工作室起源于美国纽约理工学院计算机图形实验室，目前是华特迪士尼公司的子公司。当时，乔治·卢卡斯（George Lucas）聘请了艾德·卡姆尔和阿尔维·雷·史密斯运营卢卡斯影业有限公司的计算机部门。1986 年，卢卡斯将该部门卖给了史蒂夫·乔布斯，乔布斯将其转为一家独立的公司，取名"皮克斯"（Pixar）。2006 年 1 月 25 日，迪士尼以 74 亿美元收购皮克斯。

皮克斯专有的动画渲染技术 RenderMan 因灯光、明暗、阴影等逼真的视觉效果而荣膺多项科技大奖，成为业界标准。RenderMan 还包含处理动画片所需的大量三维数据的技术。1989 年，皮克斯的动画短片《锡铁小兵》（*Tin Toy*）获奥斯卡"最佳动画短片"，成为第一部获得奥斯卡奖项的电脑动画电影。从此，RenderMan 多次被运用于奥斯卡金像奖影片中。2001 年，艾德·卡姆尔及皮克斯的罗伯特·L. 库克（Robert L. Cook）和洛伦·卡彭特（Loren Carpenter）因"皮克斯的 RenderMan 极大地推动了动画片渲染领域的发展"而荣获奥斯卡奖。

2015 年，皮克斯与波士顿科学博物馆合作举办了巡回展览"皮克斯背后的科学"。这次展览展出了皮克斯在影片中使用的科学、技术、工程、艺术和数学，以皮克斯的制作流程为核心，包含建模、骨骼绑定、曲面、场景、摄制、动画、模拟、灯光、渲染等内容。此外，皮克斯还与美国国家科学基金会合作开展了一项研究项目，普及计算思维。"皮克斯背后的科学"共举办了 6 场，旨在帮助学生学会如何将一项难题分解为多项计算机能理解和执行的小任务。■

数字视频编辑

图为荷兰阿姆斯特丹 SAE 学院 1 号录音棚的编辑板，可以让操作人员在编辑过程中对声音和音频拥有完全控制权。

乐器数字接口（1983 年）

1987 年

和音乐行业一样，影视行业在数字采集和处理模拟现象（如声音和图像）方面也受到计算能力与技术发展的深刻影响。最初，人们用赛璐珞胶片制作影片，通过剪切采集影片内容的物理材料进行编辑。

20 世纪 60 年代初，随着安培（Ampex）等录像带和电子编辑器的出现，人们无须物理剪切排序即可编辑录像带和影片。1971 年，哥伦比亚广播公司（CBS）和美瑞思（Memorex）联合开发了极其昂贵的视频编辑系统——随机访问视频编辑器（Random Access Video Editor，RAVE），操作人员可以先用一台电脑进行粗略编辑，再用 RAVE 系统拼接成高质量的片段。直到 20 世纪 80 年代末，数字视频编辑软件的出现宣告了影片和电视编辑时代的到来。

1987 年，位于马萨诸塞州的 EMC 和 Avid 公司成为行业领头羊，Avid/1 机器迅速成为行业变革推动者和领先平台。除提升产能和节约储存空间外，数字编辑赋予了艺术家和技术人员更大的创新空间和控制权，更能让他们创造出引人入胜的故事。由于编辑器处理的是音频、图像和视频等数字文件，操作人员在排序和修改方面极为灵活，可以运用特效将所有元素整合为一个连贯的故事。此外，数字视频编辑并不直接修改原始内容，确保原文件不受影响。

多年来，数字编辑技术对影视业的重要性得到了大家的认可，也获得了不少工程和创意大奖。1993 年，Avid 公司的 Media Composer 编辑系统获美国国家电视艺术与科学学院颁发的艾美优秀团队技术奖。1999 年，Avid 的电影编辑系统 Film Composer 获奥斯卡奖。■

图形交换格式（GIF）

斯蒂芬·威尔海特（Steve Wilhite，生卒不详）

GIF（图形交换格式）格式的文件一般仅支持 256 种颜色。

联合图像专家组（JPEG）（1992 年），第一款面向大众的网络浏览器（1992 年）

文件格式详细描述了计算机文件中信息的内容与排序规范。程序员利用这些规范来编写读取和处理文件的软件，软件将数据写回磁盘中，供其他软件读取。

1987 年，斯蒂芬·威尔海特率领团队发明了图形交换格式（Graphic Interchange Format，GIF），可以让 CompuServe 信息系统的用户用家用电脑下载和展示彩图。由于它是为拨号服务而设计，因此威尔海特使用了几年前已公布的高阶压缩算法 LZW，GIF 图像比其他格式的图像所占内存更小。两年后，威尔海特的团队发明了 GIF89，增加了透明和动态图片。

1992 年，马克·安德森（Marc Andreessen）率领团队在美国伊利诺伊大学香槟分校的美国国家超级计算机应用程序中心（National Center for Supercomputing Application，NCSA）开始设计马赛克（Mosaic）——首个能在网页上显示图像的浏览器。马赛克网页浏览器支持两种文件格式，GIF 便是其中之一，也是当时唯一一个能显示色彩的格式。后来，马赛克团队成立了网景通信公司，创建了第一个面向大众的网页浏览器，他们对 GIF 情有独钟，但做了一个小小的变化：添加“循环”标识可以让动画 GIF 反复播放。随着互联网的流行，GIF 也受到大众的青睐。

但是 GIF 也存在一些问题。首先，GIF 主要用于显示颜色醒目的图形、表格和标识，而不是相片。GIF 仅支持有限数量的颜色（一般是 256 种），压缩算法旨在缩小实体区域和图案，而不是相片梯度。因此，考虑数字摄影的兴起，我们还需要 JPEG 等其他格式。

其次，GIF 此前还存在法律问题：发明 LZW 的优利系统公司（Unisys）申请了算法的专利，并早在 1995 年开始要求主要用户支付特许权使用费。优利系统公司的专利于 2004 年 6 月 20 日失效，如今 GIF 可永久免费使用。

“GIF”这个词应该如何发音？威尔海特称“g”应发轻音。他甚至还改编了一则流行一时的花生酱的广告语：“choosy programmers choose GIF”（挑剔的程序员选择 GIF）。■

189

动态图像专家组（MPEG）

莱昂纳多·恰里格里奥纳（Leonardo Chiariglione，1943— ）

用于编码和压缩音频视频数据的 MPEG 标准助推了 CD、DVD、蓝光光碟等创新产物的发展。

Rio MP3 播放器（1998 年），纳普斯特公司（1999 年）

1988 年

动态图像专家组（Moving Picture Experts Group，MPEG）是音视频数据编码和压缩相关标准的集合。随着越来越多的人使用视频通信，且使用视频通信的应用程序具有日益重要的商业价值，因此有必要制定一个国际标准，为用户提供统一的内容解码和传输方式。否则，互操作性、兼容性和市场增长都将受阻，其发展也会受到限制。基于这些标准的创新产物包括 MP3 音乐播放器、CD、DVD、蓝光光碟、平板电脑、手机、有线电视盒等。

动态图像专家组成立的目的是开发并标准化支持协议（诸如专家组命名的 MPEG-1、MPEG-2、MPEG-3 和 MPEG-4）的技术。MPEG 是由莱昂纳多·恰里格里奥纳博士于 1988 年牵头成立的国际小组，隶属于联合技术委员会（Joint Technical Committee，JTC1）。该委员会由国际电工委员会（International Electrotechnical Commission，IEC）和国际标准化组织（International Organization for Standardization，ISO）组成，负责监督和管理电子或电气技术标准。

1992 年制定的第一版 MPEG-1 标准，旨在对有损图像和声音进行压缩，在低码率（特别是 1.5 兆比特 / 秒）的情况下，删除非必要信息，但几乎不降低声音或画面质量。MPEG-1 的主要内容是关于制作视频 CD 和传输数字有线电视和卫星。此外，MPEG-1 也和 MP3 音乐标准有关。MP3（MPEG-1 音频层Ⅲ）音频压缩格式是由德国工程师卡尔海因兹·勃兰登堡（Karlheinz Brandenburg）等人发明的，用于压缩数字音频，减少不必要的空间占用。压缩文件大小，降低质量损失，可运用于多种场景，最显著的就是传输音乐文件，尤其是在带宽容量有限的情况下。这些标准和其他不断发展的网络技术，最终将有助于实现点对点文件共享和其他协作创新。■

光盘只读存储器（CD-ROM）

詹姆斯·罗素（James Russell，1931— ）

光盘可用于读取 CD-ROM 的数据，以及播放传统 CD 音乐。

纠错码（1950 年），数字视频光盘（DVD）（1995 年），USB 闪存驱动器（2000 年）

1988 年

光盘是近 30 年来储存技术的突破性成果。20 世纪 70 年代，光盘发明的初衷是存储数字音频；到了 80 年代和 90 年代，光盘则用于存储电脑数据和数字视频。在此期间，光盘的物理规格一直没有改变：聚碳酸酯圆盘，直径 120 毫米，中间一个孔，配有螺旋状磁轨，和黑胶唱片有点像，但科技含量更高。光盘主要通过激光读取数据，当出现灰尘或轻微刮痕时，光盘借助纠错码恢复读取。

使光盘成为可能的关键发明要追溯到 20 世纪 60 年代，当时的古典音乐爱好者詹姆斯·罗素就职于美国巴特尔纪念研究所西北太平洋国家实验室，他演示了一种能将音乐数字化、存放在光学媒体中、可实现回放的系统。飞利浦电子和索尼达成的合作伙伴关系推动了这一技术的应用与商业化，两家公司都不愿再次发生 20 世纪 70 年代 Beta 与 VHS 之间的“格式大战”。

1982 年 10 月 1 日，索尼推出了首款音频 CD 播放器，价格约 900 美元，每张光盘零售价 30 美元，而那时唱片的价格普遍不超过 10 美元。但 CD 比普通黑胶唱片的音质好很多，因此这项技术大获成功。

1988 年，光盘只读存储器（CD-ROM）标准正式发布。CD-ROM 比 CD 的纠错能力更强，能储存 682 MB 的数据，比 450 张 3.25 英寸的软盘还要多。图书馆开始购买用 CD-ROM 交付的数据库应用程序。到了 20 世纪 90 年代中，CD-ROM 成为软件分发的主要介质，可写入光盘和可重复写入光盘成为备份和交换信息的主流方式。

如今高速家庭宽带日益普及，已经为消费者提供了获取音乐、视频和软件的更好方式，而光盘才刚刚升级到第四代技术，储存大小不超过 500 GB。■

191

莫里斯蠕虫

罗伯特·塔潘·莫里斯（Robert Tappan Morris，1965—　）

计算机蠕虫是一种能够自我复制并传播到其他计算机的恶意软件程序，通常隐藏在计算机操作系统中用户看不到的地方。

《电波骑士》（1975 年），美国国家科学基金会网络（1985 年）

1988 年

1988 年 11 月 3 日早晨，互联网的研究人员和系统管理员发现他们的工作电脑出现不明原因变慢的问题，甚至没有反应。他们无法登录系统，在重启系统后也只能正常运行几分钟，随后速度再次变慢。技术人员很快就看出了问题：他们的系统正遭到一种软件的攻击，这种软件能检测漏洞，在找到漏洞后将其复制到系统中，攻击其他电脑。这种软件称为蠕虫（worm），取名于约翰·布鲁纳的小说《电波骑士》中的“绦虫”（tapeworm）。

蠕虫软件出自美国康奈尔大学毕业生罗伯特·塔潘·莫里斯之手。他是一位计算机神童，父亲是美国国家安全局国家计算机安全中心的首席科学家。

尽管布鲁纳早在 20 世纪 70 年代就设想过网络蠕虫，而且计算机病毒自 1982 年起也真实存在过，但谁都没亲眼见过。蠕虫一般通过 4 种途径攻击计算机，一旦成功入侵，它会破解密码，并寻找其他易受攻击的机器继续入侵。蠕虫包含能够检测是否已入侵某台机器的代码，避免重复攻击。但这段代码存在缺陷，因此蠕虫会重复攻击某些系统。最终，经多次复制后，蠕虫会导致易受攻击的系统运行速度越来越慢。

这次攻击成为头条新闻，大部分美国人对此也是闻所未闻。美国政府责任署的一项研究显示，10% 的联网电脑都曾受过感染；很多网站需要花 2 天时间才能彻底删除运行的蠕虫程序。

人们普遍认为莫里斯放出蠕虫只是一次实验，是为了提醒互联网系统管理员增强安全意识。因为此次蠕虫事件，使包括美国政府在内的许多机构都设立了计算机安全应急小组。至于莫里斯，在社区服务满 400 小时，并缴纳了一笔罚款后，他终于拿到了哈佛大学的博士学位，后来成为麻省理工学院的一名教授，并于 2006 年被授予该校终身教职。■

万维网

蒂姆·伯纳斯-李（Tim Berners-Lee，1955— ）

通过万维网，人们与数据随时随地连接在一起，彻底改变了世界信息交互的方式。

第一款面向大众的网络浏览器（1992 年）

1989 年

万维网改变了人们对互联网的认知，互联网从学术性的好奇心转变为影响大多数人生活的主导技术。尽管以前也出现过其他形式的网络核心要素，但网络的爆炸式增长几乎完全有赖于蒂姆·伯纳斯-李的全球信息共享空间愿景，结合了他在欧洲粒子物理实验室（CERN）工作期间发明的网络浏览器和网络服务器。

万维网整合了超文本（带有链接的文本）和电子出版的概念，关键之处在于信息发行者和读者不必使用同一台电脑。个人网络文档（当时的叫法）可以通过网络使用伯纳斯-李发明的超文本传输协议（HTTP）进行下载。这些文档用标准通用标记语言（Standard Generalized Markup Language，SGML）的一个简单子集编写。这个子集也是伯纳斯-李发明的，被称为超文本标记语言（Hypertext Markup Language，HTML）。和其他超文本系统不一样，HTML 链接直接内嵌在文档的文本中。2016 年，伯纳斯-李因发明万维网获得图灵奖。

万维网是成功的，因为和同时期的其他技术相比，万维网几乎没有任何技术或法律问题。只要连接网络，任何计算机都能运行一个网络服务器；只要下载和运行浏览器，任何互联网用户都能连接到这台服务器。因此，在不经任何人许可的情况下组织和个人都能向其他人发布信息。

万维网成为互联网的第二大杀手级应用（仅次于电子邮件），而且很快就超过了电子邮件。到了 20 世纪 90 年代中期，个人和企业都能访问万维网，大量公司成立的唯一目的就是创建和运营网站。在不到 10 年的时间里，万维网已经成为世界上最伟大的教育、通信和财富的巨大创造引擎之一。万维网彻底改变了这个世界！■

《模拟城市》

威尔·赖特（Will Wright，1960— ）

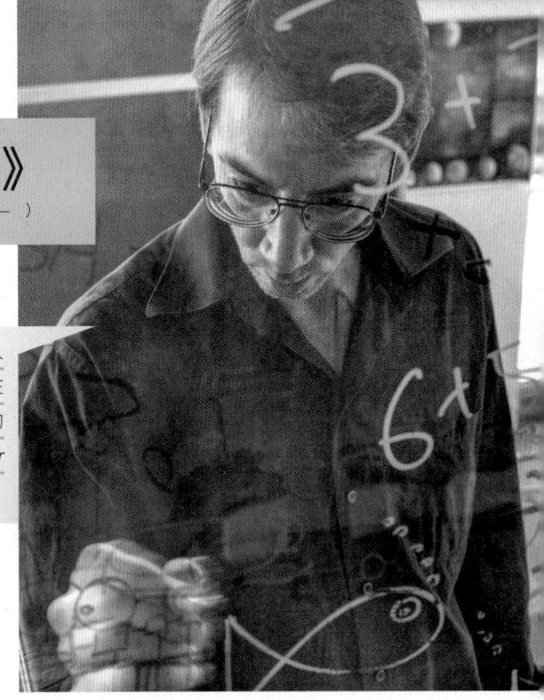

游戏开发公司 Maxis 的联合创始人兼《模拟城市》设计师威尔·赖特在位于美国加利福尼亚州爱莫利维尔的总部为《电脑游戏世界》(*Comptuer Gaming World*) 杂志拍摄照片。

《生命游戏》(1972 年)

谁能想到城市规划会这么有趣呢？由 Maxis Software 公司出品的标志性城市建设游戏《模拟城市》(*SimCity*) 最初是为康懋达 64 计算机设计的，原计划于 1985 年发行，但一直到 1989 年才同时出现在雅达利 ST、Amiga 和基于 DOS 的 IBM 个人计算机上。《模拟城市》是美国艺电公司的品牌之一，是迄今为止最受欢迎、最有影响力的游戏之一。它开创了一种新的互动娱乐类型，并催生了一系列更为流行的模拟游戏——《模拟人生》(*The Sims*)。此外，它还引起了人们对城市规划设计的强烈兴趣，助推了“新城市主义”运动，该运动旨在使城市更适宜于散步、骑行和户外娱乐。

《模拟城市》由威尔·赖特开发，主要依靠玩家的创造力来搭建一个井井有条、生机盎然的城市。玩家选择城市的组件，按照自己的想法排序和搭建，同时考虑居民生活及和谐互动的功能，比如在住宅区附近修建主干道，选择清洁能源还是有些许污染的能源，修建方便家庭和企业使用的水塔等。

赖特一直对复杂的自适应系统及系统动力学极为痴迷，开发《模拟城市》的灵感正来源于此。《模拟城市》拓展了大部分人对电子游戏的认知，包括激励玩家和推动模拟向前发展的游戏机制。这款游戏最了不起的地方在于，玩家真正能享受创建新事物的心理过程，看见这些事物与自己亲手创造的世界互动并作出反应。对于玩家来说，游戏获胜不仅是外在的、游戏的目标，也是内在的、个人的目标。

此外，《模拟城市》还催生了一批新型玩家，他们专注于游戏策略与创新。如今，《模拟城市》的影响力已经超越了游戏和计算机领域。■

第一个商用 ISP

巴里·谢恩（Barry Shein，1953— ）

一堆旧的调制解调器、路由器和网络设备，显示器、电话、音响和以太网接口。

美国国家科学基金会网络（1985 年）

1989 年

1989 年，接入互联网的方式并不多。提供互联网接入的大学里，学生和员工当然能上网，部分研究实验室和国防承包商也能上网，还有少数美国政府机构和欧亚的极少部分机构可以上网。不过，如果你想在不打长途电话的前提下登录另一国的计算机，或者开发一款新的互联网协议或应用程序，事情就没那么顺利了。

1989 年 11 月，巴里·谢恩成立了全球首个商用 ISP（网络业务提供商），取名为“世界”（The World）。谢恩因帮助波士顿大学连接互联网而备受尊重。不过，他那时已不在该校工作，而是在波士顿郊区运营一家小型咨询公司。

一天，UUNET 技术公司（以向企业提供高速上网服务的初创企业）的负责人询问谢恩，能否将 UUNET 的部分通信设备放在他的机房，以服务波士顿地区的企业客户。谢恩为其提供了免费的空间，但交换条件是 UUNET 要将“世界”接入互联网。谢恩告诉 UUNET，他希望自己和拨号上网的顾客都能享受统一费率。协议达成后，消费者每月支付 20 美元即可上网。

“世界”因打破行业格局遭到了很多互联网保守派的排斥。后来，谢恩收到了美国当时负责互联网工作的政府机构——美国国家科学基金会的电话。

尽管美国国家科学基金会的“可接受使用政策”禁止互联网商用，但打电话的人告诉谢恩，只要称之为“实验”就能实现“世界”互联网服务的合法化。于是，“世界”成为全球首个商用拨号网络业务提供商，这也是早期电子商务的雏形。■

全球定位系统（GPS）

罗杰·L·伊斯顿（Roger L. Easton，1921—2014）

Block Ⅱ是构成导航卫星全球定位系统（即我们熟知的 GPS）的第二代卫星。这批卫星由罗克韦尔国际公司制造，是第一批全面运转的 GPS 卫星。

第一个无线网络（1971 年）

1978 年，首个全球定位系统（Global Positioning System，GPS）发布，从此迷路的人越来越少。GPS 最初是为美国军用飞机和军舰提供无线电定位和导航，如今的 GPS 接收器和一枚硬币差不多大小，能为政府和民用运输工具、行人，甚至建筑物等无生命物体提供定位信息。

每一颗 GPS 卫星都有原子钟和电子器件，能将卫星的标识符和准确时间传输到 20 000 千米之外的地球。信号以光速传输，大约 0.06 秒就能传输到地球。每个接收器都有历书，可根据当前时间计算每颗卫星的准确定位。由于接收器也有准确的时钟，能够算出发出和接收信号的时间差，从而确定每颗卫星的距离。知道距离和卫星的准确定位后，接收器能够计算自己的定位。尽管 1978 年就发射了第一颗测试卫星，但直到 1990 年才有足够的在轨卫星供地面 GPS 接收器正常运行。

使用无线电波导航的想法可以追溯到第二次世界大战，当时盟军研发了日趋精密的系统帮助轰炸机瞄准目标。20 世纪 60 年代，美国海军研究实验室的科学家罗杰·伊斯顿设计了卫星导航和目标定位系统。直到 1983 年，大韩航空 007 号班机因误入苏联领空，被苏联空军击落，时任美国总统的里根决定向国际社会免费开放 GPS。即便如此，GPS 卫星会传输两种信号：一种是未加密的民用信号，准确率不高；另一种是美国军用加密信号，准确率更高。两者被称为“选择可用性技术”（selective availability）。意外的是，民用无线电导航的使用很快就超过了军用导航。2000 年 5 月，当时的美国总统比尔·克林顿（Bill Clinton）取消了选择可用性技术的使用，为 GPS 成为民用导航系统清理了障碍。■

数字货币

大卫·乔姆（David Chaum，1955— ）

人们通过 DigiCash 创建数字硬币，每枚数字硬币面额不大，且都有唯一的序列号。

比特币（2008 年）

如今，信用卡和借记卡是人们购物时的主要支付工具。但这些卡片可不仅仅执行转账的功能：每一笔交易，它们都会永久记录买卖双方的身份信息。这些记录可以遏制很多合法或非法活动。

在现实生活中，人们也可以使用纸币或硬币购买商品和服务。与卡片不同的是，纸币和硬币是匿名的：一旦交易完成，没有任何东西能将买卖双方的身份信息关联起来。纸币和硬币难以造假和复制，并且可以重复使用。

20 世纪 80 年代，数学家兼密码学家大卫·乔姆还是一名研究生时，一直在思考如何将硬币和纸币的匿名性特点复制到数字货币。于是，他发明了数字现金（DigiCash），首次实现了数字货币的匿名性和保护隐私的目的。随后，他成立了数字现金公司来推广这项技术。

在乔姆的系统中，人们创建自己的数字硬币，每枚数字硬币面额不大，且都有唯一的序列号。他们遮住序列号后，将数字硬币的面额从个人银行账户中扣除，同时请银行进行数字签名，最后公开序列号。在消费时，消费者将数字硬币给商家，商家将数字硬币存在个人账户中（应保证同一银行）。银行可以验证电子签名，然后将这笔钱存入商家账户。银行还会记录数字硬币的序列号，防止商家（或原来使用者）两次存入同一数字硬币。

但数字现金公司的想法并未成功，失败的原因有很多，比如商业决策不当，市场未能做好接受电子货币的准备。该公司于 1998 年申请破产，2002 年出售旗下资产。

数年后，比特币等电子货币和 PayPal 等支付系统才进入大众视线，并在市场上站稳了脚跟。■

完美隐私

菲尔·齐默尔曼（Phil Zimmermann，1954— ）

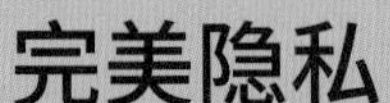

完美隐私为日常邮件信息提供了类似挂锁的安全措施。

RSA 加密算法（1977 年），
GNU 宣言（1985 年）

完美隐私（Pretty Good Privacy, PGP）是菲尔·齐默尔曼开发的电子邮件加密程序，齐默尔曼是一位和平活动家和计算机程序员，极为关心全球公民的隐私权。

1991 年，齐默尔曼得知美国参议院正在讨论一部反犯罪法案，该法案要求美国境内销售加密产品的企业在软件中加入“后门”，以便政府调查员能够复制未加密信息——即“纯文本”。

齐默尔曼预料到这一密码破译执行令将被用来对付和他一样合法抗议政府政策的人。于是，他决定自己写一个程序，帮助人们发送加密邮件。

齐默尔曼给这个程序取名为“完美隐私”（Pretty Good Privacy，PGP），并于 1991 年 6 月 5 日发布了 1.0 版本。这个程序后经发现存在漏洞和安全隐患（已修复），但其功能足以让人们创造公 / 私密钥对，在互联网分发公钥，使用公钥发送加密邮件。当时几乎所有人都知道，任何政府都无法破解 PGP 发送的信息。

1993 年，由 3 位发明了 RSA 算法的麻省理工学院教授成立的美国网络安全公司向美国政府投诉，称 PGP 侵犯了 RSA 的专利“加密通讯系统和方法”。因此，政府对齐默尔曼展开了调查，指控他违反限制军需品出口法，非法出口加密软件。调查一直持续到 1996 年 1 月 11 日，美国政府宣布放弃控诉。4 年后，美国商务部修改出口限制法规，规定以源代码形式出口加密软件不违法。

如今，PGP 及其兼容产品 GnuPG（GNU Privacy Guard）的 PGP 标准是发送加密电子邮件的主要系统之一。

《面临风险的计算机》

大卫·D. 克拉克（David D. Clark，1944— ）

《面临风险的计算机》这篇报告长达320页，警告人们关注计算机和通信系统的安全问题。

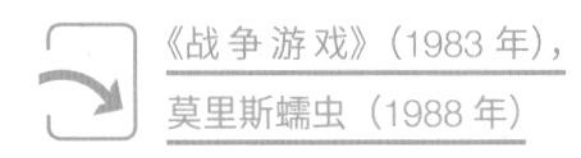

《战争游戏》（1983年），莫里斯蠕虫（1988年）

1991年

应美国国防高级研究计划局的要求，美国国家科学研究委员会，美国物理科学、数学和应用委员会等组织撰写了一篇长达320页的报告《面临风险的计算机：信息时代的安全计算》（*Computers at Risk: Safe Computing in the Information Age*）。

该报告指出："保障计算机和通信系统的安全不仅是一个技术问题，也是一个管理问题和社会问题。"简而言之，问题并不在于很多计算机系统不安全，而是在于难以保障计算机系统时时安全。

报告的作者写道，这是个大问题，因为社会对联网计算机系统的依赖度越来越高："鉴于计算机系统更加普遍、复杂，且内嵌于物理过程中、彼此互联，社会更容易受到不良系统设计、导致系统瘫痪的事故及计算机系统攻击的影响。"

大卫·D. 克拉克是撰写报告的委员会负责人，报告内容包括实现安全所需的技术、评估计算机及网络安全的标准，以及安全市场未能成功的原因。

该报告建议，应成立信息安全基金会和应急反应小组，确定应对重大威胁的策略。这份报告还指出，美国国防部的计算机系统评估框架提出的安全概念并不符合产业和私营领域的要求。

总而言之，计算机系统安全需要采取有规划的方式，并从总体上考虑这个问题。在这一广泛的范围内，这份报告旨在结合实际情况解释计算机安全战略问题。随着美国的计算机和信息网络变得越来越互联、越来越有价值，该报告鼓励采取措施，增强计算机系统的可信度，减少漏洞和薄弱点，同时让人们时刻保持谨慎。

就在莫里斯蠕虫事件发生两年后，这份报告就几乎预测了未来25年可能产生的信息系统安全挑战。■

199

Linux 内核

林纳斯·托瓦兹（Linus Torvalds，1969— ）

1999 年 3 月 2 日在美国加利福尼亚州圣何塞市举行的 Linux 世界大会上，林纳斯·托瓦兹在展区手举一张写有 LINUX 的车牌。

UNIX 操作系统（1969 年），GNU 宣言（1985 年）

1991 年 8 月 25 日，芬兰赫尔辛基大学一名本科生林纳斯·托瓦兹向 Usenet 新闻组 comp.os.minix 发送了一条消息，称自己正在开发英特尔 80386 微处理器适用的免费操作系统，该系统的内核已能运行两个重要的程序：GNU BASH 脚体（用户输入命令）和 GNU C 编译器（将程序员代码转为机器码），二者将组成即将问世的 GNU 操作系统。

英特尔 80386 是第一款面向大众的 32 位处理器，也是第一款不受内存限制，能够运行高级软件的微处理器。但可以在 80386 上运行的操作系统都是专有的。微软的 Windows 系统有一定限制，可用于英特尔 80386 的各种版本，UNIX 价格昂贵，而且不公开源代码。

1991 年，黑客和计算机爱好者们都期待着自由软件基金会完成理查德·斯托尔曼很早就承诺的 GNU 操作系统。1985 年，伴随着 GNU 宣言的问世，自由软件基金会宣布成立，几位受雇程序员和上千名志愿者一直在努力搭建一个黑客友好型的 UNIX 操作系统。遗憾的是，他们在开发操作系统的关键部分——内核（和计算机硬件连接的主控制程序，负责仲裁系统上运行的所有程序的执行）时遇到了困难。彼时，内核“Hurd”是计算机科学研究中重要的技术问题，但研发 Hurd 却难住了斯托尔曼的团队。

由于 Hurd 迟迟无法问世，许多人对林纳斯·托瓦兹声称要发明的新内核产生了兴趣。尽管新内核能够运行，但它仍需要操作系统 MINIX 的支持，因为托瓦兹是在 MINIX 上编写内核的。1992 年，内核不再依赖 MINIX，它能在英特尔硬件上完全自由地运行操作系统，被称为 Linux。自此以后，人们对 Linux 的兴趣渐浓，随着谷歌将其运用到安卓操作系统中，Linux 成为全球使用最广泛的操作系统。

与此同时，Hurd 仍在开发中。■

1991 年

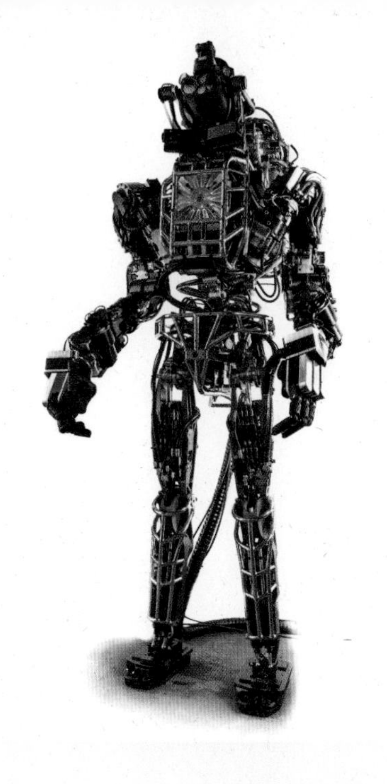

波士顿动力公司

马克·雷波特（Marc Raibert，1949— ）

美国波士顿动力公司和美国国防部高级研究计划局研发的 1.8 米高的双足人形机器人阿特拉斯。

机器人三原则（1942 年），第一款大规模生产的机器人（1961 年）

1992 年

美国波士顿动力公司是一家先进的机器人制造公司，制造了阿特拉斯（Atlas）——身高 1.8 米，能后空翻的双足人形机器人，和机器大狗（BigDog）——能够在任何轮式车辆都无法穿越的崎岖地形上，以每小时 6 千米的速度负重 154 千克的四足机器人。

波士顿动力公司由来自美国卡内基·梅隆大学和美国麻省理工学院的教授马克·雷波特创办，是麻省理工学院孵化的初创公司。该公司初期的大部分运营经费来自美国军方，尝试寻找替代性解决方案，完成对人类具有危险或需要超人力量的任务。该公司的发展离不开学术界和产业界几十年来对机器人和具身智能的研究。

波士顿动力公司研发了多款知名机器人，比如机器猎豹（Cheetah），奔跑时速达 29 千米，打破了 2012 年机器人在陆地上的速度纪录。机器人 Handle 身高 2 米，脚下装有轮子，可以垂直跳跃 1 米，能举起和负载 45 千克的重物，能像双足和四足生物一样保持平衡，且动作灵活。机器人佩特曼（Petman）是阿特拉斯的前身，主要用于测试化学武器对防护服的实质影响。沙蚤（SandFlea）是一款四足机器人，重 5 千克，高 15 厘米，可以跳到 9 米高的壁架上，再毫发无损地跳回地面。

2013 年，Google X（目前属于 Alphabet）收购了波士顿动力公司，收购价格不详。2017 年，Alphabet 将波士顿动力公司卖给日本科技巨头软银（SoftBank）。软银曾成功研发派博（Pepper）——一款能够解读人类情绪并做出相应反应的机器人。2021 年 6 月，韩国现代汽车集团从软银手中收购了波士顿动力公司。到目前为止，波士顿动力公司仍未实现机器人的商业化。■

联合图像专家组（JPEG）

如今，人们会使用 JPEG 有损压缩算法在互联网上分享可爱的宠物照片。

Minitel 网络（1978 年），动态图像专家组（MPEG）（1988 年）

1992 年

几十年来，数码照片文件过大始终是一个难以解决的问题。最早在麦金塔计算机上，用黑白屏幕显示一张史蒂夫·乔布斯像素化照片，只需要 21 888 B 的存储空间。如果想要显示全彩色照片，在早期的 Mac 计算机上需要 131 072 B，而在麦金塔计算机上则需要 525 312 B，占用存储空间增长了数倍。

尤其是法国的 Minitel 网络，深受这一问题的困扰。为了获得清晰的数字图像，不仅要占据大量存储空间，还要花费大量时间进行网络传输。因此，Minitel 在 1982 年组织了一个“联合图像专家组”（joint photographic experts group，JPEG），尝试解决图像压缩问题，希望研发出一种压缩算法，能够把数码照片占用的存储空间变得更小。

这些来自学术界和产业界的专家们共同创建了一种算法，称为“有损压缩算法”。所谓“有损压缩算法”，指的是被压缩图像再次解压后，与原始图像并不完全匹配，损失了一部分信息，但是人眼无法察觉这种信息损失。“联合图像专家组”的算法可以极大压缩图像文件大小，但是会对原始颜色造成一些破坏。这一算法具有可调节性，也就是说，可以指定压缩量。如果压缩量非常小，生成的压缩文件较大，图像细节保留较多；如果压缩量非常大，生成的压缩文件较小，同时解压后会出现很多压缩伪像。

20 世纪 80 年代也出现了其他类型的有损压缩算法，但是 JPEG 取得了巨大成功，重要之处在于它是一种开源算法，不仅完全对外公开，而且无须为使用 JPEG 而支付专利费用。这使得 JPEG 成为数码相机以及万维网的必然选择。直至今日，JPEG 可谓无处不在。■

第一款面向大众的网络浏览器

马克·安德森（Marc Andreessen，1971— ）
埃里克·比纳（Eric Bina，1964— ）

图为当时的 Mosaic 浏览器。链接会以蓝色突显，并带有下画线。

万维网（1989 年），网络搜索引擎 AltaVista（1995 年），谷歌公司（1998 年）

1992 年

万维网被认为是一种信息共享技术，可以帮助科学家们更好地交流知识并开展协作。网络浏览器就是这项技术的其中一部分，是用于访问、检索和查看所需信息的必要软件。当年，在美国伊利诺伊大学香槟分校的美国国家超级计算应用程序中心（NCSA），马克·安德森和埃里克·比纳研发了 Mosaic 浏览器。在那之前，非技术人员使用浏览器是十分困难的，只能上传文本，并且那些浏览器在很大程度上仅局限于 UNIX 工作站。Mosaic 浏览器改变了这一切，点燃了互联网热潮，向大众普及了互联网。

Mosaic 浏览器真的让互联网实现了“全球化”。1991 年，NCSA 以及 Mosaic 浏览器获得美国《高性能计算机法案》（*High Performance Computing Act*）的资助。这部法案也被称为《戈尔法案》，是由当时的美国参议员阿尔·戈尔（Al Gore）赞助的。

当时还有一些浏览器，例如 Midas、Viola 以及 Lynx，这些浏览器安装起来比较麻烦，而且如果没有专业技术知识会很难使用。网络上主要是文本信息，如果想要查看网页中的图片，必须点击链接才能打开，然后在单独的窗口中查看。而 Mosaic 浏览器却很简单，无须任何专业技能，使用界面直观简洁，便于人们实现网页导航。可以跳转其他网页的链接会以蓝色突显，并带有下画线。Mosaic 还是第一个在文本旁显示图片的浏览器。这种将图片嵌入文本的做法，被认为是推动网络兴起与发展的关键因素之一。突然之间，网页成了一种在视觉上极具吸引力和创造力的交流媒介。之所以能做到这一点，是因为安德森创建的一种新的被称为 IMG HTML 的标签。

Mosaic 浏览器最初只能在 UNIX 系统上使用，但很快就出现了其他版本，例如 Amiga 系统、麦金塔以及微软 Windows 系统。1994 年，马克·安德森与团队其他成员离开了伊利诺伊州，共同成立了后来的网景通信公司（Netscape communications），研发出了网景领航者浏览器（Netscape Navigator browser）。网景领航者浏览器再一次开辟了一片新天地，其一度成为世界上最受欢迎的浏览器，直至后来被微软的 IE 浏览器（Internet Explorer）所取代。1997 年，NSCA 停止了对 Mosaic 浏览器的开发和维护。■

统一码

马克·戴维斯（Mark Davis，1952— ）
乔·贝克尔（Joe Becker，生卒不详）
李·柯林斯（Lee Collins，生卒不详）

经过扩展后，统一码还包含了非常流行的新交流方式——表情符号。

博多码（1874 年），美国信息交换标准码（1963 年）；麦金塔计算机（1984 年）

1985 年，马克·戴维斯与苹果公司的一个工程师团队试图研发出第一台“日文版麦金塔”（Kanji Macintosh），即一台可以显示现代日语文字的计算机。很快他们就发现，最大的挑战不是将英文翻译成日语，而是如何在计算机内存中表示日语字符。

该研究小组发现，为了表示数以万计的日文、中文和韩文字符，已经开发出了不同的技术。有些字符用一个字节表示，有些用两个字节表示，还有“转换”代码可以从一个字符集切换到另一个字符集。

在当时，施乐公司有一群工程师也在研究同样的问题。他们已经开始着手建立一个数据库，用来对比中文与日文的相同字符，便于更容易地创建新的字体——这就是现在所谓的“中日韩统一表意文字”（Han unification）。

1987 年，戴维斯与施乐公司的乔·贝克尔和李·柯林斯见了面。他们一致认为，需要为全世界所有字母制定一种统一编码。贝克尔为这一项目创造了一个新词——统一码（Unicode），意思是“唯一、通用、统一的字符编码”。

有了统一码这个名字后，这个小组开始着手制定一套技术准则。统一码基于 ASCII 码，但是长度不再是 7 位，而是拓展为 16 位。这就意味着，纯文本文件的大小将增加 1 倍，但可以包含整个欧洲使用的所有带重音的拉丁字符。

1988 年 8 月，在美国达拉斯举行的国际 UNIX 用户组协会会议上，贝克尔介绍了最初的设计，称为“Unicode 88”。

由此，统一码的概念开始得到传播。一个非营利性的统一码联盟于 1990 年成立，致力于开发、维护和推广软件国际化标准，特别是统一码标准。如今，统一码已经成为映射代码与字符的全球标准。经过扩展后，统一码还扩展到了已经消亡的语言，例如腓尼基语（Phoenician），还有人造的虚拟语言，例如克林贡语（Klingon）。最近，经过再次扩展，统一码甚至还包含了各种表情符号。■

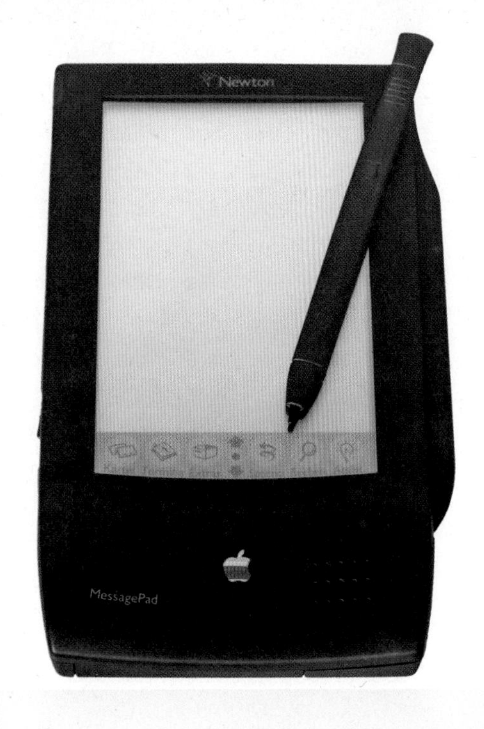

第一款掌上电脑

迈克尔·赵（Michael Tchao，生卒不详）
约翰·斯卡利（John Sculley，1939— ）

图为牛顿掌上电脑的后续机型 Apple MessagePad 100，收藏在瑞士洛桑布德尔博物馆内。

触摸屏（1965 年），PlamPilot 掌上电脑（1997 年）

1993 年

1993 年，电子笔记本的功能还十分有限，仅可以保存姓名、地址和电话号码。就是在这一年，苹果公司推出了牛顿掌上电脑（Apple Newton），这是一款手持式便携设备，用户可以存储并查询信息，还可以用于写作、创造与发明。牛顿掌上电脑采用了一种面向对象的存储机制，称为“soup”，允许不同的应用程序以一种智能的、结构化的方式无缝地访问彼此的数据。例如，用户可以使用 Apple Mail 接收电子邮件，查找邮件中的日期和时间，并根据这些信息在收发双方之间安排会面。

牛顿掌上电脑最著名的就是有一支用于输入的手写笔，可以识别英文手写体，不管工整或者潦草。由于手写识别工作需要大量计算，苹果公司采用了一家英国公司开发的新型低功耗微处理器，名为 Acorn RISC Machine（ARM）。

自 1987 年以来，苹果的工程师们一直致力于研发各种版本的便携式计算机。这也引起了当时的苹果 CEO 约翰·斯卡利的关注，他在 1987 年 EDUCOM 教育计算会议上发布了一段关于“知识领航员”（Knowledge Navigator）的概念视频。在 1991 年的一次飞行途中，苹果公司经理迈克尔·赵向斯卡利提出了一个想法，那就是研发一种真正意义上的数字助理。

今天，人们通常认为牛顿掌上电脑是苹果公司的失败之作。漫画家加里·特鲁多（Garry Trudeau）在他广受欢迎的漫画《杜恩斯比利》（*Doonesbury*）中无情地嘲笑了这款设备的书写识别问题。牛顿掌上电脑一直无法摆脱手写识别能力糟糕的名声，即便这些问题在第 2 版操作系统中已经基本得到了解决。

此外，牛顿掌上电脑还面临着另一个问题，即尺寸问题。一方面，要想放进口袋里，它的尺寸有些太大；另一方面，要想代替台式计算机开展烦琐的计算工作，它的尺寸又有些太小。虽然在最初的 3 个月内卖出了 5 万台，但是最终销量并未达到预期。1997 年，史蒂夫·乔布斯回归苹果公司后，终止了这款产品的研发和销售。■

互联网横幅广告通常出现在网页的顶部或侧面，通过点击跳转至广告商的网站或其他登录页面。

第一个互联网横幅广告

安德鲁·安克（Andrew Anker，生卒不详）
奥托·蒂蒙斯（Otto Timmons，1959— ）
克雷格·卡纳里克（Craig Kanarick，1967— ）

第一款面向大众的网络浏览器（1992 年），电子商务（1995 年）

1994 年 10 月 27 日，在美国《连线》（*Wired*）杂志网络版（hotwired.com）上，第一次在网页顶部出现了一个横幅广告。这通常被认为是有些烦人的互联网广告的鼻祖。它是一条黑色矩形的横幅，上面有一行彩虹色的文字："你会不会点击这里?"还有一个箭头指向两个白色的字——"你会"。人们确实会点击，事实上看到这条横幅广告的人中有一半都点击了。

这一条横幅由美国电话电报公司（AT&T）赞助，旨在探讨未来的走向，可以认为是一场更大运动的一部分。随着万维网的普及，《连线》作为一家关注前沿技术的杂志，必须要拥有一个网络版本。但是问题来了，在网络上如何获取收入呢？按照传统模式，《连线》拥有多种收入来源，例如报亭销售、广告、订阅。然而，《连线》没有办法在网络上提高销售额。这是一个令人担忧的问题，因为拓展网络渠道主要是吸引新的读者阶层，进而实现收入提升。

出版商认为，只要弄清商业模式，就能赚到很多钱。时任《连线》杂志首席技术官的安德鲁·安克认为，要通过广告途径获得收入。但是究竟要怎么做呢？在数字营销的早期阶段，如果可以找到一种方法，使之成为网络场景中的一部分，那么就已经成功了一半。

那条"你会"的横幅广告是由奥托·蒂蒙斯和克雷格·卡纳里克设计的。他们二人后来创办了 Razorfish 广告公司。当点击"你会"后，会被转接至一个普通网站，上面只有 3 个链接：第一个链接是一张地图，上面有世界各地虚拟艺术馆的网址；第二个是 AT&T 网站列表；第三个是关于这条广告本身的调查问卷。在接下来的几十年里，随着用户生成内容的爆炸式增长以及预测分析的不断发展，网络广告再也不会像当时那样简单直白了。■

1994 年

破解 RSA-129

罗纳德·L. 里维斯特（Ronald L. Rivest，1947— ）
马丁·加德纳（Martin Gardner，1914—2010）
德里克·阿特金斯（Derek Atkins，1971— ）

1977 年，在加密这些文字后，美国麻省理工学院教授里维斯特以为自己再也看不到这些文字了。

公钥密码学（1976 年），RSA 加密算法（1977 年），量子计算机（2001 年）

1994 年

1977 年 8 月，在《科学美国人》（*Scientific American*）杂志上，马丁·加德纳在他的数学游戏专栏中首次发表了 RSA 公钥密码系统背后的数学原理。同时，加德纳还向读者发出了一个挑战：要想破解一段加密信息，需要分解一个 129 位的数字，而这个数字只有两个因数，分别是一个 64 位质数和一个 65 位质数。RSA 算法的发明者之一罗纳德·L. 里维斯特告诉加德纳，想要成功地分解这个数字，需要耗费 40 万亿年的时间，这个时间显然是基于 1977 年的分解技术而得出的。里维斯特还悬赏 100 美元，作为成功破解密码的奖金。

与其他加密算法不同，只要简单地采用更长的质数来创建密钥，RSA 加密信息的破解难度就会不断增加。加德纳公布的密钥是 129 位十进制数字，换算为 426 位二进制数字。到 20 世纪 90 年代初，对于商业通信而言，这个长度的密钥显然是不够的。专家建议要为高安全性需求的应用程序配置 512 位或 1024 位密钥。

1992 年，当时年仅 21 岁的美国麻省理工学院计算机科学专业学生德里克·阿特金斯决定分解这个 129 位数字。阿特金斯想到，如果他从互联网上招募数百人帮忙，大家一起分解这个数字，那么这个任务是可以完成的。他召集了一群人，利用现有的分解软件进行修改，尝试攻破这一问题。1993 年 8 月 19 日，这个团队在 Usenet 网络上发布信息，开始寻求帮助。

在接下来的几个月里，有超过 600 人参与破解 RSA-129。8 个月后，他们成功地分解了这个长达 129 位的数字，解开了来自 1977 年的谜题：“这个神奇的词是易受惊的鱼鹰。”（The magic words are squeamish ossifrage.）

虽然破解 RSA-129 不需要 40 万亿年，但它确实需要大约 100 万亿次的计算。后来，所获得的 100 美元奖金被捐赠给了自由软件基金会，这是一个开发开源 GNU 操作系统的非营利组织。■

数字视频光盘（DVD）

沃伦·利伯费布（Warren Lieberfarb，1943— ）

相较于 CD-ROM 的红外激光，DVD 的蓝紫激光波长较小，可以读取更多的信息。

动态图像专家组（MPEG）（1988 年），光盘只读存储器（CD-ROM）（1988 年）

1995 年

数字视频光盘（digital video disc，DVD）的出现是为了解决一个技术难题——如何将一整部长篇电影储存到一个计算机可读的存储介质上。电影行业希望改变其原有的录像带租赁模式，鼓励人们购买而非租赁他们喜爱的数字化电影。通过这种方式，可以获取更高的利润，同时通过数字化技术提升观众的观影体验。

电影行业想要效仿的是音乐行业。早在几年前，音乐行业就成功地实现了从盒式磁带和黑胶唱片过渡到了光盘（compact disc，CD）。CD 的存储容量为 700 MB，拥有足够的空间来存储贝多芬的第九交响曲，这是宝丽金唱片公司（PolyGram）音乐库中最长的一首音乐。但是在 20 世纪 80 年代初，当时的技术还无法实现存储视频所需的数据量，并且当时的电子设备也无法播放数字视频。这一切都随着 DVD 的出现得到了改变。

与 CD 一样，在 DVD 光滑的表面上，也刻有微小的凹坑。这些凹坑与平滑，就是以二进制格式编码的电影。当激光扫描或“读取”光盘表面时，将有凹坑的点读取为 1，将没凹痕的点读取为 0。DVD 技术的突破在于，如果可以使用波长更短的激光来读取数据，就可以使用更小的凹坑进行编码，且排列得更加紧密。编码越密集，意味着可以有更多的数据被载入光盘。DVD 的出现是 30 多年来各项技术的融合，并没有某一位发明者。但是，人们普遍认为华纳兄弟娱乐公司时任总裁沃伦·利伯费布推动了 DVD 的发展。■

今天人们用笔记本电脑或手机就可以实现网络购物。

电子商务

208

1995 年

美国国家科学基金会网络（1985 年），第一款面向大众的浏览器（1992 年）

无论商家提供什么样的服务或产品，买家都会十分挑剔。因此，电子商务面临着一系列的挑战，其中既包括实践上和技术上的变化，也包括社会层面的挑战。这些问题一直都没有得到很好的解决，导致难以形成大规模的网络交易。然而，到了 1995 年，情况开始出现好转。一系列具有开创性的事件，使得消费者对电子商务产生了兴趣，真正开启了电子商务时代。

最重要的因素是安全性的提升。1994 年，美国网景公司（Netscape）推出了安全套接层协议（Secure Sockets Layer，SSL），该协议可以允许消费者在线发送信用卡号，而无须担心在传输过程中被盗。1995 年 4 月，威瑞信公司（Verisign）开始营业，主要业务是出售用于证明在线业务真实性和可信度的数字证书。与此同时，美国国家科学基金会在 1991 年 3 月改变了 NSFNET 的使用政策，允许其进行商业通信。NSFNET 逐步从网络基础设施管理者转变为商业网络运营商。1995 年，随着商业域名请求数量激增，NSF 授权网络解决方案公司（Network Solutions, Inc.）开始收取域名注册费用，双方签订了一个长达 5 年的协议。上述的这些事件，再加上网站变得越来越专业，看起来也更加丰富与完整，这些都为电子商务的发展奠定了基础。

出生于 1967 年的皮埃尔·奥米迪亚（Pierre Omidyar）在 1995 年创立了 eBay（当时名为 AuctionWeb），旨在建立一个让人们在日常生活中互相出售物品的网站。他的第一笔交易是以 14.83 美元的价格卖出了自己已用坏的激光笔，买家是一位专门收藏破损激光笔的收藏家。当时，他就知道自己所做的事情是正确的。也正是在这一年，和双击公司（DoubleClick）一样，亚马逊公司推出了处于初步阶段的广告网络（现归谷歌公司所有）。如果要问第一次安全在线交易是什么时候呢？这个问题或许难以回答，但是在众多可能的答案中，必胜客也是其中之一。必胜客早在 1994 年 8 月就开始在网上销售比萨。■

AltaVista® The most powerful and useful guide to the Net

Ask AltaVista™ a question. Or enter a few words in any language

information architecture Search

Example: Where can I download sports shareware for Windows?

AltaVista 具有多项开创性功能，可以使用自然语言搜索，还可以搜索图片、音频、视频等。

网络搜索引擎 AltaVista

万维网（1989 年），第一款面向大众的网络浏览器（1992 年），谷歌公司（1998 年）

在万维网出现之前，就已经有了互联网搜索引擎，用于搜索那些基于文件传输协议（FTP）的文件库。事实上，即使在万维网出现后，也要等很多年，才能有足够的网络内容来支持搜索引擎。

直到 Mosaic 浏览器的出现，网页数量才呈爆炸式增长，因此需要提高网络虚拟地址的自动索引。早期的搜索引擎，例如 W3 Catalog，功能十分有限，且搜索结果不稳定。AltaVista 由美国数字设备公司（Digital Equipment Corporation，DEC）研发，主要目的是作为一种营销工具，来证明其 AlphaServer 8400 TurboLaser 超级计算机具有高速与准确的特性。

通常认为，AltaVista 具有多种开创性的功能，包括可以使用自然语言进行查询；利用网络爬虫 Scooter 寻找数据，而无须要求网站提供关键词和术语的汇总；实现图片、音频、视频的搜索，以及网页全文索引、扩展布尔运算符、多语言搜索（包括英语、马来语和西班牙语）等。

由于采用了更快速、更成熟的技术，AltaVista 很快便流行起来。网站用户数量激增，从 1996 年每天 30 万用户，增长到 1997 年每天 8000 万用户。最初 AltaVista 只是为了展示超级计算机性能的副产品，后来已转变成一种提升互联网信息效率的方式。

很快，由于商业决策等问题，以及谷歌公司研发了 PageRank 算法，AltaVista 在短短的几年时间内就丧失了其重要地位以及大量用户。1998 年，美国康柏公司（Compaq）收购了 DEC，此后 AltaVista 被多次转卖。AltaVista 于 2003 年被 Overture 公司以 1.4 亿美元的价格收购，随后又被卖给了雅虎公司。雅虎在 2013 年彻底关闭了 AltaVista。■

加特纳曲线

尽管人们试图预测某一技术在某一阶段的发展，但并不是所有技术都遵循这种可预测的创新和普及之路。

电子商务（1995 年）

加特纳曲线（Gartner Hype Cycle）是用图像化的方式来描述技术发展的 5 个阶段：第一是全新技术的触发阶段，其特征是一项技术开始出现在公众视野之中；第二是过高预期的顶峰阶段，这时公众往往会对一项技术的前景过度关注和热议；第三是幻灭后的低谷阶段，开始对技术的适用范围和限制有所认识；第四是逐步提升的启蒙阶段，技术真正开始被慢慢运用，已实现了最初的发展目标；第五是创造价值的平稳阶段，标志着已经成为主流技术或主流产品。在最后阶段，媒体也变得更加积极，技术的实际作用更加清晰，技术名称可能不再仅是其本身，而变成了一种对活动的描述，例如用“Xerox”表示复印，用“Google”表示搜索。

著名技术咨询公司加特纳集团（Gartner Group）在 1995 年提出了这条技术成熟度曲线，用来描述技术发展从繁荣到萧条，再从萧条到缓慢繁荣的这一过程。加特纳曲线已经成为技术决策者和公众了解技术发展潜力的重要参考依据。直到今天，这一曲线结合定量和定性数据，还在为投资决策、战略规划以及掌握新兴技术提供信息。

当然，并不是所有的技术都遵循这条曲线规律。例如，一些被大肆宣传的技术彻底失败了，同时例如 DVD 和 PC 等一些技术从未真正经历过低谷阶段。但是，大多数技术是遵循这一规律的，在专利申请、新闻报道、搜索数量、投资活动、相关文章以及其他指标上都很符合这一曲线。

加特纳曲线也并不是没有受到批评，有许多人都在质疑其基本方法论的准确性。然而，事实已经证明，加特纳曲线是一个既易于使用又广受欢迎的工具，它将密集且复杂的技术图景放入一个图形中，不论是对新手，还是对专家，都很有帮助。■

通用串行总线

通用串行总线（USB）为数据传输和电力供应提供了一个统一标准。

RS-232 标准接口（1960 年）

20 世纪 90 年代中期，大多数计算机的背部看起来就像是一个由电线和连接器组成的老鼠窝，不仅有连接电话调制解调器的串行端口、连接键盘和鼠标的 PS/2 连接器，还有连接打印机的 25 针接口，当然还有电源接口与视频接口。

通用串行总线（Universal Serial Bus，USB）就是要终结这种杂乱无章的状态，为数据传输和电力供应提供一个统一标准。USB 标准于 1996 年 1 月首次公开发布，由 7 家公司共同设计研发，分别是：康柏、DEC、IBM、英特尔、微软、NEC、北方电信（Nortel）。这些公司的设计者们认为，计算机行业会从传统端口时代缓慢过渡，可能在一段时期内计算机会同时提供传统端口与 USB 端口。

随着苹果公司推出了 iMac 计算机，USB 首次在消费者面前亮相。自 1986 年以来，苹果公司的麦金塔计算机一直使用专有的苹果桌面总线（Apple Desktop Bus，ADB）。苹果公司希望采用一种新技术，能够方便用户购买和使用键盘、鼠标和其他专业设备。因此，苹果公司一马当先：1998 年 8 月，iMac 上市销售，配备 USB 接口，而没有传统接口。然而，在 PC 方面，这些传统接口直到十年后才被淘汰。

到了 2010 年，USB 不仅取代了所有传统数据接口，而且取代了电源接口。除了苹果公司的 iPhone，几乎所有手机以及许多其他低功耗设备都采用了 USB 微型连接器来充电。同样无处不在的是 USB 存储器，提供高达数千兆字节的便携式永久存储空间。

USB 存在一个问题，那就是它的接口是不对称的：A 端接入电脑，B 端接入“下游”设备，通常是打印机或电话。而且，接头本身只能以一种方式接入，如果方向不对，则无法接入。上述这两个问题，都被 USB Type-C 解决了，它的接头可以翻转，且两端一致。此外，Type-C 的最高传输功率高达 100 瓦。2015 年，苹果推出了一款带有 1 个 Type-C 接口的 MacBook，后来逐步推出了带有 2 个或 4 个 Type-C 接口的机型。■

观众们通过电视观看国际象棋世界冠军加里·卡斯帕罗夫与 IBM 的深蓝计算机的比赛。

深蓝战胜国际象棋世界冠军

加里·卡斯帕罗夫（Garry Kasparov，1963— ）

AlphaGo 战胜世界围棋大师（2016 年）

1997 年

1950 年，艾伦·图灵编写了第一个计算机国际象棋程序。从那以后，计算机科学家以及普通民众就将国际象棋作为判断机器智力的试金石。这种观点认为，如果机器能在国际象棋中打败人类，那么它们将真正拥有智能。后来这项挑战的内容发生了微妙变化：机器是否能在国际象棋比赛中击败所有人，甚至是一位国际象棋大师？

大约在 50 年后，这个问题得到了回答。1997 年，IBM 公司推出的深蓝计算机（Deep Blue）击败了国际象棋世界冠军加里·卡斯帕罗夫。

卡斯帕罗夫与深蓝一共进行了两场比赛，第一场是在 1996 年 2 月的美国费城，卡斯帕罗夫输给了深蓝 2 局比赛，但最终仍然以 4：2 的战绩赢得了胜利。第二场是在 1997 年 5 月，卡斯帕罗夫以 2.5：3.5 的比分输给了深蓝（其中有一局是平局）。在第二场的第二局比赛中出现了一个转折点，深蓝走出了令人意想不到的一步棋，这让卡斯帕罗夫深感不安，放弃了自己原本的策略。卡斯帕罗夫没有看明白这步棋的目的，他认为这是机器棋艺高超的一种表现。卡斯帕罗夫对深蓝能力的判断，充分说明了在技巧性游戏中依赖直觉既是人类的优势，也是人类的短板。

事实上，深蓝的优势完全是依靠简单的蛮力。深蓝是一个用 C 语言编写的大规模并行程序，运行在 UNIX 集群上，每秒能计算 2 亿个可能的棋局。深蓝会根据设定好的变量对可能的棋局进行评估，选择更好的落子位置。在深蓝的“眼中”，国际象棋就成了一种“可量化”的方程。因此，计算机只需寻找最佳落子位置即可——它可以比任何人类都更快速、更准确。■

PalmPilot 掌上电脑

杰夫·霍金斯（Jeff Hawkins，1957— ）

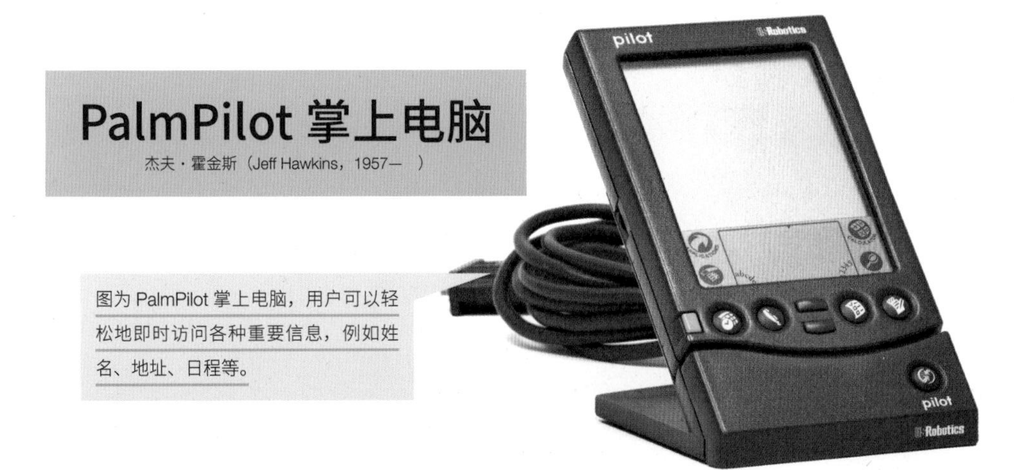

图为 PalmPilot 掌上电脑，用户可以轻松地即时访问各种重要信息，例如姓名、地址、日程等。

触摸屏（1965 年），第一款掌上电脑（1993 年）

为了设计一款掌上电脑，杰夫·霍金斯削了一块大小可以装进衬衫口袋的木块，随身携带了好几个月，假装用它来查找电话号码、查看日程安排、添加待办事项。这一做法完全是以用户为中心，与技术研发并无关系。

在此之前霍金斯已经设计研发了两款便携式计算机，再加上这次将木块放进口袋的体验，他已经意识到，便携式计算机并不是要取代传统台式计算机，而只是要填补空白。具体来说，便携式计算机应可以立即启动，让用户找到他们正在搜寻的信息，例如姓名、地址、日程等。因此，在这种使用场景下，对数据输入没有太多的需求，更重要的是想办法实现便携式计算机与台式计算机的数据快速同步。

由于主要功能不是文本输入，所以并不需要配备键盘。取而代之的是，在屏幕底部有一块呈矩形的小区域，用户可以在那里手写输入一种程式化的字符，霍金斯称为“涂鸦”（Graffiti）。与传统罗马字符类似，这种“涂鸦”字符更容易被软件所识别。

霍金斯的研发团队只有 27 人，耗时 18 个月，推出了这一款新型掌上电脑 PalmPilot。但是，由于没有资金来生产及销售这款设备，1995 年他们的公司被卖给了一家调制解调器制造商美国机器人公司（U.S.Robotics Corporation，USR）。两年后，也就是 1997 年，美国机器人公司将 PalmPilot 推向市场，价格为 299 美元。这款掌上电脑取得了巨大成功。短短两年时间，销量超过了 200 万台；到了 2003 年，销量突破 2000 万台。

电子墨水

JD·艾伯特（JD Albert，1975— ）
巴雷特·科米斯基（Barrett Comiskey，1975— ）
约瑟夫·雅各布森（Joseph Jacobson，生卒不详）

电子阅读器有许多优势，比如功耗较低，以及不会因眩光和背光造成读者视觉疲劳。

兰德平板电脑（1964 年），触摸屏（1965 年）

1997 年

电子纸显示器（Electronic Paper Display，EPD），是一种超薄反射显示器，在阳光直射下可见，且几乎不消耗能量。EPD 可追溯至 20 世纪 70 年代，当时施乐帕洛奥托研究中心曾开展过相关研究。但是，直到美国麻省理工学院本科生 JD·艾伯特和巴雷特·科米斯基在他们的老师约瑟夫·雅各布森的指导下取得了重大技术突破，EPD 才得以实现商业化发展。这项技术被称为“电子墨水”（E Ink），也是他们公司的名称。后来，“电子墨水”成了此类技术的通用词。

尽管 LCD 屏幕的视觉效果非常出色，但是“电子墨水”可以像阅读纸质书一样，不会因眩光和背光造成读者视力疲劳，几乎没有功耗且足够耐用，可以承受恶劣环境。如今，电子阅读器、手表等可穿戴设备，以及商场货架上可以动态变化的价格标签，都使用了这项技术。未来，电子墨水技术还会出现在平板电脑、指示牌，甚至是墙壁上。

这项技术被称为“微胶囊电泳显示技术”，其工作原理为：带电微胶囊被夹在两片极薄的玻璃或塑料之间。微胶囊中带有填充物，白色的是氧化钛，黑色的是碳，二者带有正负电荷。通过控制电荷的变化，将相应的微胶囊组合推送到屏幕顶部，形成可见的黑白两色图案，以此显示文字或图片。只有在微胶囊的状态改变时，才会消耗电能，例如电子阅读器中的“翻页”。

2013 年，联合国纽约总部安装了世界上最大的电子墨水显示屏。该显示屏宽 6 米，分辨率为 26400 像素 × 3360 像素，可提供新闻、日程以及其他可能有用的信息。艾伯特、科米斯基和雅各布森 3 人于 2016 年被选入美国国家发明家名人堂，与托马斯·爱迪生、莱特兄弟等伟大发明家并列。■

Rio MP3 播放器

Rio PMP300 MP3 播放器提供了许多新功能，例如跳过、切换以及随机播放。

iTunes 应用程序（2001 年）

帝盟多媒体公司（Diamond Multimedia）在 1998 年 9 月 15 日推出了一款数字音乐播放器 Rio PMP300。该播放器大小如一副纸牌，售价 200 美元，拥有 32 MB 存储空间。用户可以跳过和切换音乐，也可以重复播放和随机播放。电源使用 1 节五号电池，续航时间约为 10 小时。用户可以通过一个专用的连接器，将音乐从计算机传输到播放器中。

然而，真正让帝盟如雷贯耳的原因是它为建立一个新的数字音乐生态系统扫清了道路，发挥了历史性的作用。这个数字音乐生态系统，最开始由苹果公司的iTunes和iPod播放器所主导。

Rio 播放器采用了一种当时相对较为新颖的被称为 MP3 的音频压缩格式。这种由德国工程师创建的格式，使大范围音乐共享成为可能，并催生出了一个新产业。未压缩的音频文件会占用大量存储空间，32 MB 只能存储短短几分钟的音乐。MP3 这种新格式可以大大压缩文件，解决了存储和共享音乐面临的实际问题，同时音质却没有明显降低。同样的 32 MB 存储空间，变得能够存储大约 1 小时的音乐。不到一年的时间，就出现了像纳普斯特公司（Napster）这样的点对点音乐共享服务。用户可以通过互联网与成千上万的其他用户自由分享数字音乐，迅速打造了一种新的音乐产业文化与法律环境。但是，音乐行业认为这种行为已经严重触及了行业底线。

1999 年，美国唱片工业协会（Recording Industry Association of America，RIAA）起诉帝盟多媒体公司，认为帝盟设计制造的设备没有实施版权管理系统，涉嫌违反美国 1992 年出台的《家庭音频录音法》。在 RIAA 看来，帝盟不仅没有依法支付版税，而且助长了音乐盗版行为。美国第九巡回上诉法院最终判决帝盟胜诉，其中一个原因是计算机用户有权将合法所得的音乐文件从一个地方转移到另一个地方，这与电视观众可以录制电视节目以便以后观看是一样的。

在胜诉后，Rio 播放器的销量开始暴涨。随后，帝盟公司推出了 RioPort，这是最早的在线音乐商店之一，用户可以在上面合法购买音乐。■

谷歌公司

拉里·佩奇（Larry Page，1973— ）
谢尔盖·布林（Sergey Brin，1973— ）

谷歌公司的使命是“整合全球信息，供大众使用，让人人受益”。

第一个互联网横幅广告（1994 年）

1998 年

谷歌公司（Google）起源于美国斯坦福大学两位学生对万维网上页面组织方式的好奇。他们就是拉里·佩奇和谢尔盖·布林。在当时，网络链接一般都是只能前进、无法后退，但是佩奇想要改变这一情况。

为了能够实现后退，佩奇设计了一款名为 BackRub 的网络爬虫程序，对互联网进行扫描，整理所有网页链接，用于反向链接分析。他还意识到，对网页的重要性进行判定是非常有用的。后来，谢尔盖·布林也加入其中，两人很快就研发了一种算法，不仅可以识别和计算指向某个页面的链接，还可以根据链接来源页面的质量对其重要性进行排名。此后不久，他们创建了一个搜索界面与排名算法，命名为 PageRank。1998 年，他们的努力最终形成了一项成熟的商业模式，主要收入来自搜索结果页面上的广告。

在接下来的几年里，谷歌收购了许多公司，包括流媒体服务商 YouTube、网络广告商 DoubleClick、手机制造商摩托罗拉（Motorola），建立了一个完整的产品生态系统，提供电子邮件、网站导航、社交网络、视频聊天、图片管理等功能，还有一个从事智能手机硬件研发的部门。近年来，谷歌公司聚焦人工智能与深度学习技术，为科技前沿领域的下一场战斗做准备——不再是关乎速度，而是关乎智能。

2006 年，《韦氏大学英语词典》和《牛津英语词典》都对“Google”一词的词性进行了扩展——可以作为动词，意思是使用谷歌搜索引擎在线搜索某些词条。按照谷歌公司的要求，“Google”必须特指通过使用谷歌搜索引擎在线搜索，而不能泛指使用任何互联网引擎。

2015 年 10 月 2 日，谷歌公司设立了一家母公司，名为字母表公司（Alphabet Inc），其总部位于美国加利福尼亚州山景城，在全球范围拥有 70 000 多名员工。■

协作式软件开发

诸如 SourceForge 和 GitHub 的平台，让许多人可以在线协作，极大地提高了软件研发速度。

GNU 宣言（1985 年），维基百科（2001 年）

虽然软件开发人员常常以孤僻和内向著称，但是他们大部分时间还是会与同事及相关专业人士交流合作，以解决共同的难题或完成共同的项目。到 20 世纪 90 年代末期，在多种因素的共同作用下，开始出现协作式开发环境（Collaborative Development Enviroment，CDE）。通过这种开发环境，分散各地的研究人员（有些是在同一家公司，有些是要完成同一项挑战）会在虚拟空间中开展合作，推进开源项目和开发代码。

随着 Web 平台的软件开发工作越来越多，如何提高生产力和创新力来满足这些不断增加且不断变化的需求成为一个问题。协作式开发环境的出现在一定程度上就是为了满足这些需求，让开发人员不只是局限于自己的社区或组织，可以通过网络获取更多专业技能与资源。引领这一潮流的是 SourceForge，这是一家为软件开发人员免费提供代码开发管理服务的公司，成立于 1999 年。此后不久，还出现了许多其他类似的平台。

协作式软件开发极大地加快了开源项目的开发速度。如果没有这些协作功能，开发速度不会那么快；如果没有不同观点的交流碰撞，开发质量也不会那么高。例如，Apache 软件基金会的大数据软件栈，包括 Hadoop、Apache Spark 等，是由数十家公司和大学的程序员合作开发的。在很大程度上，这些项目之所以取得成功且具有活力，不仅因为这些代码被使用，更重要的是这些代码一直被维护和改进。

随着时间的推移，在 CDE 平台中还增加了一些其他附加功能，包括线程讨论论坛、日程安排、电子文档传输、项目看板，等等。■

博客

乔恩·巴格（Jorn Barger，1953— ）
彼得·默霍尔兹（Peter Merholz，生卒不详）
埃文·克拉克·威廉姆斯（Evan Clark Williams，1972— ）

博客让世界听到了更多不同的声音，创造出了更多的知识素材。

赛博空间（1968 年），Usenet 网络（1980 年），桌面出版（1985 年）

1997 年，网络空间已经成为一种越来越流行的社交渠道。人们可以在网络空间上沟通意见和想法，传播专业知识，还可以与他人分享有趣的事情。那些网络活跃用户贡献了越来越多的网络内容，涵盖了所有可以想象到的主题。

“博客”（blog）一词起源于乔恩·巴格。他是一位散文家，也是 Usenet 网络的活跃撰稿人。他最早创造了“网络日志”（weblog）一词，用来描述他在其个人网站“机器人智慧”（Robot Wisdom）上记录和管理的行为。后来，在 1999 年 4 月或者 5 月，设计师彼得·默霍尔兹在他的网站 Peterme.com 页面侧边栏中写下了这样一句注释：“我决定将‘weblog’这个词发音为 [wee-blog]，或简化为‘blog’。”由此，默霍尔兹开始在他的文章中使用他所创造的新词，其他人也纷纷效仿。

几个月后，美国派拉实验室（Pyra Labs）发布了用于创建网络日志的软件 Blogger。该公司联合创始人埃文·威廉姆斯也使用了“博客”一词。Blogger 取得了巨大的成功，谷歌公司在 2003 年收购了 Blogger 和派拉实验室。Blogger 的成就在于将“博客”一词带入了公众视野，并提供了一种新的个人发布工具。WordPress、Movable Type 等其他流行的博客发布平台也正是在这个时候成立的。

那么，是谁写了第一篇“博客”呢？这取决于如何来定义“博客”，包括内容、格式、软件等。早在这个词被创造出来前，已经有许多网络评论员和在线日记作者。在博客已经流行时，其中有些人接受了“博客”一词，而有些人则没有。

不论谁是第一位博客作者，如今的博客广受欢迎。博客让世界听到了更多不同的声音，创造出了更多的知识素材。2004 年《韦氏大学英语词典》的编辑们还将“博客”选为他们最喜欢的年度词汇。■

纳普斯特公司

肖恩·范宁（Shawn Fanning，1982— ）
西恩·帕克（Sean Parker，1979— ）

图为美国唱片业协会首席说客米奇·格雷泽（Mitch Glazier）和纳普斯特公司说客马努斯·库尼（Manus Cooney）参加美国参议院共和党高科技特别工作组组织的辩论。

乐器数字接口（1983 年），Rio MP3 播放器（1998 年）

免费的数字音乐和友好的用户界面——这是纳普斯特（Napster）公司向用户做出的承诺。1999 年，通过软件可以轻松改变音频 CD 中的格式，转换为经过压缩的 MP3 格式；通过高速网络可以在一分钟之内完成一首歌曲的传输或接收。与此同时，数字音乐盗版问题一直是备受音乐行业关注的棘手问题。

肖恩·范宁发布了一款名为“纳普斯特”的程序，让音乐行业的担忧变成了现实。根据版权法的规定，在“合理使用”的情况下，用户拥有免责权利。法院也从未裁定青少年为朋友制作混音带这一行为是否合法。所以，范宁创造了一种电子媒介服务，让人们可以在互联网上与几乎任何人分享音乐。

范宁的朋友西恩·帕克也是一位软件天才，他在高中时就已经成功创办了几家公司。帕克为纳普斯特筹集了更多的资金，这使得程序可以在大型集中式服务器上运行。正是有了这一服务器，才可以存储每个在线用户的索引以及他们的共享音乐。新用户可以下载免费的纳普斯特客户端，输入歌曲或歌手的名字，就能立即得到可供下载的音乐列表。纳普斯特程序可以让音乐直接从一个用户传送到另一个用户，这就是点对点共享，有点儿像朋友之间制作的混音磁带。

音业界将纳普斯特视为一种大型盗版软件。如果一首歌曲出现在纳普斯特上，就会被用户数百万次免费地复制。因此，很可能在用户从商店合法购买音乐之前，已经在纳普斯特上出现了。2000 年 4 月 13 日，金属乐队（Metallica）在美国加州北部地区以侵犯版权和敲诈勒索的罪名对纳普斯特公司提起诉讼。这是第一起关于点对点文件共享软件服务商的诉讼。金属乐队要求纳普斯特公司为每首非法下载歌曲赔偿 10 万美元，总计至少需要赔偿 1000 万美元。大约一年后，法院于 2001 年 3 月 5 日发布了初步禁令，要求纳普斯特公司识别并删除系统中所有金属乐队的音乐——这几乎是一项不可能完成的任务。纳普斯特公司的高管曾短暂地试图出售公司，最终不得不宣布破产，公司也被清算。■

USB 闪存驱动器

大多数 USB 闪存由两个芯片组成：一个是用于存储数据的闪存芯片；另一个是用于传输数据的微控制器。

闪存（1980 年），通用串行总线（1996 年）

在典型的 USB 闪存驱动器中，有两个集成电路，分别是闪存芯片和 USB 控制器。这两项技术发明于不同时期，由以色列公司 M-Systems 将二者组合在一起，并于 1999 年 4 月申请了美国专利。该专利于 2000 年 11 月 14 日发布，专利号为 6148354A。专利设备被描述为“基于通用串行总线的 PC 闪存”，体积约为成年人拇指大小。当时，已经有多家公司在销售 USB 闪存驱动器。

想要明白这种技术配对的重要性，有必要先了解这两种不同的技术。USB 是计算机与连接设备之间的通用接口标准，由多家世界一流技术公司于 20 世纪 90 年代中期共同制定。闪存驱动器是一种微电子器件，发明于 1980 年，只需很少的电量就可以运行，并且可以在完全断电的情况下保存数据。

USB 与闪存的结合使得数据更加便携，也更易离线共享，同时还增加了各类设备与个人计算机之间存储和移动的数据量。在此之前，为了使用可移动闪存，计算机都需要特殊的读取器，而大多数计算机并不配备这种读取器。但到了 2000 年，几乎所有市面上出售的台式计算机与笔记本电脑都带有多个 USB 接口，已经成为连接键盘、鼠标、打印机以及其他外部设备的标准方式。

突然之间，任何一台计算机都可以拥有额外的存储空间，不仅快速、便携，而且无须单独供电。对于消费者而言，这无疑是一种巨大的便利。USB 闪存驱动器很快就取代了软盘、可写光盘、压缩驱动器和其他存储设备。

关于 USB 闪存驱动器的发明者，目前仍然存在着一些争议。虽然 M-Systems 公司拥有第一项专利，但是 IBM 公司认为是其员工最早提出这一想法，还公开发布了发明说明。此外，新加坡公司崔克科技（Trek Technology）与中国公司朗科科技（Netac Technology）也在竞争该项专利。2000 年，崔克科技成为第一家商业化出售 USB 闪存的公司，并冠以 ThumbDrive 的商标。同年，IBM 公司率先在美国销售 USB 闪存盘，命名为 DiskOnKey，容量达到 8 MB。如今，USB 闪存的存储容量可以超过 512 GB。■

维基百科

吉米·威尔士（Jimmy Wales，1966— ）
拉里·桑格（Larry Sanger，1968— ）

作为在线百科全书，维基百科提供了超过 3000 万篇文章。

GNU 宣言（1985 年），协作式软件开发（1999 年）

维基百科（Wikipedia）是一个在线百科全书，提供 287 种语言，包含超过 3000 万篇文章。维基百科归属非营利组织维基媒体基金会（Wikimedia Foundation）。维基百科让世界各地的志愿者投稿，或者就他们希望看到的任何主题贡献内容或创建新条目。在所选语言下，这些内容与文章形成了一种有组织的贡献方式。通过持续众包的模式，维基百科保持信息的时效性和准确性，确保真实且可靠。经过无数人大规模的协同合作，为世界各地的人们提供了关于常见和不常见话题的一般参考。虽然偶尔也会出现错误与偏见，但维基百科仍是世界上最受欢迎的网站之一。

维基百科的文章可以引用，也可以被引用。读者可以点击页面底部的链接，会跳转至原始文章和平台。这种运营模式的一个特点就是，在政治、宗教等争议话题上，投稿者之间会爆发“编辑战争”。

虽然维基百科及其联合创始人也曾受到质疑与批评，但同时也获得了许多人的支持和资助。维基百科可能会导致循环报道，从而影响它的真实性与可信性。也就是说，有些新闻报道会引用维基百科，然后维基百科也会进行更新，再次引用这些文章作为信息来源。

维基百科需要大量持续性和重复性的编辑工作，用以纠正拼写错误，确保链接和参考材料的妥当排列。因此，维基百科使用自动化机器人，帮助人类志愿者完成这项工作。有趣的是，随着机器人数量的增加，机器人之间的“编辑战争”现象也在增加，机器人会反复撤销和重新修改彼此的内容。由于人工智能的不断进步，技术复杂性持续提高，维基百科上越来越多的文章都由机器人负责完成。■

2001 年

iTunes 应用程序

史蒂夫·乔布斯（Steve Jobs，1955—2011）
杰夫·罗宾（Jeff Robbin，生卒不详）
比尔·金凯德（Bill Kincaid，1956— ）
戴夫·海勒（Dave Heller，生卒不详）

2010 年 9 月 1 日，苹果公司的史蒂夫·乔布斯在美国加利福尼亚州旧金山举行的新闻发布会上推出了 iTunes 以及其他产品的最新版本。

动态图像专家组（MPEG）（1988 年），Rio MP3 播放器（1998 年）

2001 年

20 世纪末期，音乐业正处于一场史诗级的战争之中，以维持其商业盈利模式。音乐已经变成了由 1 和 0 组成的数字形式，并通过纳普斯特等在线服务平台进行免费分享。为了保护版权，音乐业对这些服务平台及其用户提起了诉讼。

苹果公司联合创始人史蒂夫·乔布斯看到了机会，在 2000 年收购了 SoundJam MP。SoundJam MP 是一款音乐内容管理器和播放器程序，由软件工程师杰夫·罗宾、比尔·金凯德、戴夫·海勒共同研发，他们都曾在苹果公司工作，并将这款产品发展成了后来的 iTunes。

2001 年 1 月 9 日，iTunes 在美国旧金山的 Macworld 博览会上首次亮相。在最初的两年里，苹果公司将 iTunes 作为一种软件点唱机，提供一个简单的操作界面，可用于管理 MP3 以及由 CD 转换而来的压缩音频格式。2001 年 10 月，苹果公司发布了一款数字音频播放器 iPod，可以通过数据线与用户的 iTunes 音乐库进行同步。iPod 的出现为下一次重大发布奠定了基础——这就是 2003 年发布的 iTunes 音乐商店，该音乐商店推出时就收录了 20 万首歌曲。如今，用户可以很方便地从苹果公司购买经授权的高品质数字音乐。

在一家计算机公司购买音乐，确实是一种全新的观念。它颠覆了传统的商业模式，为音乐行业提供了一种高效合法的机制，既能保护知识产权，又能从中获得利润。

唱片公司愿意参与 iTunes 的模式，并允许乔布斯出售他们的音乐，主要是因为乔布斯同意按照数字版权管理（Digital Rights Management，DRM）的要求对音乐版权进行保护。（2009 年，苹果公司大幅放宽了基于 DRM 的限制条件。）与此同时，消费者也愿意接受 iTunes 的模式，其中一部分原因是 iTunes 可以购买单曲，不再需要为了其中一两首歌曲而购买整张专辑。

在接下来的几年中，iTunes 像滚雪球一样成长为一家媒体巨头，提供的内容包含音乐视频、电影、电视节目、有声读物、播客、广播和音乐流媒体——所有这些内容都与苹果公司的新产品和服务整合在一起，包括电视、手机和平板电脑。■

高级加密标准

文森特·赖门（Vincent Rijmen，1970— ）
琼·戴门（Joan Daemen，1965— ）

图为电子前沿基金会制造的加密破解机器“深裂”的 29 块电路板之一。

数据加密标准（1974 年）

自从 1977 年美国政府采用了数据加密标准（Data Encryption Standard，DES）后，DES 迅速成为世界上使用最广泛的加密算法之一。但是，人们从一开始就很担心这一算法的安全性。DES 的加密密钥只有 56 位，这意味着一共只有 72 057 594 037 927 936 个可能的加密密钥。这也不禁让专家们猜测，是否已经有人制造了专门用于破解 DES 加密消息的计算机。

此外，DES 还有其他的问题。由于最初的设计是要在硬件中实现的，软件实现的速度出奇缓慢。因此，在 20 世纪 80 年代和 90 年代，许多密码学家们开始提出一些新的加密算法。这些算法在网络浏览器中的应用越来越广泛，但是没有一个算法能够通过政府标准制定流程。

因此在 1997 年，美国国家标准与技术研究院（National Institute of Standards and Technology，NIST）宣布开展一项为期数年的竞赛，以确定美国的下一个加密标准，并邀请世界各地的密码学家提交他们最好的加密算法，以及如何对加密算法进行评估的建议。

1988 年，又出现了一个对 DES 非常不利的消息，电子前沿基金会（Electronic Frontier Foundation，EFF）宣布他们制造了一台 DES 破解机器，成本不到 25 万美元。这台机器名为“深裂”（Deep Crack），每秒可尝试 900 亿个 DES 密钥，平均只需要 4.6 天就能破解一条 DES 加密信息。

共有来自 9 个国家的 15 份加密算法参加了此次 NIST 的竞赛。经过反复分析与研讨，NIST 最终在 2001 年确定了获胜者——Rijndael 算法。这一算法由两位比利时密码学家文森特·赖门和琼·戴门研发。Rijndael 算法，也就是如今的高级加密标准（Advanced Encryption Standard，AES），采用的密钥长度达到了 128 位、192 位或者 256 位，从而实现了前所未有的安全级别。它可以运行在 8 位微控制器上，而且几乎所有的现代微处理器都带有特殊的 AES 指令，能够以惊人的速度进行加密。■

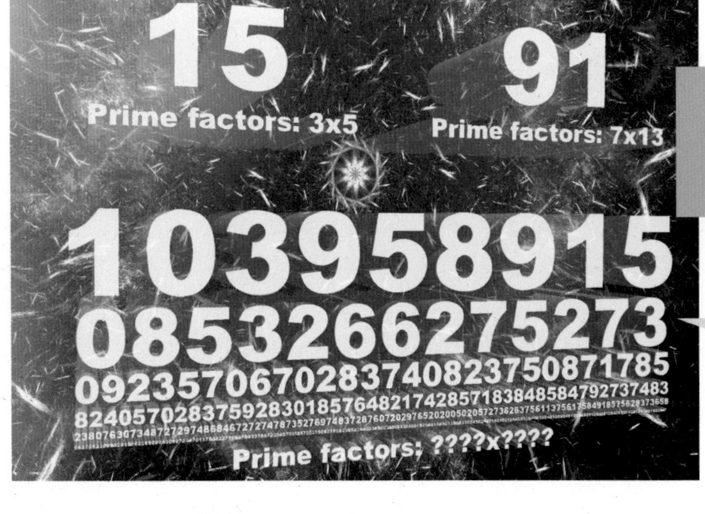

量子计算机

彼得·肖尔（Peter Shor，1959— ）
艾萨克·庄（Isaac Chuang，1968— ）

2001 年，科学家们使用 7 个量子比特的量子计算机成功分解了数字 15，得到 3 和 5。在此之后，量子计算机性能逐步提升，可以分解更大的数字。

量子比特（1983 年）

量子计算机的关键之处在于速度，运算速度不是一般的快，而是一种难以置信、不可思议的极高速度。

对于所有通过互联网发送加密信息的人而言，都要面对一个问题，那就是量子计算机的速度将对数据安全带来挑战。绝大多数互联网数据加密使用公钥加密算法，其安全程度取决于大数分解的难度。目前在传统计算机上，还没有可以进行大数分解的有效算法。但是，数学家彼得·肖尔在 1994 年设计了一种算法，可以在量子计算机实现大数分解。也就是说，如果拥有一台足够强大的量子计算机，那么几乎可以破解所有互联网上的加密信息。

衡量量子计算机的重要参数是它一次可以处理的量子比特数。2001 年，在 IBM 公司阿尔马登研究中心（Almaden Research Center），由艾萨克·庄领导的一支科学家团队使用一台 7 个量子比特的量子计算机，成功分解了数字 15，得出了因数 3 和 5。

虽然分解 15 这个数字并不是什么大不了的事，但是 IBM 研究人员证明了量子计算机不仅在理论上是可行的，而且在实践中也是可行的。现在，各国研究团队都在竞相研发远超传统计算能力的量子计算机。

在成功分解了 15 之后，量子计算机的性能在稳步提升，分解算法也得到了改进。2012 年，彼得·肖尔的算法应用在一台 10 个量子比特的量子计算机上，成功分解了数字 21。同年，来自中国的研究团队使用一种改进算法在一台 4 个量子比特的计算机上分解了数字 143。更令人惊讶的是，在中国研究团队发表其研究成果两年后，日本京都大学研究人员指出，使用中国研究团队提出的方案还可以成功分解 3599、11663、56153 这 3 个数字。

现在，美国国家标准与技术研究院的密码学家们正在开发“后量子时代”的加密算法。最新的这些算法并不依靠因式分解进行加密，因此可以避免量子计算机的攻击。■

家庭清洁机器人

科林·安格（Colin Angle，生卒不详）
海伦·格雷纳（Helen Greiner，1967— ）
罗德尼·布鲁克斯（Rodney Brooks，1954— ）

伦巴是一款吸尘机器人，可以保持室内清洁。

机器人罗比（1956 年），第一款大规模生产的机器人（1961 年）

2002 年，消费者们开始接触到一款名为“伦巴”（Roomba）的自动真空吸尘机器人。这款机器人不仅可以保持室内清洁，还会让人联想到科幻小说或流行文化中的机器人形象，例如《星球大战》（*Star Wars*）中的 R2-D2，以及《杰森一家》（*The Jetsons*）中的罗西·杰森（Rosie Jetson）。

伦巴机器人由 iRobot 公司设计制造。iRobot 公司成立于 1990 年，创始人是 MIT 机器人专家科林·安格、海伦·格雷纳，以及他们的老师罗德尼·布鲁克斯教授。在伦巴机器人出现之前，iRobot 公司主要从事军事机器人和研究机器人的开发工作。例如，太空探索机器人 Genghis；用于探测和清除海滩冲浪区地雷的机器人 Ariel；参与“911”袭击事件后搜救生还者的机器人 PackBot，该机器人还在第二年随美军一起被派往了阿富汗。

伦巴机器人是最早实现商业化并面向消费者市场的机器人之一，或许也是最广为人知的机器人之一。谁又能预料到，在去除室内灰层这么小的应用场景中都会直接用到最先进的机器人技术，例如视觉测绘、智能导航、传感器，甚至还有人工智能。更不用说，这个机器人还会变成猫咪在室内兜风的专属座驾。

早期版本的伦巴机器人通过一系列随机模式来清洁地板，可以在大部分的时间内覆盖大部分的空间。机器人的传感器不是用来绘制房间地图，而是为了防止从楼梯上摔下来，还可以在撞到物体时进行检测，进而执行后退、转弯和保持前进等命令。 2015 年，iRobot 公司发布了一款具有 Wi-Fi 功能的伦巴机器人，配备了机器视觉和机器人导航算法，可以直观地绘制房间的地图，并确定所在位置以提高清洁效率。

后来，伦巴机器人还提供了另外一种应用，让普通人与高科技更加紧密地联系在一起—— 由消费者创建自己的机器人。iRobot 公司专门推出了一款可实现自主扩展的版本。人们可以在上面添加新的硬件、软件以及传感器，以增加额外的功能和应用。如今，在床上享用机器人送来的早报和早餐，已成为现实。■

验证码

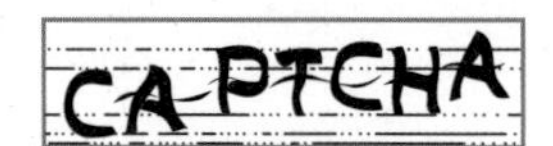

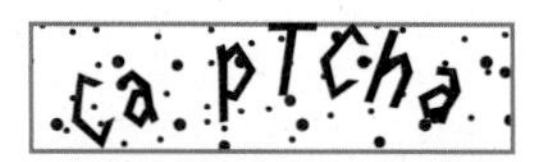

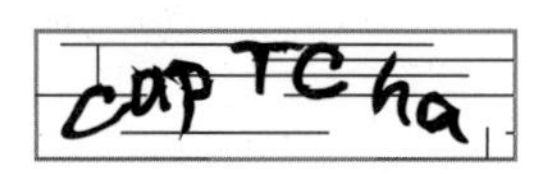

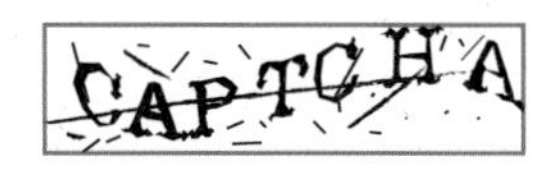

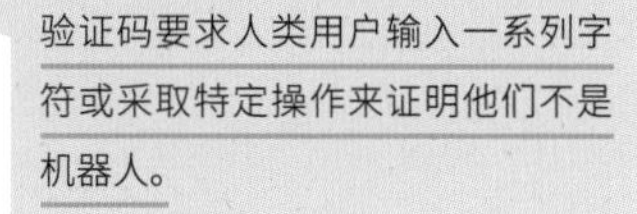
验证码要求人类用户输入一系列字符或采取特定操作来证明他们不是机器人。

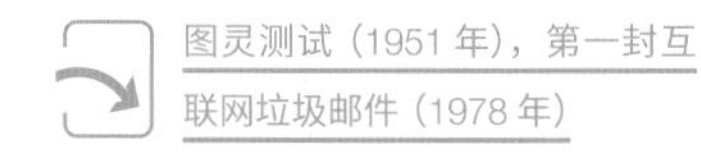
图灵测试（1951 年），第一封互联网垃圾邮件（1978 年）

2003 年

验证码（CAPTCHA）是一项计算机测试，用于区分哪些是人类、哪些是机器人，以及哪些是试图伪装成人类的计算机程序。验证码的出现是为了防止那些在线服务被滥用。例如，向消费者免费提供电子邮件服务的公司有时会使用验证码，防止有人在短短几分钟内注册数千个电子邮件，用于网络诈骗。验证码还被用于限制垃圾邮件，以及限制他人编辑互联网社交媒体页面。

“CAPTCHA”一词是“全自动区分计算机和人类的图灵测试”（Completety Automated Public Turing test to tell Computers and Humans Apart）的简称。验证码最早是由美国卡内基梅隆大学的计算机科学家们于 2003 年创造的，但这项技术本身可以追溯至 1997 年和 1998 年，由 Sanctum（一家应用程序安全公司，后来被 IBM 公司收购）和 AltaVista（该公司详细描述了该技术）的两个团队分别提交了专利。

验证码的一个巧妙应用是改进并加速老旧书籍和其他纸质文本材料的数字化。在对纸质材料进行扫描时，会有专门的程序对那些无法通过光学字符识别（Optical Character Recognition，OCR）技术辨认的单词，转化为验证码测试。这种技术获得了谷歌的许可，通过让人类对目前 OCR 技术无法识别的模糊词语进行识别，有助于提高谷歌图书数字化项目的准确性。然后，谷歌可以使用这些图像和人工识别结果作为训练数据，进一步改进其自动化识别系统。

随着人工智能技术日臻完善，机器通过验证码的能力也在不断提高。由于双方你来我往，都在努力提升，从而引发了一场技术竞赛。多年来，已经找到了很多种验证码方法，希望能够对于机器来说很困难，同时对于人类来说又很简单。例如，谷歌公司有一种验证码，只要求用户点击一个写着“我不是机器人”的对话框，与此同时谷歌服务器会分析用户的鼠标移动情况，检查 cookie 文件，甚至会查看用户的浏览历史，确保用户是真实的人类。那些破解或绕过验证码的技术，也在推动验证码的改进和优化。其中一种破解方法就是雇佣“数字血汗工厂的工人”，为垃圾邮件发送者输入验证码答案，降低了验证码在防止计算机资源滥用方面的有效性。■

电子产品代码

桑杰·萨玛（Sanjay Sarma，1968— ）
凯文·阿什顿（Kevin Ashton，1968— ）
大卫·布洛克（David Brock，1961— ）

通过电子产品代码，可以在几秒钟内扫描整箱的库存或者整个货架的产品。

智能家居（2011 年）

通用产品代码（Universal Product Code，UPC）彻底改变了 20 世纪七八十年代的零售业。UPC 是一个 12 位的代码，用一串数字或一个条形码来表示。对于消费者可以购买到的所有商品而言，UPC 由 6 位制造商代码和 6 位产品代码组成。UPC 印在产品包装上，便于零售商使用条形码扫描仪进行结账，从而加快结账速度，减少结账错误，还可以更好地进行库存管理，降低经营成本。

推动自动化流程进入下一个阶段，就是要把这种技术延伸至整个供应链。通过可无线电读取的电子产品代码（Electronic Product Code，EPC），实现了每件物品的全流程跟踪，从制造到运输，从销售到使用。例如，在药品上贴上标签，有助于杜绝假冒产品；食品上的标签被冰箱读取，可以提醒即将变质，或被微波炉读取，可以确定烹饪方法。为了实现这一目标，标签的价格必须非常便宜，理想情况下每张不超过 5 美分。

EPC 系统由美国麻省理工学院自动标识中心（MIT Auto-ID Center）最先提出，并于 2004 年被认定为标准。EPC 系统采用了类似于无线门禁卡的技术，但射频频谱有所不同。其中，每一张便签都有一个公司前缀、一个项目产品代码和一个电子序列号。每一个 EPC 也可以变成一个互联网统一资源标识符（Uniform Resource Identifier，URI），让每一件产品都有一个属于自己的网址。此外，还有更加先进的标签，配备读写存储器，以及可记录温度和压力的板载传感器，甚至还可以为想要保护隐私的消费者提供专门指令。

如今，所有的产品都会被贴上 EPC 标签，就像在 20 世纪 70 年代时产品包装上都会被印上条形码一样。据报道，带有集成天线的 96 位 EPC 标签的价格通常为 7 ～ 15 美分，标签识别器的价格为 500 ～ 2000 美元。■

2004 年

Facebook

马克·扎克伯格（Mark Zuckerberg，1984— ）

2018年4月10日，脸书首席执行官马克·扎克伯格出席美国国会商务和司法委员会联合听证会，谈及了2016年在美国总统大选中对脸书数据的使用。

博客（1999年），社交媒体之罪（2011年）

2004年

脸书（Facebook）是社交网络世界的庞然大物，是现代最重要的交流平台之一。虽然脸书并不是第一个供人们交换信息或公开表达兴趣爱好的在线服务平台，但脸书将这一服务带向了全世界。脸书提高了公众对“社交网络”的认识，可以让普通人通过一款简单的软件，发出与其经济地位、地理位置、社区影响力不相匹配的声音。

脸书也为传统媒体敲响了警钟。随着媒体的消费者转变为媒体的创作者，传统媒体已经开始由盛转衰。现在人们可以随时随地发布即时消息，完成自己故事的讲述、编辑、出版，甚至可以成为全球的引领者或开拓者。

脸书由美国哈佛大学的马克·扎克伯格和他的同学们于2004年创立，最初希望通过一个网站将整个大学的学生们聚集起来。人们普遍认为，脸书来源于扎克伯格研发的“FaceMash”网站，该网站将两位同学的照片放在一起，让大家选出哪一位更吸引人，这个网站仅持续了一段时间。在此之后，又推出了“Facebook”，这就是脸书最初的名字。这一网站的出现已经表明，人们希望与他人保持联系并愿意了解他人，这种需求在此之前并未得到满足——至少在美国哈佛大学的学生群体中是这样的。后来，脸书还遭遇了各种各样的法律挑战，面临着创意剽窃罪的指控，其中包括卡梅伦·温克莱沃斯（Cameron Winklevoss）和泰勒·温克莱沃斯（Tyler Winklevoss）两兄弟提起的诉讼，最终他们二人获得了6500万美元的和解金。不过，在2017年脸书的市值就已超过5000亿美元，与之相比这笔和解费用实在不值一提。

很快，脸书就传播到哈佛大学之外的地方，并向其他大学开放。到了2017年3月，脸书网站的月度活跃用户数量为19.4亿。2021年10月，扎克伯格宣布公司更名为“Meta”，这个名字源于“元宇宙”（Metaverse）。■

首届国际合成生物学大会

亚当·阿金（Adam Arkin，生卒不详）
德鲁·恩迪（Drew Endy，1970— ）
汤姆·奈特（Tom Knight，1948— ）

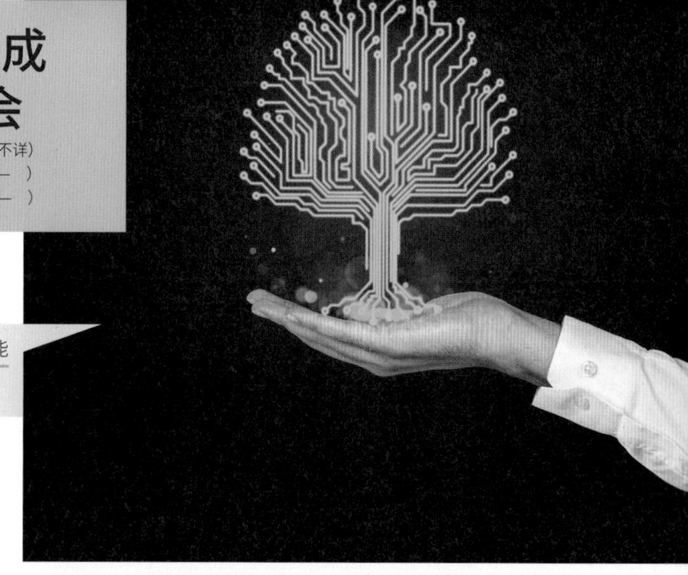

合成生物学的愿景是想让工程师们能够像为计算机编程一样为细胞编程。

DNA 数据存储技术（2012 年）

2004 年

在过去的半个世纪里，科学家们一直使用先进的计算机技术来研究和探索有关生物世界最基本层面的知识。生物学上的许多发现都依赖于对大量数据进行信息处理、对生物系统进行建模，以及越来越先进的实验室机器人技术。

也许是因为对计算机的熟悉，许多生物学家开始认为细胞不只是一个代谢系统，而是一个信息处理系统。这就引出了合成生物学（Synthetic Biology）这一全新领域的基本问题：是否有可能将计算机知识应用于细胞的设计和编程？

为了实现这一目标，美国麻省理工学院的计算机科学家汤姆·奈特于 20 世纪 90 年代在计算机科学实验室中专门建立了一个生物实验室。他做出的第一项成就是创造出了可以被编程的生物发光细菌。1999 年，合成生物学家德鲁·恩迪和亚当·阿金在一份白皮书中提出，应该有一个“生物电路标准元件清单”（standard parts list for biological circuitry）。到了 2003 年，随着汤姆·奈特提出了“生物积木”（BioBrick）的概念和标准，这个清单已成为现实。

美国麻省理工学院在 2004 年举办了首届国际合成生物学大会。在接下来的几年中，该领域的研究人员数量成倍增加。随后，出现了一个关键的里程碑事件：振荡器电路可嵌入细胞之中，用于计算振荡次数，并将计算结果在几厘米的范围内进行传输和显示。■

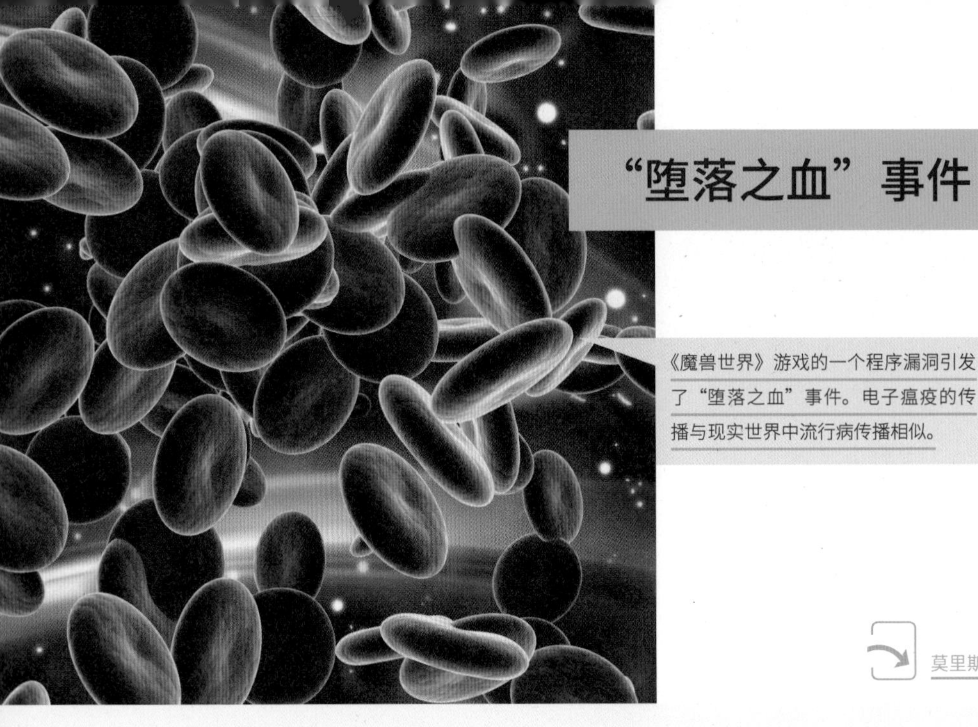

“堕落之血”事件

《魔兽世界》游戏的一个程序漏洞引发了“堕落之血”事件。电子瘟疫的传播与现实世界中流行病传播相似。

莫里斯蠕虫（1988 年）

2005 年 9 月，在热门计算机游戏《魔兽世界》（*World of Warcraft*）中，程序员在只有高级别玩家才能进入的区域中引入了一种虚拟瘟疫。但是，由于游戏程序存在漏洞，这场瘟疫扩散区域超出了预期，感染并杀死了许多低级别玩家。没过多久，游戏中的整座城市都被摧毁了，游戏角色尸横遍野，为数不多的幸存者要么在漫无目的地奔跑，要么在山村乡野间隐遁。

这场瘟疫被称为“堕落之血”（Corrupted Blood），出现意外的原因是一个程序漏洞。在游戏中，玩家的“宠物”和“仆从”会被感染瘟疫，并传染给其他玩家，而且玩家可以将宠物瞬间召唤到禁区之外，这是游戏设计者完全没有料到的。

瘟疫暴发后，伴随着震惊与混乱，一些玩家出现了令人意想不到的行为，因为他们要对角色的生死存亡作出决定，甚至有机会去追逐杀戮和破坏。游戏开发商暴雪娱乐公司（Blizzard Entertainment）意识到问题的严重性之后，在游戏中设立了自愿隔离区，但有些玩家们无视了它们。有的具有治愈能力的角色会试图帮助那些即将死亡的角色，与此同时，还有的被感染但免疫的角色将自己被感染的宠物传送到角色密集的区域，使瘟疫继续蔓延。成千上万的虚拟游戏角色变成了一堆白骨。

在此次游戏瘟疫中观察到的行为，对于流行病学家来说非常有价值。通常他们只能依靠计算机来进行流行病模拟，此类模拟困难很大，难以准确预测人类行动。毕竟受感染的家禽行为，与人类行为并不相同，人类会将病毒当作武器进行报复。流行病学家认为，电子游戏中的远距离传送相当于现实世界中的航空旅行。他们仔细研究了“堕落之血”事件，探索如何利用虚拟瘟疫来模拟从动物传播到人类的其他疾病，例如 SARS 和禽流感。

回到《魔兽世界》的游戏中，当暴雪娱乐公司修改了程序，这场虚拟瘟疫得到了控制。如果在现实世界中我们也能用这么简单的方式来抗击病毒就好了。■

Hadoop

道格·卡廷（Doug Cutting，生卒不详）

尽管 Hadoop 通常运行在高性能计算集群上，但计算机爱好者们也会在一些开发板上运行 Hadoop。

连接机（1985 年），GNU 宣言（1985 年）

并行性是处理海量数据的关键因素：将一个问题分解成多个小问题，然后使用不同的计算机同时进行处理。但是，在 21 世纪之前，大多数的大规模并行系统都是基于科学计算模型：使用价格昂贵、可靠性高的组件，构建单一的高性能系统。由于编程难度大，这些系统只能使用定制软件来解决各类问题，例如模拟核武器爆炸。

然而，Hadoop 采用了一种不同的方法，并非依靠专门的硬件设备，而是让公司、学校甚至个人用户在普通计算机上构建并行处理系统。数据的多个副本分布在不同计算机的多个硬盘驱动器上，如果某一个系统或者某一个驱动器出现故障，Hadoop 会再复制其他副本。Hadoop 不是将大量数据通过网络传输给超高速 CPU，而是将程序的一个副本传输给数据。

Hadoop 起源于非营利性网站“互联网档案馆”（Internet Archive），当时道格·卡廷正在那里研发一个互联网搜索引擎。在项目开展了几年后，卡廷注意到了谷歌的两篇学术论文。一篇描述了谷歌公司开发的分布式文件系统，用于存储超大集群中的数据；另一篇描述了谷歌公司的 MapReduce 系统，用于向数据发送分布式程序。卡廷很快意识到谷歌的方法比他的更好，因此他重写了自己的代码来匹配谷歌的设计。

2006 年，卡廷认为他所搭建的分布式系统远不只可以用于运行搜索引擎。因此，卡廷从系统中抽取了大约 11 000 行代码，组建了一个独立的系统，并命名为“Hadoop”——这是他儿子的一只毛绒大象玩具的名字。

由于 Hadoop 的代码是开源的，其他公司和个人也可以使用 Hadoop。随着大数据的蓬勃发展，越来越多的人需要使用 Hadoop。因此，代码得到了不断改进，系统也得到了持续扩展。到了 2015 年，开源 Hadoop 的市场估值已达到 60 亿美元。■

差分隐私

辛西娅·德沃克（Cynthia Dwork，1958— ）
弗兰克·麦克谢里（Frank McSherry，1976— ）
柯比·尼西姆（Kobbi Nissim，1965— ）
亚当·史密斯（Adam Smith，1977— ）

差分隐私方法解决了一个问题，即如何在不侵犯个人隐私的情况下，使用和发布基于个人隐私信息的统计数据。

公钥密码学（1976 年），零知识证明（1985 年）

2006 年

2006 年，美国微软研究院的辛西娅·德沃克和弗兰克·麦克谢里，以色列本·古里安大学的柯比·尼西姆，以及以色列魏茨曼科学研究所（Weizmann Institute of Science）的亚当·史密斯，他们 4 人共同提出了差分隐私的想法。他们想要试图解决信息时代的一个普遍难题：如何在不侵犯个人隐私的情况下，使用和发布基于个人隐私信息的统计数据。

差分隐私提供了一个数学框架，用以解决由于数据发布而导致的隐私损失问题。首先确定了一个关于隐私的数学定义，这也是第一次为数据持有人提供了一个公式，用于计算将要进行的数据发布行为对个人可能造成的隐私损失量。在该定义的基础上，设计了隐私保护机制，在允许发布统计数据的同时保留一定程度的隐私。至于保留隐私的程度，取决于拟发布数据的精确性：差分隐私给了数据持有者一个数学旋钮，可以在准确性与隐私性之间作出平衡。

例如，利用差分隐私的方法，一个城镇可以发布一些“私有化”数据，既在数学上保护个人隐私，又在整体上展现总体情况，可用于交通规划设计等。

在差分隐私提出后的几年中，发生了许多备受关注的事件，其中经过差分隐私发布的总体数据被认为是无法识别的，但是特定个人提供的数据却可以被重新识别。再加上有一些关于恢复个人数据难度的数学论证，企业和政府开始对差分隐私感兴趣。2017 年，美国人口普查局宣布会在 2020 年人口和家庭普查统计中运用差分隐私技术。■

iPhone

史蒂夫·乔布斯（Steve Jobs，1955—2011）

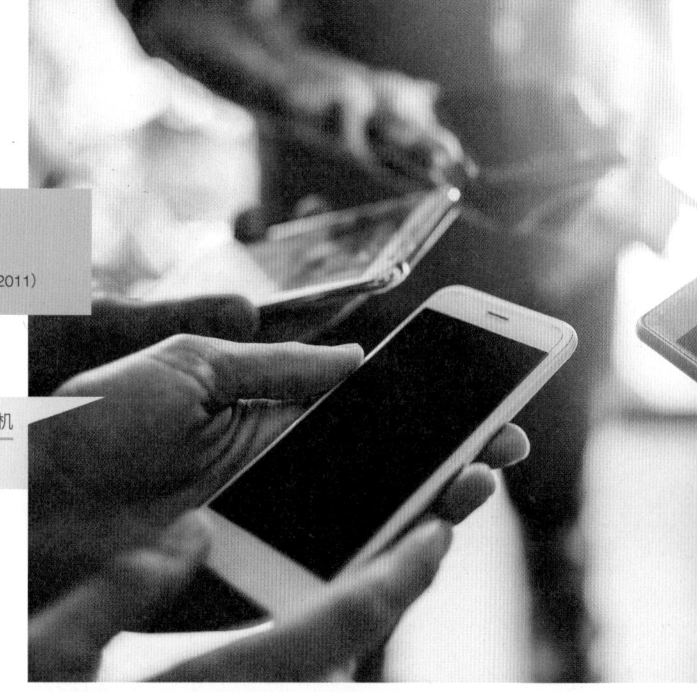

自 2007 年发布以来，iPhone 系列手机在全球的销售量超过 10 亿部。

触摸屏（1965 年），增强现实技术（2016 年）

我们很少能看到，在一款产品发布前两天，消费者会带着睡袋和换洗衣服去提前排队购买。但是，这正是 2007 年 6 月 29 日苹果 iPhone 发布前的真实情景。

iPhone 的设计和功能改变了整个智能手机的概念，它将以前从未放在一起的功能融为一体，例如电话、短信、上网、音乐，以及鲜艳的彩色屏幕、直观的触摸式界面。与当时其他智能手机不一样，iPhone 手机几乎没有物理按钮，整个手机表面都可用来显示信息。键盘只在需要时才出现，而且有了人工智能技术的帮助，打字也变得更加容易。

第二年，苹果公司又推出了一些手机专用程序，被称为“应用程序”（App），可通过无线方式下载。新出厂的 iPhone 已配备了一些内置程序以及网页浏览器。苹果公司首席执行官史蒂夫·乔布斯曾设想，只有第三方研发人员才能编写应用程序。然而，iPhone 的早期用户开始通过“越狱”（jail breaking）的方式安装本地应用程序，破解苹果公司的安全机制。乔布斯意识到，如果用户特别想要使用本地应用程序，那不如由苹果公司向用户提供所需的程序并从中获利。

苹果应用程序商店（App Store）在 2008 年推出，拥有 500 多款应用程序。突然之间，装在用户口袋里的这个电子产品不再只是打电话或查看邮件的手机了，它可以用来玩游戏、处理照片、记录锻炼情况，等等。2013 年 10 月，苹果公司宣布已有 100 万个应用程序，其中许多应用程序提供了基于位置信息的新服务，例如拼车、约会、本地餐厅评论等。

iPhone 受到了广大消费者的热烈欢迎，但同时也被指责为开创了“智能手机成瘾”时代。2016 年的一项研究表明，普通人每天操作智能手机的次数高达 2617 次。自 2007 年发布以来，iPhone 系列手机在全球的销售量超过 10 亿部。■

比特币

中本聪（Satoshi Nakamoto，化名）

比特币的总量是有限的。总数量被限定为 2100 万个。

数字货币（1990 年）

比特币（Bitcoin）是一种数字货币。比特币基于区块链技术，是区块链技术的一个实际应用。2008 年，中本聪最早发明了比特币，立即引起了密码学家和密码爱好者的兴趣，但是在获得更广泛的应用方面却进展缓慢。

在世界经济体系中，大多数交易并不涉及现金交换，而是由银行的计算机进行数据移动。比特币的运作机制大致相同，不同之处在于比特币由计算机生成，而不是由国家发行。每个客户的余额都是公开的。比特币系统是基于一个公开、透明的公共账簿，上面记录着曾经发生过的每一笔比特币交易。这些交易的集合被称为区块（blocks），在账簿中形成了链条，所以被称为区块链。

举个例子，如果吉恩（Jean）想向帕特（Pat）发送 5 个比特币，吉恩会通过比特币网络发出一条消息，这个网络由被称为“矿工”的计算机组成。这些“矿工”会验证用户申请的交易是否合法，首先核实交易双方的数字签名，然后查验整个区块链确定吉恩账户中是否有至少 5 个比特币。然后，“矿工”们会争相解决一道复杂的数学难题，用来对吉恩的这笔交易以及这段时间内所有其他交易的确认。第一个解出难题的“矿工”会将答案发送给其他“矿工”，确认待处理的交易，生成 50 个新比特币（新币增加的速度会逐步减半）。

2010 年 5 月 22 日，美国一位程序员拉斯洛·汉耶兹（Laszlo Hanyecz）花费了 10 000 个比特币，让人给他送了两个比萨。这是第一笔以实物为标的的比特币交易。当时这些比特币价值约 40 美元，如今的价值已达数亿美元。人们将 5 月 22 日定为比特币比萨节（Bitcoin Pizza Day）。

比特币是一个开源项目，多年来还有许多其他数字货币在模仿比特币或在此基础上进行改进。也有人想要将区块链从金融系统中分离出来，用来记录合同、医疗等类型的信息。■

秃鹰集群

马克·巴内尔（Mark Barnell，生卒不详）
古拉夫·康纳（Gaurav Khanna，生卒不详）

图为美国空军研究实验室用 PS3 游戏机建造的超级计算机。

连接机（1985 年），Hadoop（2006 年）

人们常说，需求乃发明之母。2010 年，位于美国纽约州罗马市的美国空军研究实验室（Air Force Research Laboratory，AFRL）使用 1716 台 PlayStation3（PS3）游戏机搭建出了一台超级计算机，称为“秃鹰集群”（Condor Cluster）。当时，为了节省项目资金，AFRL 的大功率计算部门主管马克·巴内尔采取了一种非常规的方法，来达到所需要的数字处理能力，实现利用雷达数据生成城市地图这一项目目标。

PS3 的强大计算能力来自它的处理器。巴内尔的团队将 PS3 与 168 个图形处理单元、84 个协调服务器连接到一个并行阵列中，运算速度达到每秒 500 万亿次浮点计算。换句话说，秃鹰集群的速度是普通笔记本电脑的 50 000 倍，被认为是当时世界上排名第 35 名或第 36 名的超级计算机。同时，它的成本仅为 200 万美元，大约是普通超级计算机的三十分之一，超级计算机的价格通常为 5000 万～ 8000 万美元。

用 PS3 搭建超级计算机的想法并非起源于美国空军。早在 2007 年，来自美国北卡罗来纳州立大学的一名工程师花费 5000 美元，将 8 台 PS3 连接在一起，创建了一个科研集群。同年，美国马萨诸塞大学物理学家古拉夫·康纳博士用 16 台 PS3 模拟黑洞碰撞现象。这款名为“重力网格”（Gravity Grid）的集群引起了美国空军的关注。康纳博士随后在《并行和分布式计算与系统》（*Parallel and Distributed Computing and Systems*）杂志上发表一篇文章，论证了使用 PS3 处理器可比传统处理器的科学计算速度提高 10 倍。

当然，常规的超级计算机之所以价格昂贵，是因为还包括了许多其他配套硬件，例如电源调节器和冷却系统。康纳博士的团队找到了一种廉价、现成的替代品，来为 PS3 降温——把 PS3 放在一个专门运输牛奶的冷藏集装箱里。■

2010 年

震网病毒

在计算机的世界里，逻辑炸弹与物理炸弹并没有太大的区别。

莫里斯蠕虫（1988 年）

2010 年

2010 年 6 月，一家名为 VirusBlokAda 的计算机安全公司宣称，发现了一种高度复杂的计算机蠕虫病毒，正在 Windows 系统上蔓延，早期感染区域大都位于伊朗。

随着越来越多的计算机安全专家开始着手研究，这一蠕虫病毒得到了人们越来越多的关注。一般来说，当我们运行病毒程序时，计算机才可能会被感染。然而，这种病毒却有所不同，当打开包含受感染文件的 Windows 文件夹时，病毒就会开始传播。此外，这种病毒还可以利用 Windows 打印机子系统的漏洞进行传播。计算机一旦被感染病毒，就会被安装一个“rootkit”文件，使病毒无法被计算机杀毒软件识别。同时，病毒就会开始在计算机中搜索那些用来操控电机、水泵和压缩机等设施的工业控制软件，并在其中安插一个精心设计的程序漏洞。

后来的分析数据表明，这种病毒攻击了位于芬兰和伊朗的两家特定供应商制造的计算机控制电机，对电机和与之相关的设备施加了巨大机械应力。所有这些活动都未能被工业控制软件所察觉。

美国网络安全公司赛门铁克（Symantec）将这一病毒命名为“震网”（Stuxnet）。在最初的几周时间内，赛门铁克公司和俄罗斯卡巴斯基（Kaspersky）公司公布了对“震网”的详细分析。该病毒利用了 Windows 系统中 4 个一直存在但却未能被发现的程序漏洞。“震网”对重要设施发起攻击且主要在伊朗蔓延，这些事实让很多观察人士都认为这一病毒是受某些国家资助的。

现在，“震网”仍被普遍认为是世界上第一个具备实际物理效应的网络武器——至少是第一个被发现且被公开分析的。它怎么会被发现呢？似乎是因为“震网”传播范围大大超过预期。此外，该程序的某些重要部分未经加密，这也使得分析并破解它变得非常容易。

根据美国康奈尔大学教授丽贝卡·斯莱顿（Rebecca Slayton）发表的研究论文，“震网”的研发费用预计为 1100 万～6700 万美元，但是对伊朗造成的全部影响仅为 1100 万美元左右，其中网络安全成本 400 万美元、生产损失 500 万美元、更换离心机 180 万美元。■

智能家居

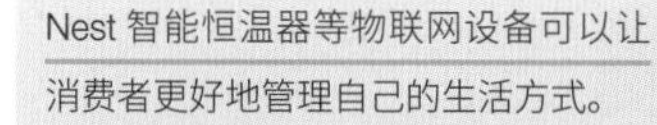

Nest 智能恒温器等物联网设备可以让消费者更好地管理自己的生活方式。

第一款大规模生产的机器人（1961 年），《面临风险的计算机》（1991 年）

2011 年

1990 年，来自美国波士顿的一家互联网公司 FTP Software 在信息技术贸易展 Interop 上展示了一款“互联网烤面包机”。虽然可以通过网络开启并控制烤面包机，却不能自动放入面包片。但这也不是什么难题！第二年，这家公司又推出了改进版的互联网烤面包机，配备由乐高（LEGO）积木搭建的机器人起重机，用于抓取面包片并将其放入烤面包机。

在那时，这些联网设备仅来自一些极客们的兴趣或玩闹。没有人会想到在未来的某一天人们会对联网设备产生巨大需求。

2011 年，一款智能恒温器 Nest Learning Thermostat 首次亮相，打破了人们的传统观念。消费者不是不需要联网设备，而是需要真正有用的联网设备。同时，这款恒温器还展示了智能家居是如何融入“物联网”（Internet of Things）这一更大生态系统之中的。物联网受到了媒体的大力追捧，其应用范围远远超过了居家环境。智能恒温器是一个实实在在的例证，表明人们可以借助智能设备更好地提高对自我生活的管理。

与 FTP 烤面包机不同的是，Nest 恒温器具有学习功能，使用当时先进的机器学习算法，可以预测用户需求。这种机器学习算法非常复杂，恒温器在所有组件成熟之前就已经被推向市场。由于恒温器可以联网，因此后续可以不断地更新软件，让产品变得更加智能。

与 FTP 烤面包机相同的是，Nest 恒温器也可以通过联网进行控制。到了 2011 年，可以用智能手机来调控设备。如果你出门度假，却忘记调低恒温器的温度，该怎么办？没关系，只需要拿出智能手机，不管身处何地，都可以方便地调节温度。

早期用户购买 Nest 恒温器是因为它外观整洁且属于高科技产品，它后来变得非常抢手，因为人们发现使用这款恒温器可以省去人工安装成本，这也是这款产品的最大优势和卖点。■

沃森战胜人类

大卫·费鲁奇（David Ferrucci，1962— ）

在智力竞赛节目《危险边缘!》中，“沃森”与两位人类参赛者一决高下。

深蓝战胜国际象棋世界冠军（1997 年），维基百科（2001 年），AlphaGo 战胜世界围棋大师（2016 年）

2011 年

虽然计算机已经在数学方面取得了巨大成就，但要真正制造一台能与人类进行对话的机器，一直以来都还只是小说家与计算机科学家的想象和愿景。2011 年，IBM 公司的人工智能沃森（Watson）在智力竞赛节目《危险边缘 !》（*Jeopardy!*）中，成功击败了两位有史以来最优秀的选手肯·詹宁斯（Ken Jennings）和布拉德·拉特（Brad Rutter），这似乎让梦想更加接近现实了一些。比赛中，当詹宁斯已经意识到自己要输了时，他把《辛普森一家》（*The Simpsons*）中的一句台词修改了一下，并放在了自己的电子答题板上：“我仅代表我个人，欢迎我们新的计算机霸主。”

虽然 IBM 的深蓝早在 1997 年就战胜了世界国际象棋大师，但是沃森参加的这个《危险边缘 !》游戏不同于国际象棋，它并没有一个清晰客观的规则，无法被转化为数学计算与统计模型。这个游戏更加依赖自然语言，而自然语言是一种杂乱的、无组织的、模棱两可的符号系统。人类可以综合语境、文化、经验、推理来理解自然语言，但是让一台计算机理解自然语言并战胜人类，确实是一件非常了不起的事情。

设计建造沃森耗时数年，由 25 名多学科专家组成了研发团队，涉及领域包括自然语言处理、博弈论、机器学习、信息检索和计算语言学。该研发团队的大部分工作是在一个共同的“作战室”中完成的。相较于传统的科研方法，这种形式可以让不同的想法和观点充分碰撞，使得研发进展更加快速且稳定。沃森的首席设计师大卫·费鲁奇表示，这台计算机的建设目标不是对人脑进行建模，而是“构建一台可以更有效地理解自然语言并实现自然语言交互的计算机，但不一定必须与人类思维相同”。

沃森之所以能够取得成功，并不是因为某一项技术取得了突破，而是由于认知计算等领域日积月累的进步。例如，大规模超级计算机的速度提升与内存增加，可以并行计算和分析 100 多个算法，拥有数百万份电子文档语料库，包括字典、文学作品、新闻报道和维基百科。■

世界 IPv6 日

IPv6 的网络地址数量，比天上的星星和地上的沙粒还要多很多。

TCP/IP 国旗日（1983 年）

互联网上的每台计算机都有一个互联网协议（IP）地址。通过这一串数字，一台计算机才可以将网络数据包发送给另一台计算机。1984 年，互联网工程师采用的是互联网协议第 4 版（Internet Protocol Version 4，IPv4）。他们认为，32 位二进制数就够用了，因为 2^{32}=4 294 967 296，也就是说，允许 40 多亿台计算机接入网络。在当时，似乎已经足够了。

事实证明，40 多亿个地址远远不够。许多早期的互联网使用者拥有大量的地址，例如美国麻省理工学院就占有 2^{24}=16 777 216 个地址，这一点非常不合理。人们希望实现一个完全网络化社会的愿景，每一部手机甚至每一个灯泡都需要一个网络地址。即使分配得当，32 位的地址也是不够的。

在 20 世纪 90 年代，互联网基础设施工程师们一直在发出警告，互联网地址即将消耗殆尽。1998 年，互联网工程任务组（Internet Engineering Task Force，IETF）正式发布了互联网协议第 6 版（IPv6）的规范。新的协议采用了 128 位的地址，最多允许有 2^{128} 个地址。为了更加形象地表示出这个数字有多么大，我们可以想象一下，地球上的所有沙粒数量大约为 2^{63}，天空中的星星数量大约为 2^{76}，而这个地址数量比这两者还要大很多很多。

虽然 IPv6 与 IPv4 类似，但是二者在根本上却是无法兼容的。数以千计的程序需要重写，数以百万计的计算机需要升级。因此，早期开启 IPv6 的努力以失败告终，因为很多系统会遇到配置错误或者丢失服务的情况。到了 2011 年 1 月，已经没有新的 IPv4 地址可以分发了。

2011 年 1 月 12 日，超过 400 家公司在其主服务器上启用了 IPv6，其中也包括互联网最大的 IP 地址提供商。这是最后一次测试，取得了成功。这场活动被称为“世界 IPv6 日”，持续了整整 24 小时。经数据分析，主要参与者表示没有遇到严重的服务中断问题，但还需要做更多的工作。第二年，IPv6 永久启动。今天，IPv4 和 IPv6 在互联网上是共同存在的，当你连接到像谷歌公司或者脸书公司的网站时，很有可能是通过 IPv6 进行传输的。■

社交媒体之罪

穆罕默德·布亚齐兹（Mohamed Bouazizi，1984—2011）

在埃及开罗解放广场，抗议者们正在给手机充电。

Facebook（2004 年）

2011 年

2010 年 12 月 17 日，在突尼斯街头，一名 26 岁的小贩穆罕默德·布亚齐兹自焚，以此抗议他因拒绝行贿而受到当地警方的骚扰和羞辱。该事件发生后，突尼斯发生了一系列抗议活动，并被参与者用手机记录了下来。在这个全球网络化的时代，布亚齐兹的故事被广泛传播。相关视频被上传到脸书后，在社交媒体上被不断分享。可以确认，视频在社交媒体上的大量转发，是激发民众采取行动的关键因素，否则，他们的抗议活动不可能达到如此大的规模。

这一事件经常被认为是突尼斯革命的催化剂。借助计算机技术的数字传播能力，个人和团体可以将一个事件的影响在全世界范围内进行放大。

虽然抗议视频可能是点燃起义的火花，但其实自 2010 年 11 月 28 日网上就开始流传关于突尼斯统治者腐败的内容，从那时起冲突压力就一直在积累。到了 2011 年 1 月 14 日，自 1987 年以来一直执政的突尼斯总统宰因·阿比丁·本·阿里（Zineel Abidine Ben Ali）下台，激起了北非和中东其他地区爆发示威游行、政变和内战，也就是现在所谓的“阿拉伯之春”（Arab Spring）。“阿拉伯之春”直接导致了埃及总统胡斯尼·穆巴拉克（Hosni Mubarak）于2011年2月11日结束了长达近30年的统治，以及前利比亚统治者奥马尔·穆阿迈尔·卡扎菲（Muammar Mohammed Abu Minyar al-Gaddafi）于 2011 年 10 月 20 日被枪杀。■

DNA 数据存储技术

乔治·邱奇（George Church，1954— ）
高原（音译）（Yuan Gao，生卒不详）
苏里拉姆·科苏里（Sriram Kosuri，生卒不详）
米哈伊尔·尼曼（Mikhail Neiman，1905—1975）

在 DNA 中存储信息，要将数字文件中的“1”和“0”转换为 A、C、G 和 T，这是组成 DNA 的 4 种碱基。

计算机磁带（1951 年），数字视频光盘（DVD）（1995 年）

2012 年，美国哈佛医学院遗传学系的乔治·丘奇、高原和苏里拉姆·科苏里宣布，已经成功地将 5.27 Mb 的数字信息存储在作为遗传信息载体的生物分子脱氧核糖核酸（deoxyribonucleic acid，DNA）中。这些被存储的信息包括一本 53 400 字的书、11 张 JPEG 图片，以及 1 个 JavaScript 程序。第二年，欧洲生物信息研究所（European Bioinformatics Institute，EMBL-EBI）的科学家们成功地将更多数据存储在 DNA 中，包括来自马丁·路德·金“我有一个梦想”的 26 秒音频片段、154 首莎士比亚十四行诗、沃森和克里克关于 DNA 结构的著名论文、EMBL-EBI 总部的照片以及描述该团队所用的实验方法的文件。

尽管到了 2012 年 DNA 才被证实可用来记录、存储和检索信息，但早在 1964 年，当时一位名叫米哈伊尔·尼曼的物理学家在苏联学术期刊上提出了这一想法。

要想实现 DNA 存储和检索，首先要将“1”和“0”的二进制数字文件转换为 4 个字母——A、C、G 和 T。这 4 个字母代表着构成 DNA 的 4 种碱基。然后，根据这一长串字母来合成 DNA 分子，最初的比特序列就对应着碱基序列。要想解码 DNA 并恢复数字文件，就要将 DNA 放入一个测序机器中，得到碱基字母串，再转化为二进制，最后在系统上显示这些文件，甚至可以在计算机上运行。

未来，借助 DNA 数据存储技术，可以存储大量的数字化数据：一克 DNA 预计可存储 2.15 亿 GB 数据，全世界所有的信息都可以存储在两个集装箱大小的空间中。■

算法影响司法判决

类似于 COMPAS 的计算机算法，可以影响刑事案件中刑罚裁量。

DENDRAL 专家系统（1965 年），《电波骑士》（1975 年）

因涉及美国威斯康星州拉克罗斯市（La Crosse）的一起驾车枪击案，埃里克·卢米斯（Eric Loomis）被美国法院判处 6 年监禁和 5 年延长监管。同时，法官驳回了卢米斯的认罪协议，理由之一是卢米斯在罪犯矫正替代性制裁分析管理系统（Correctional Offender Management Profiling for Alternative Sanctions，COMPAS）中得到了高分。

卢米斯以违反正当程序为由对判决提出上诉，因为他不知道这一风险评估算法是如何给出他的分数的。事实上，法官也不知道。然而，COMPAS 的创建者 Northpointe 公司拒绝提供关于算法的信息，声称这是他们的专利。威斯康星州最高法院维持了对卢米斯的判决，给出的理由是 COMPAS 的评分只是法官用来量刑的众多因素之一。2017 年 6 月，美国最高法院决定不对该案发表意见。

使用数据预测未来发生行为的概率，并不是一件新鲜事，早就被用于汽车保险及贷款信用等领域。然而，最新的情况是，由于使用了越来越多、越来越复杂的统计机器学习技术，使得预测过程变得越来越不透明。研究表明，难以察觉的偏见可能在无意之间（或者有意）被写入算法之中。此外，在模型数据的选择方面，也可能导致分析偏差。在卢米斯案中还有另一个问题，那就是评分算法是否考虑了性别因素，如果在量刑时考虑了这一因素，那么就是违反宪法的行为。最为关键是，这些以赚钱为目的的公司不被要求披露数据，更不会主动披露数据。

卢米斯案帮助公众提高了对刑事司法系统中使用“黑箱”算法的认识。这反过来有助于推动对“白箱”算法的新研究，这种算法提高了犯罪预测模型对非技术人员的透明度和可理解性。■

软件订阅制

订阅软件变得越来越流行，已逐渐取代此前的软件购买模式。

汽车使用OTA技术（2014年）

2013年，美国Adobe公司不再销售Photoshop和Illustrator这两款热门软件，取而代之的是采取订阅形式。很快，微软及其他公司也都开始使用这种方法。“软件订阅制”的时代已经到来。

尽管Adobe公司提出了很多合理理由来说明这一举措既符合客户利益，也符合公司利益，但是这一行为还是遭到了消费者的抵制，被要求恢复传统购买模式。为什么会这样呢？因为许多客户并不是每年都要升级软件，所以他们不愿意每年都支付软件费用。

购买数字订阅服务并不是什么新鲜事儿，例如有线电视、流媒体视频、电话服务等都是订阅服务。然而，自微型计算机诞生以来，软件似乎与其他产品有所不同。虽然Adobe公司的Photoshop软件与流媒体视频一样，都是由一系列1和0组成的，但是消费者的购买方式却不同。自1988年首次上市以来，Photoshop软件一直以实物形式进行出售，存储在软盘、CD或DVD上。这是一种看得见、摸得着的交易形式。但是，一旦软件包装盒不复存在，取而代之的是通过网络进行传送，那么软件商迟早就会对这种购买限定使用时间。人们不仅对此感到困惑，而且非常愤怒。

随着时间的推移，订阅制对大多数用户的好处不断显现出来：订阅软件可以更频繁地更新，软件商可以以不同的价格出售不同的版本。消费者还可以灵活地少量购买，无须在前期投入大量资金。例如，那些对专业照片编辑套件感兴趣但又不打算长期使用的人，可以花40美元试用一个月，而不需要花费数千美元购买一套可能与他们的需求或兴趣不完全相符的产品。软件订阅制的出现，为软件产品的发展与创新带来了一种全新模式，反过来推动了整个电子商务服务领域的竞争。■

数据泄露

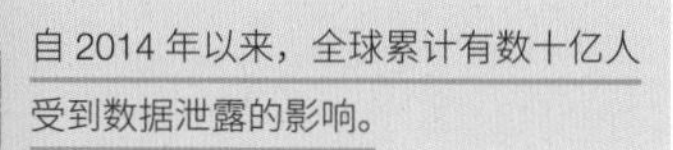
自 2014 年以来，全球累计有数十亿人受到数据泄露的影响。

莫里斯蠕虫（1988 年），震网病毒（2010 年）

2014 年

2014 年，从数据被盗数量以及数据敏感程度来看，数据泄露问题带来的负面影响达到了前所未有的程度。这些黑客给世界敲响了警钟，让人们认识到数字化生活存在着现实问题，不论对个人还是对企业都是如此。

大多数关于数据泄露的新闻报道都集中在北美公司以及政府机构，不是因为它们的系统更加脆弱，而是因为法律要求公开披露相关信息。一些较为有名的数据泄露事件影响了塔吉特（Target）、摩根大通（JPMorgan Chase）和易贝（eBay）等公司的数百万账户。在这一年中，根据美国人事管理办公室发布的消息，有 1800 万联邦雇员的个人信息被盗。同时，还有至少 5 亿雅虎公司用户账号被黑客入侵，然而这一消息直到 2016 年才被公开。

同样地，美国之外的数据也未能幸免。欧洲中央银行、汇丰土耳其银行等金融机构都受到了黑客的攻击。攻击范围包括银行、政府、娱乐、零售和健康等行业，受害者超过数百万。有些被盗的行业数据和政府数据会被挂在网上，由地下犯罪组织高价竞拍。但是，更多的数据却没有被公布，这也引发了公众对为何窃取及有何用途的猜测与讨论。

2014 年的数据泄露事件还扩大了公众对被盗数据类型的认知，超出了信用卡号码、姓名、地址等传统类别。例如，2014 年 11 月 24 日，索尼影业遭到黑客攻击，不仅导致电影制片被迫暂停，而且个人电子邮件信息被泄露，其中涉及侵犯知识产权和限制言论自由。据称，被攻击的原因是报复索尼决定参与发行一部批评外国政府的好莱坞电影。

或许更重要的是，2014 年的数据泄露事件充分暴露出了全球软件安全存在的问题。现实世界与网络世界之间的衔接并没有像许多人想象的那样尽善尽美。■

汽车使用 OTA 技术

埃隆·马斯克（Elon Musk，1971— ）

不要将特斯拉想象成一辆带有计算机的汽车，而应将其想象成一台带有轮子的计算机。

《面临风险的计算机》（1991 年），智能家居（2011 年），软件订阅制（2013 年）

2014 年 1 月，美国国家公路交通安全管理局（National Highway Traffic Safety Administration，NHTSA）发布了两份安全召回通知，涉及可能过热并引发火灾的汽车部件。第一个召回通知是针对通用汽车公司（General Motors），要求车主亲自将汽车送往经销商处进行线下调试。第二个召回通知是针对特斯拉汽车公司（Tesla Motors），只需通过汽车内置的蜂窝调制解调器进行无线操作。

根据 NHTSA 提供的补救措施，特斯拉需要通知 2013 款 Model S 的车主进行一次“无线下载”（over-the-air，OTA）更新。这次更新调整了车辆的车载充电系统，可以检测功率波动异常情况，并自动降低充电电流。从本质上说，一辆汽车就是一台重达 3000 磅、带 4 个轮子的计算机，使用 OTA 技术完全合情合理。但是，对于汽车行业及普通大众而言，这却是一件惊天动地的大事。

特斯拉将 OTA 更新作为汽车维护的新方式，这本身就是一件大事。同时，这一事件也表明，一个智能互联的世界将会如何改变人们的生活方式，以及日常家庭琐事的处理方式。对于许多人来说，包括那些从事修车工作的人，可以感受到未来的发展方向。特斯拉的首席执行官埃隆·马斯克表示，人们开始质疑 NHTSA 使用“召回”一词是否合适，因为实际上并没有真正召回车辆。他在推特（Twitter）上写道：“‘召回’这个词需要被召回。”

这不是特斯拉第一次更新车载软件，但却是最广为人知的一次，因为这是由政府监管机构下达的命令。这件事还提醒人们，在这个全新的网络世界中，计算机的安全性非常重要——尽管特斯拉已向用户承诺，汽车只有在获得授权时才会更新。

事实上，正是出于安全性考虑，OTA 更新将会成为一种常态。因为面对黑客的攻击，只有及时更新软件，才能确保安全。■

TensorFlow

小池诚（Makoto Koike，生卒不详）

图为 TensorFlow 得出的迷幻图像，表明了神经网络为了识别和分类图像而构建的各种数学结构。

GNU 宣言（1985 年），AlphaGo 战胜世界围棋大师（2016 年），通用人工智能（—2050 年）

2015 年

在日本，黄瓜是一种重要的烹饪食材。种植黄瓜是一项重复又费力的工作，要根据黄瓜的大小、形状、颜色、细刺进行手工分类。一位嵌入式系统设计师小池诚恰好是某个黄瓜农场主的儿子，也是这个农场未来的继承人。他提出了一个新颖的想法，使用他设计的分拣机器人和机器学习算法，完成 9 类分拣过程的自动化。随着谷歌公司发布开源机器学习库 TensorFlow，正好帮他实现了这一想法。

TensorFlow 是一个深度学习神经网络，由谷歌公司的 DistBelief 演变而来，DistBelief 是谷歌用于各种应用程序的专有机器学习系统。机器学习算法可以帮助计算机找出关联并进行分类，而无须对细节进行编程。虽然 TensorFlow 不是第一个用于机器学习的开源库，但它的成功有几个重要原因。首先，与其他大多数平台相比，其代码更易于阅读和实现。其次，它使用了 Python 语言，这门编程语言在很多学校都有教授，功能非常强大，足以完成许多科学计算和机器学习任务。最后，它提供了完善的文档工具和动态可视化工具，既可用于科学研究，也可用于工作生产。TensorFlow 可以在各种硬件上运行，既包括高性能的超级计算机，也包括普通的智能手机。作为全球科技巨头之一的技术产品，TensorFlow 最有价值的作用是为机器学习与人工智能提供有力支持。

正是这些因素共同推动了 TensorFlow 的流行。使用人数越多，改进速度就越快，应用领域就越广泛。这对于整个人工智能行业来说是一件好事。代码开源并共享各自领域的知识与数据，是过去及现在取得不断进步的前提。人工智能和机器学习能力不只是面向科技公司和研究机构，还可以面向个人使用者，比如黄瓜种植户。■

247

增强现实技术

约翰·汉克（John Hanke，1967— ）
岩田聪（Satoru Iwata，1959—2015）
石原恒和（Tsunekazu Ishihara，1957— ）

图为一名宝可梦玩家在英国温德米尔湖旁寻找宝可梦的新物种。

头戴式显示器（1967 年），美国 VPL 研究公司（1984 年），全球定位系统（GPS）（1990 年）

2016 年

《宝可梦 GO》（*Pokémon GO*）的推出是计算机游戏行业和增强现实（augmented reality，AR）技术相结合的标志性事件。在最初的两个月里，这款游戏的下载量就达到了 5 亿次，大约占世界人口的 7%。在世界上拥有手机的人中，每 7 个人就有 1 个人下载了该游戏。这款游戏推广了智能手机摄像头的应用，将现实世界的真实景象与计算机生成的图像叠加在了一起。

这款游戏的工作原理是将宝可梦的游戏角色叠加到手机摄像头的实时画面上。依靠智能手机的定位系统和运动传感器，玩家可以在现实世界中四处移动，寻找那些出现在不同物理位置的游戏角色。游戏的基本玩法是尽可能地找到并抓住这些游戏角色，以此获得积分、特权或者合作机会。可以说，这是一款连接虚拟世界和现实世界的寻宝游戏。

在《宝可梦 GO》出现前，向一个不熟悉 AR 的人解释什么是 AR，往往非常困难。有了这款游戏，从它的设计方式、受欢迎程度以及持续不断的新闻报道，让公众开始慢慢了解这项技术，也明白了其中的优势与危险。想象一下，你正在给一辆汽车加油，手机上可以显示出引擎的图像，上面还带有箭头和指示器，指导你完成一系列操作。但是，也有可能借助 AR 实施犯罪——在美国密苏里州，曾有一伙武装劫匪利用游戏将宝可梦玩家引诱到一个偏僻的地方，在那里对他们进行了伏击。

来自日本宝可梦公司的岩田聪和石原恒和共同提出了这款游戏的创意。该程序使用了 AR 游戏 Ingress 的众包数据。这款游戏来自 Niantic Labs 公司，创始人是约翰·汉克。Ingress 最初由游戏设计师兼编剧弗林特·迪尔（Flint Dille）与丹尼尔·阿雷（Daniel Arey）共同打造。■

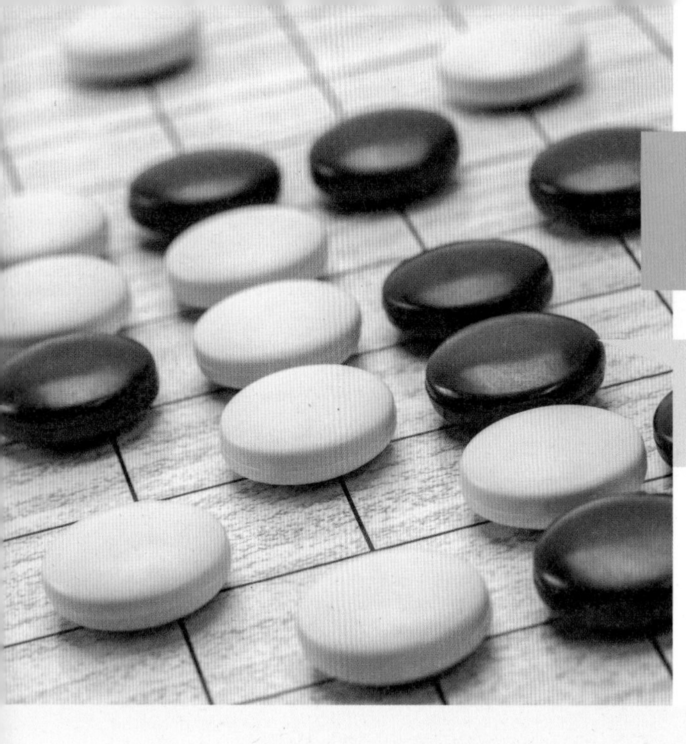

AlphaGo 战胜围棋世界冠军

围棋的棋盘是 19×19 的格子，每位玩家手持黑色或白色的棋子，每一粒棋子的价值都是一样的。

深蓝战胜国际象棋世界冠军（1997 年）

2016 年

围棋是一种源于中国的棋类游戏。由于围棋与国际象棋完全不同，因此想要让计算机在围棋中战胜人类，之前的方法很难行得通。

国际象棋的棋盘是 8×8 的格子，而围棋的棋盘是 19×19 的格子，每位玩家手持黑色或白色的棋子。围棋中每一粒棋子的价值都是一样的，这也与国际象棋不同。围棋的规则相当简单——包围对方棋子，夺取对方“领土”。然而，由于围棋的棋盘很大，因此可能存在的棋局数量大到令人难以置信，甚至超过了宇宙中的原子数量。

正是围棋的这种复杂性解释了为什么直觉常常被认为是赢得围棋比赛的关键，也解释了为什么计算机击败最强围棋选手被认为是如此的重要。一旦玩家开始在棋盘上放置越来越多的棋子，可能的对策与反制就会呈指数级增长。因此，想要穷尽所有可能的计算方法是无法成功的，因为计算机的计算能力还远远不够。

2016 年 3 月，人工智能程序 AlphaGo 以 4:1 的比分成功击败了韩国围棋大师李世石。AlphaGo 由英国人工智能公司 DeepMind 所创建，后来被谷歌公司收购。DeepMind 还设计了一个人工神经网络，可以实现像人一样玩电子游戏。

不过，李世石还是赢下了一局比赛，所以计算机还没有完全掌控比赛。在这一局的第 78 手，李世石发现了 AlphaGo 的一个致命弱点。他设法迷惑了整个计算机系统，导致 AlphaGo 开始出现一些低级失误，最终未能挽回局势。讽刺的是，之所以李世石会下出这一招妙手，也是在 AlphaGo 的压力下迫于无奈的选择。■

通用人工智能

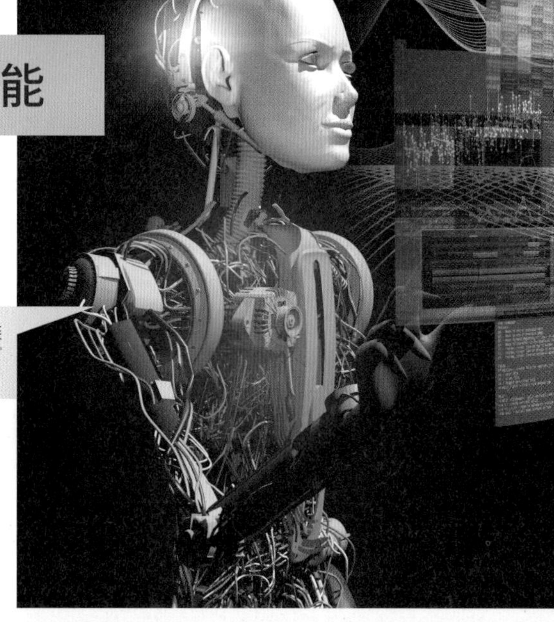

通用人工智能是指计算机能够像人类一样具有解决问题的能力。

土耳其行棋傀儡（1770 年），
图灵测试（1951 年）

在人工智能研究领域，如何衡量和判断计算机是否达到人类智能的水平，仍然存在着争议。图灵测试的标准已经不再适用了，因为有些计算机虽然可以通过测试，但很明显并不够智能。

那么，我们如何才能确定计算机是否存在真正的人工智能呢？有些人认为，可以按照执行复杂智力任务的能力来衡量，例如完成精细手术或者撰写畅销小说。这些任务都需要掌握自然语言，而且在某些情况下还需要具有一定的灵活性与敏捷性。但是，也有些人认为，这些并不要求计算机具有感知能力，感知能力是一种拥有智慧的表现。换句话说，如果计算机可以与心情烦躁的人耐心交流并传递温暖、同情与爱意，并且反过来接受对方的反馈，是否就能说明计算机具有了人类智能呢？是否一定要体验人类的情绪，而不只是简单模拟人类的情绪呢？对此，我们也没有明确的答案，无法给出关于“智能”的确切定义。

众多专家普遍认为，到 2050 年，除了那些需要认知和自我意识的工作，许多复杂的人类任务将由人工智能来完成。在此之后，就是要实现通用人工智能（Artificial General Intelligence，AGI）。AGI 通常是指计算机能够像人类一样具有解决问题的能力，可以根据不同环境完成推理与决策，就如同人类依赖常识和直觉。而我们今天所说的“弱人工智能”是指在大额投资、交通协调、疾病诊断等特定任务中，计算机已经达到或超过人类的能力，但并不具备认知和情绪能力。

之所以说要到 2050 年，是基于对软硬件发展的预测，因为要想实现 AGI，必须要具有高强度的计算能力。此外，迄今为止，人们对大脑如何运转、思想从何而来等问题还知之甚少。■

计算是否有极限？

赛斯·劳埃德（Seth Lloyd，1960— ）

按照目前对理论物理的理解，以最大速度运行的计算机可能是一个高度组织化的球体。

苏美尔算盘（约公元前 2500 年），计算尺（1621 年），差分机（1822 年），ENIAC（1943 年），量子密码学（1984 年）

每一代的新技术都带来了更快的计算速度、更大的存储系统、更好的通信带宽。但是，计算速度可能会面临某些无法克服的物理限制。其中，最明显的限制就是光速：从纽约到伦敦，网络延迟无论如何都不可能小于 0.01 秒。因为根据爱因斯坦的狭义相对论，光穿越 5585 千米需要 0.018 6 秒。最近一些科学家声称，或许可以不发送光子，而借助量子纠缠来传递信息。爱因斯坦曾轻蔑地称为“幽灵般的超距作用”。事实上，中国科学家在 2013 年就测量了通过量子纠缠的信息传播速度，发现其速度至少比光速快 1 万倍。

美国麻省理工学院机械工程与物理学教授赛斯·劳埃德认为，计算本身也可能存在根本性的限制。2000 年，劳埃德指出，计算机的终极速度受到可用能量的限制。假设计算在单个原子的层面上进行，那么对于 1 千克占 1 升体积的中央处理器，其最大计算速度为每秒 $5.425\,8\times10^{50}$ 次运算。换句话说，比今天的笔记本电脑快一万亿亿亿亿倍。

这样的计算速度在今天看来似乎是无法想象的。劳埃德认为，虽然不太可能，但是如果计算机的速度每两年翻一番，那么达到这一速度也只需要 250 年。从另一个角度来看，如果向前追溯 250 年，世界上最快的计算机其实就是人类。

如今，人工智能可以获取海量数据，完成跨领域的自我学习、自我训练。对计算是否有极限，我们或许还是要打一个大大的问号。■

注释与延伸阅读

约公元前 700 年，密码棒

Ellison, Carl. "Cryptography Timeline." Last modified December 11, 2004. http://world.std.com/～cme/html/timeline.html.

Kelly, T. "The Myth of the Skytale." *Cryptologia* 22, no. 3 (1998): 244–260.

Mure, William. *A Critical History of the Language and Literature of Antient* [*sic*] *Greece*. 2nd ed., vol. III. London: Longman, Brown, Green, and Longmans, 1854. https://goo.gl/Jd1ByZ.

约 60 年，可编程机器人

Sharkey, N., and A. Sharkey. "Electro-Mechanical Robots Before the Computer." *Proceedings of the Institution of Mechanical Engineers, Part C: J. Mechanical Engineering Science* 223, no. 1 (2009): 235–241.

约 850 年，《破译加密信息手稿》

Al-Kadit, Ibrahim A. "Origins of Cryptology: The Arab Contributions." *Cryptologia* 16, no. 2 (1992): 97–126.

Al-Tayeb, Tariq. "Al-Kindi, Cryptography, Code Breaking and Ciphers." Muslim Heritage (website), http://www.muslimheritage.com/article/al-kindi-cryptography-code-breaking-and-ciphers.

约 1470 年，密码盘

Kahn, David. *The Codebreakers: The Comprehensive History of Secret Communication from Ancient Times to the Internet*. New York: Scribner, 1996.

1613 年，第一次正式使用“计算机”一词

Gray, Jonathan. "'Let Us Calculate!': Leibniz, Llull, and the Computational Imagination." *The Public Domain Review*, 2016. https://publicdomainreview.org/2016/11/10/let-us-calculate-leibniz-llull-and-computational-imagination.

Kulstad, Mark, and Laurence Carlin. "Leibniz's Philosophy of Mind." *The Stanford Encyclopedia of Philosophy*. Last modified November 11, 2013. https://plato.stanford.edu/archives/win2013/entries/leibniz-mind.

1703 年，二进制运算

Leibnitz, Gottfried Wilhelm. "Explication de l' arithmétique binaire, qui se sert des seuls caractères 0 & 1; avec des remarques sur son utilité, & sur ce qu'elle donne le sens des anciennes figues Chinoises de Fohy." *Des Sciences* (1703): 85–89.

Norman, Jeremy. "Leibniz on Binary Arithmetic." Jeremy Norman's HistoryofInformation.com. Last modified July 26, 2014. http://www.historyofinformation.com/expanded.php?id=454.

1758 年，成功预测哈雷彗星

Grier, David Alan. "Human Computers: The First Pioneers of the information Age." *Endeavour* 25, no. 1 (2001): 28–32.

——. *When Computers Were Human*. Princeton, NJ: Princeton University Press, 2005.

1770 年，土耳其行棋傀儡

Charney, Noah. “Are Robots Moving Sculptures? On Art, Illusion and Artificial Intelligence.” *Salon* online, August 13, 2017. http://www.salon.com/2017/08/13/only-human-after-all.

England, Jason. “The Turk Who Beat Napoleon.” *Cosmos* online, October 6, 2014. https://cosmosmagazine.com/technology/turk-who-beat-napoleon.

1792 年，视觉通信

Hearfield, John. “The Chappe Semaphore Telegraph.” John & Marion Hearfield: Research into Questions We Find Interesting (website). http://www.johnhearfield.com/Radar/Chappe.htm.

Holzmann, Gerald, and Björn Pehrson. *The Early History of Data Networks*. Hoboken, NJ: Wiley-IEEE Computer Society, 1994.

Schofield, Hugh. “How Napoleon's Semaphore Telegraph Changed the World.” *BBC News Magazine*, June 17, 2013. http://www.bbc.com/news/magazine-22909590.

Sterling, Christopher H. *Military Communications: From Ancient Times to the 21st Century*. Santa Barbara, CA: ABC-CLIO, 2007.

1822 年，差分机

Park, Edwards. “What a Difference the Difference Engine Made: From Charles Babbage's Calculator Emerged Today's Computer.” *Smithsonian Magazine* online, February 1996. https://www.smithsonianmag.com/history/what-a-difference-the-difference-engine-made-from-charles-babbages-calculator-emerged-todays-computer-109389254.

1843 年，阿达 · 洛芙莱斯

Menabrea, L. F. “Sketch of the Analytical Engine Invented by Charles Babbage.” Translation and notes by Ada Augusta. *Bibliothèque Universelle de Genève*, no. 82 (1842). http://www.fourmilab.ch/babbage/sketch.html.

Sherman, Nat, dir. *Calculating Ada: The Countess of Computing*. BBC Four. September 17, 2015.

1843 年，传真机

Rensen, Marius. “The Bartlane System (Coded System).” HF-Fax Image Communication (website). http://www.hffax.de/history/html/bartlane.html.

1851 年，托马斯计算器

Johnston, Stephen. “Making the Arithmometer Count.” *Bulletin of the Scientific Instrument Society* 52 (1997): 12–21. http://www.mhs.ox.ac.uk/staff/saj/arithmometer.

1854 年，布尔代数

University College Cork. “George Boole 200: Celebrating George Boole's Bicentenary.” https://georgeboole200.ucc.ie.

1890 年，美国人口普查表

da Cruz, Frank. “Hollerith 1890 Census Tabulator.” Columbia University History of Computing (website), last modified March 28, 2011. http://www.columbia.edu/cu/computinghistory/census-tabulator.html.

History of Computers. “The Tabulating Machine of Herman Hollerith.” https://history-computer.com/ModernComputer/Basis/TabulatingMachine_Hollerith.html.

United States Census Bureau. “1890 Overview.” https://www.census.gov/history/www/through_the_decades/overview/1890.html.

United States Census Bureau. “The Hollerith Machine.” https://www.census.gov/history/www/innovations/technology/the_hollerith_tabulator.html.

1917 年，维尔南密码

Bellovin, Steve. “Frank Miller: Inventor of the

One-Time Pad." *Cryptologia* 35, no. 3 (July 12, 2011): 203–222.

1927 年，《大都会》

Carnegie Mellon Robot Hall of Fame. http://www.robothalloffame.org.

Dayal, Geeta. "Recovered 1927 *Metropolis* Film Program Goes Behind the Scenes of a Sci-Fi Masterpiece." *Wired*. July 12, 2012.

1931 年，微分分析器

Boast, Robin. *The Machine in the Ghost: Digitality and Its Consequences*. London: Reaktion Books, 2017.

1941 年，Z3 计算机

Rojas, R., F. Darius, C. Goktekin, and G. Heyne. "The Reconstruction of Konrad Zuse's Z3." *IEEE Annals of the History of Computing* 23, no. 3 (July–Sept. 2005): 23–32.

Trautman, Peggy Salz. "A Computer Pioneer Rediscovered, 50 Years On." *New York Times*, April 20, 1994.

Zuse, Konrad. *Der Computer: Mein Lebenswerk*, 3rd ed. Berlin: Springer-Verlag, 1993.

1942 年，阿塔纳索夫-贝瑞计算机

Computer History Museum. "The Atanasoff-Berry Computer in Operation." Ames Lab Video Production. Recorded 1999. https://www.youtube.com/watch?v=YyxGlbtMS9E.

Garfinkel, Simson. "Jane Smiley's Nonfiction Tale of the Invention of the Computer." *Washington Post*, January 6, 2011.

North Carolina State University "The Atanasoff-Berry Computer." http://www4.ncsu.edu/ ～ belail/The_Introduction_of_Electronic_Computing/Atanasoff-Berry_Computer.html.

Smiley, Jane. *The Man Who Invented the Computer: The Biography of John Atanasoff, Digital Pioneer*. New York: Doubleday, 2010.

1943 年，ENIAC

Erskine, Ralph, and Michael Smith (eds.). *The Bletchley Park Codebreakers*. London: Biteback Publishing, Ltd. 2011.

Flowers, Thomas H. "The Design of Colossus." *Annals of the History of Computing* 5, no. 3 (July 1983): 239–252.

1944 年，延迟线存储器

University of Cambridge, Computer Laboratory. "EDSAC 99: 15–16 April 1999." Last modified September 30, 1999. http://www.cl.cam.ac.uk/events/EDSAC99.

Manchester, Phil. "How Alan Turing Wanted to Base EDSAC's Memory on BOOZE." *The Register*, June 28, 2013. https://www.theregister.co.uk/2013/06/28/wilkes_centenary_mercury_memory.

1944 年，BCD 码

Torrey, Volta. "Robot Mathematician Knows All the Answers." *Popular Science*, 145 (October 1944): 85–89, 222, 226, 230. https://goo.gl/P6ovUK.

1945 年，《我们可以这样设想》

Bush, Vannevar. "As We May Think." *Atlantic Monthly*, July 1945. https://www.theatlantic.com/magazine/archive/1945/07/as-we-may-think/303881.

1945 年，EDVAC 报告书的第一份草案

Institute for Advanced Study. "Electronic Computer Project." https://www.ias.edu/electronic-computer-project.

Mauchly, Bill, Jeremy Bernstein, Mark Dowson, and David K. Adams. "Who Gets Credit for the Computer?: An Exchange." *New York Review of*

Books, September 27, 2012. http://www.nybooks.com/articles/2012/09/27/who-gets-credit-computer-exchange.

1946 年，威廉姆斯管

I Programmer. "Jay Forrester and Whirlwind." November 18, 2016. http://www.i-programmer.info/history/people/439-jay-forrester.html.

IBM. "The IBM 700 Series: Computing Comes to Business." http://www-03.ibm.com/ibm/history/ibm100/us/en/icons/ibm700series/impacts.

1947 年，一只虫子引起的故障

The National Museum of American History. "Log Book with Computer Bug." http://americanhistory.si.edu/collections/search/object/nmah_334663.

1947 年，硅晶体管

APS News. "This Month in Physics History, November 17–December 23, 1947: Invention of the First Transistor." Vol. 9, no. 10 (November 2000). https://www.aps.org/publications/apsnews/200011/history.cfm.

1948 年，比特

Gleick, James. "The Lives They Lived: Claude Shannon." *New York Times Magazine*, December 30, 2001. http://www.nytimes.com/2001/12/30/magazine/the-lives-they-lived-claude-shannon-b-1916-bit-player.html.

O'Neil, William. "An Application of Shannon's Coding Theorem to Information Transmission in Economic Markets." *Information Sciences* 41, no. 2 (March 1987): 171–185.

Overbye, Dennis. "Hawking's Breakthrough Is Still an Enigma." *New York Times*, January 22, 2002.

Shannon, C. E. "A Mathematical Theory of Communication." *The Bell System Technical Journal* 28, no. 3 (July 1948): 379–423.

1948 年，科塔计算器

Herzstark, Clark. "Oral History Interview with Clark Herzstark." By Erwin Tomash, Charles Babbage Institute, 1987. https://conservancy.umn.edu/handle/11299/107358.

Szondy, David. "Curta Calculator: The Mechanical Marvel Born in a Nazi Death Camp." *New Atlas*. October 11, 2016. https://newatlas.com/curta-death-camp-calculator/45506.

Thadeusz, Frank. "The Sad Story of an Inventor at Buchenwald." *Spiegel* online, July 3, 2013. http://www.spiegel.de/international/germany/concentration-camp-inmate-invented-world-s-first-pocket-calculator-a-909062.html.

1948 年，曼彻斯特小型实验机

Napper, Brian. "Computer 50: University of Manchester Celebrates the Birth of the Modern Computer." The University of Manchester. Last modified July 26, 2010. http://curation.cs.manchester.ac.uk/computer50.

Williams, F. C., and T. Kilburn. "Electronic Digital Computers." *Nature* 162, no. 487 (1948).

1950 年，纠错码

Robertson, Edmond F. "Richard W. Hamming." A.M. Turing Award Citation. https://amturing.acm.org/award_winners/hamming_1000652.cfm.

1951 年，图灵测试

Turing, Alan M. "Computing Machinery and Intelligence." *Mind* 49 (1950): 433–60. https://home.manhattan.edu/～tina.tian/CMPT420/Turing.pdf.

1951 年，计算机磁带

Ciletti, Eddie. "If I Knew You Were Coming I'd Have Baked a Tape! A Recipe for Tape Restoration." Last modified 2011. http://www.tangible-technology.com/tape/baking1.html.

da Cruz, Frank. "The IBM 1401." Columbia University Computing History (website), last modified September 7, 2015. http://www.columbia.edu/cu/computinghistory/1401.html.

Maxfield, Clive. "How It Was: Paper Tapes and Punched Cards." *EE|Times*, October 13, 2011. https://www.eetimes.com/author.asp?section_id=14&doc_id=1285484.

Schoenherr, Steven. "The History of Magnetic Recording." Paper presented at the IEEE Magnetics Society Seminar, San Diego, CA, November 5, 2002. http://www.aes-media.org/historical/html/recording.technology.history/magnetic4.html.

1951 年，磁芯存储器

"Early Digital Computing." MIT Lincoln Laboratory. Adapted from E. C. Freeman, ed., *Technology in the National Interest*, Lexington, MA: MIT Lincoln Laboratory, 1995. https://www.ll.mit.edu/about/History/earlydigitalcomputing.html.

1952 年，计算机语音识别

Pieraccini, Roberto. *The Voice in the Machine: Building Computers that Understand Speech*. Cambridge. MA: MIT Press, 2012.

1956 年，第一个磁盘存储单元

Cohen, Peter. "A History of Hard Drives." *Backblaze* (blog), November 17, 2016. https://www.backblaze.com/blog/history-hard-drives.

IBM. "IBM RAMAC." Presented by the Data Processing Division. IBM Promotional Video, 1956. https://archive.org/details/Ibm305ramac.

IBM. "RAMAC: The First Magnetic Hard Disk." http://www-03.ibm.com/ibm/history/ibm100/us/en/icons/ramac.

1956 年，字节

Remington Rand. *Manual of Operations: The Central Computer of the UNIVAC System*. Prepared by the Training Section, Electronic Computer Department, 1954. http://bitsavers.trailing-edge.com/pdf/univac/univac1/UNIVAC1_Operating_Manual_1954.pdf.

1956 年，机器人罗比

Booker, M. Keith. *Alternate Americas: Science Fiction Film and American Culture*. Westport, CT: Praeger, 2006.

1957 年，FORTRAN 语言

IBM. *Preliminary Report: Specifications for the IBM Mathematical FORmula TRANslating System, FORTRAN*. November 10, 1954. http://archive.computerhistory.org/resources/text/Fortran/102679231.05.01.acc.pdf.

1957 年，第一张数码照片

Kirsch, Joan L., and Russell A. Kirsch. "Storing Art Images in Intelligent Computers." *Leonardo* 23, no. 1 (1990): 99–106.

Roberts, Steven. "Distant Writing: A History of the Telegraph Companies in Britain between 1838 and 1868." Distance Writing (website), 2006–2012. http://distantwriting.co.uk/Documents/Distant%20Writing%202012.pdf.

Schooley, Jim. "NBS Builds a Computer." SAA History Committee, National Institute of Standards and Technology, October 24, 2010. https://www.nist.gov/director/nist-culture-excellence-article-4.

1958 年，SAGE 网络

Anthony, Sebastian. "Inside IBM's $67 Billion SAGE, the Largest Computer Ever Built." *Extremetech*, March 28, 2013. https://www.extremetech.com/computing/151980-inside-ibms-67-billion-sage-the-largest-computer-ever-built.

Carter, James. "IBM AN/FSQ-7." Starring the Computer. http://starringthecomputer.com/computer.

html?c=73.

IBM. "SAGE: The First National Air Defense Network." http://www-03.ibm.com/ibm/history/ibm100/us/en/icons/sage.

MIT Lincoln Library. "The SAGE Air Defense System." https://www.ll.mit.edu/about/History/SAGEairdefensesystem.html.

1959 年，IBM 1401 计算机

IBM. "1401 Data Processing System." https://www-03.ibm.com/ibm/history/exhibits/mainframe/mainframe_PP1401.html.

1959 年，PDP-1 计算机

Digital Equipment Corporation. *Nineteen Fifty-Seven to the Present*. Maynard, MA: ComputerHistory.org, 1978. http://s3data.computerhistory.org/pdp-1/dec.digital_1957_to_the_present_(1978).1957-1978.102630349.pdf.

Maloney, Dan. "The PDP-1: The Machine That Started the Hacker Culture." Hackaday (website), June 27, 2017. https://hackaday.com/2017/06/27/the-pdp-1-the-machine-that-started-hacker-culture.

Olsen, Ken. "National Museum of American History, Smithsonian Institute, Oral History Interview." By David Allison, National Museum of American History, September 28, 29, 1988. http://americanhistory.si.edu/comphist/olsen.html.

Schein, Edgar H. *DEC Is Dead, Long Live DEC: The Lasting Legacy of Digital Equipment Corporation*. San Francisco: Berrett-Koehler Publishers, 2004.

1959 年，快速排序算法

Hoare, C. A. R. "An Interview with C. A. R. Hoare." By Len Shustek, *Communications of the ACM* 52, no. 3 (March 2009): 38–41.

1959 年，航空订票系统

Smith, R. Blair. "Oral History Interview with R. Blair Smith." By Robina Mapstone, Charles Babbage Institute, 1980. https://conservancy.umn.edu/handle/11299/107637.

1960 年，COBOL 语言

Gürer, Denise. "Pioneering Women in Computer Science." *ACM SIGCSE Bulletin* 34, no. 2 (June 2002): 175–180.

Sammet, Jean E. "The Early History of COBOL." *ACM SIGPLAN Notices—Special Issue: History of Programming Languages Conference* 13, no. 8 (August 1978): 121–161.

1961 年，分时系统

Corbató, Fernando J., Marjorie Merwin Daggett, and Robert C. Daley. "An Experimental Time-Sharing System." Computation Center, MIT. Cambridge, MA, 1962. http://larch-www.lcs.mit.edu:8001/ ～ corbato/sjcc62.

1963 年，“画板”程序

Sutherland, Ivan Edward. *Sketchpad: A Man-Machine Graphical Communication System*. Cambridge, MA: MIT, 1963.

1964 年，兰德平板电脑

Davis, Malcolm, and T. O. Ellis. "The RAND Tablet: A Man-Machine Graphical Communication Device." Santa Monica, CA: RAND Corporation, 1964. https://www.rand.org/pubs/research_memoranda/RM4122.html.

1964 年，IBM System/360 计算机

Clark, Gavin. "Why Won't You DIE? IBM's S/360 and Its Legacy at 50." *The Register*, April 7, 2014. https://www.theregister.co.uk/2014/04/07/ibm_s_360_50_anniversary.

IBM. "System/360 Announcement." Data Processing Division. April 7, 1964. http://www-03.

ibm.com/ibm/history/exhibits/mainframe/mainframe_PR360.html.

IBM. "System 360: From Computers to Computer Systems." Icons of Progress, http://www-03.ibm.com/ibm/history/ibm100/us/en/icons/system360/.

Sparkes, Matthew. "IBM's $5Bn Gamble: Revolutionary Computer Turns 50." *Telegraph* online, April 7, 2014. http://www.telegraph.co.uk/technology/news/10719418/IBMs-5bn-gamble-revolutionary-computer-turns-50.html.

1964 年，BASIC 语言

Dartmouth College Computation Center. *BASIC*. October 1, 1964. https://archive.org/details/bitsavers_dartmouthB_2146200.

"Fifty Years of BASIC, the Programming Language That Made Computers Personal." *TIME*, April 29, 2014.

1965 年，第一台液晶显示屏

Gross, Benjamin. "How RCA Lost the LCD." *IEEE Spectrum*, November 1, 2012. https://spectrum.ieee.org/tech-history/heroic-failures/how-rca-lost-the-lcd.

Yardley, William. "George H. Heilmeier, an Inventor of LCDs, Dies at 77." *New York Times* online, May 6, 2014. https://www.nytimes.com/2014/05/06/technology/george-h-heilmeier-an-inventor-of-lcds-dies-at-77.html.

1965 年，DENDRAL 专家系统

Feigenbaum, Edward A., and Bruce G. Buchanan. "DENDRAL and Meta-DENDRAL: Roots of Knowledge Systems and Expert Systems Applications." *Artificial Intelligence* 59 (1993): 233–240.

Lindsay, Robert K., Bruce G. Buchanan, Edward A. Feigenbaum, and Joshua Lederberg. "DENDRAL: A Case Study of the First Expert System for Scientific Hypothesis Formation." *Artificial Intelligence* 61 (1993): 209–261.

1966 年，动态随机存取存储器

IBM. "DRAM: The Invention of On-Demand Data." Icons of Progress, http://www-03.ibm.com/ibm/history/ibm100/us/en/icons/dram.

1967 年，第一台自动取款机

Harper, Tom R., and Bernardo Batiz-Lazo. *Cash Box: The Invention and Globalization of the ATM*. Louisville, KY: Networld Media Group, 2013.

McRobbie, Linda Rodriguez. "The ATM Is Dead. Long Live the ATM!" *Smithsonian Magazine* online, January 8, 2015. https://www.smithsonianmag.com/history/atm-dead-long-live-atm-180953838.

1967 年，头戴式显示器

Sutherland, Ivan E. "A Head-Mounted Three Dimensional Display." *Proceedings of the AFIPS Fall Joint Computer Conference* (December 9–11, 1968): 757–764. https://doi.org/10.1145/1476589.1476686.

1968 年，软件工程

Bauer, F. L. L. Bolliet, and H. J. Helms. *Software Engineering*. "Report on a Conference Sponsored by the NATO Science Committee, Garmisch, Germany, 7th to 11th October 1968." January 1969. http://homepages.cs.nc.ac.uk/brian.randell/NATO/nato1968.pdf.

1968 年，第一艘计算机制导的飞船

Coldewey, Devin. "Grace Hopper and Margaret Hamilton Awarded Presidential Medal of Freedom for Computing Advances." *TechCrunch*, November 17, 2016. https://techcrunch.com/2016/11/17/grace-hopper-and-margaret-hamilton-awarded-presidential-medal-of-freedom-for-computing-advances.

McMillan, Robert. "Her Code Got Humans on the Moon—and Invented Software Itself." *Wired* online, October 13, 2015. https://www.wired.com/2015/10/margaret-hamilton-nasa-apollo.

"Original Apollo 11 Guidance Computer (AGC) Source Code for the Command and Lunar Modules." Assembled by yaYUL, https://github.com/chrislgarry/Apollo-11.

1968 年，赛博空间

Gibson, William. "Burning Chrome." *Omni*, July 1982.

——. *Neuromancer*. New York: Ace Books, 1984.

Weiner, Norbert. *Cybernetics: Or, Control and Communication in the Animal and the Machine*. 2nd ed. Cambridge, MA: MIT Press, 1961.

Lillemose, Jacob, and Mathias Kryger. "The (Re) invention of Cyberspace." *Kunstkritikk*, August 24, 2015. http://www.kunstkritikk.com/kommentar/the-reinvention-of-cyberspace.

1969 年，阿帕网 / 互联网

Hafner, Katie. *Where Wizards Stay Up Late: The Origins of the Internet*. New York: Simon & Schuster, 1996.

Leiner, Barry M., Vinton G. Cerf, David D. Clark, Robert E. Kahn, Leonard Kleinrock, Daniel C. Lynch, Jon Postel, Larry G. Roberts, and Stephen Wolff. "Brief History of the Internet." The Internet Society, 1997. http://www.internetsociety.org/internet/what-internet/history-internet/brief-history-internet.

Pelkey, James. *Entrepreneurial Capitalism and Innovation: A History of Computer Communications: 1968–1988* (self-pub e-book). 2007. http://www.historyofcomputercommunications.info/Book/BookIndex.html.

Robat, Cornelis, eds. "The History of the Internet, 1957–1976." The History of Computing Foundation (website). https://www.thocp.net/reference/internet/internet1.htm.

1969 年，数码照片

Canon. "CCD and CMOS Sensors." Infobank. http://cpn.canon-europe.com/content/education/infobank/capturing_the_image/ccd_and_cmos_sensors.do.

Sorrell, Charlie. "Inside the Nobel Prize: How a CCD Works." *Wired*, October 7, 2009. https://www.wired.com/2009/10/ccd-inventors-awarded-nobel-prize-40-years-on.

1969 年，效用计算

F. J. Corbató, J. H. Saltzer, and C. T. Clingen. 1971. "Multics: The First Seven Years." *Proceedings of the AFIPS Spring Joint Computer Conference* (May 16–18, 1972): 571–83. http://dx.do.org/10.1145/1478873.1478950.

Multics (Multiplexed Information and Computing Services). http://multicians.org.

1969 年，UNIX 操作系统

Gabriel, Richard P. "Worse Is Better." *Dreamsongs* (blog), 2000. https://www.dreamsongs.com/WorseIsBetter.html.

1970 年，《公平信用报告法》

Garfinkel, Simson. *Database Nation: The Death of Privacy in the 21st Century*. Sebastopol, CA: O'Reilly, 2000.

1971 年，激光打印机

Dalkakov, Georgi. "Laser Printer of Gary Starkweather." History of Computers (website), last modified April 9, 2018. http://history-computer.com/ModernComputer/Basis/laser_printer.html.

The Edward A. Feigenbaum Papers. Stanford University Libraries. "Info and Sample Sheets for Xerox Graphics Printer (XPG); Notes on How to Use with PUB." https://exhibits.stanford.edu/feigenbaum/catalog/tf421vy6196.

Gladwell, Malcolm. "Creation Myth: Xerox PARC, Apple, and the Truth about Innovation." *New Yorker*, May 16, 2011.

Philip Greenspun's Homepage. "The Dover." NE43 Memory Project, 1998. http://philip.greenspun.com/bboard/q-and-a-fetch-msg?msg_id=0006XJ&topic_id=27&topic=NE43+Memory+Project.

1971 年，NP 完全问题

Dennis, Shasha, and Cathy Lazere. *Out of Their Minds: The Lives and Discoveries of 15 Great Computer Scientists*. New York: Springer, 1995.

1972 年，克雷研究公司

Breckenridge, Charles W. "A Tribute to Seymour Cray." SRC Computers, Inc. Presented at the Supercomputing conference, November 19, 1996. https://www.cgl.ucsf.edu/home/tef/cray/tribute.html.

Russell, Richard M. "The CRAY-1 Computer System." *Communications of the ACM* 21, no. 1 (January 1978): 63–72.

Semiconductors Central. "Seymour Cray: The Father of Super Computers." Four Peaks Technologies, http://www.semiconductorscentral.com/seymour_cray_page.html.

1972 年，HP-35 计算器

Hewlett-Packard. "HP-35 Handheld Scientific Calculator, 1972." Virtual Museum, http://www.hp.com/hpinfo/abouthp/histnfacts/museum/personalsystems/0023/.

1973 年，第一通移动电话

Alfred, Randy. "April 3, 1973: Motorola Calls AT&T . . . By Cell." *Wired* online, April 3,2008. https://www.wired.com/2008/04/dayintech-0403/.

Bloomberg. "The First Cell Phone Call Was an Epic Troll." Digital Originals (video), April 24,2015. https://www.bloomberg.com/news/videos/2015-04-24/the-first-cell-phone-call-was-an-epic-troll.

Greene, Bob. "38 Years Ago He Made the First Cell Phone Call." CNN online, April 3, 2011. http://www.cnn.com/2011/OPINION/04/01/greene.first.cellphone.call/index.html.

1973 年，施乐奥托

Perry, Tekla S. "The Xerox Alto Struts Its Stuff on Its 40th Birthday." *IEEE Spectrum* online, November 15, 2017. https://spectrum.ieee.org/view-from-the-valley/tech-history/silicon-revolution/the-xerox-alto-struts-its-stuff-on-its-40th-birthday.

Shirriff, Ken. "Y Combinator's Xerox Alto: Restoring the Legendary 1970s GUI Computer." *Ken Shirriff's Blog*, June 2016. http://www.righto.com/2016/06/y-combinators-xerox-alto-restoring.html.

Smith, Douglas K., and Robert C. Alexander. *Fumbling the Future: How Xerox Invented, Then Ignored, the First Personal Computer*. New York: William Morrow, 1988.

1975 年，《电波骑士》

Brunner, John. *The Shockwave Rider*. New York: Harper & Row, 1975.

Toffler, Alvin. *Future Shock*. New York: Bantam Books, 1970.

1975 年，人工智能医学诊断

Buchanan, Bruce G. *Rule Based Expert Systems: The MYCIN Experiments of the Stanford Heuristic Programming Project*. Boston: Addison-Wesley, 1984.

1976 年，公钥密码学

Corrigan-Gibbs, Henry. "Keeping Secrets." *Stanford Magazine*, November/December 2014.

Diffie, Whitfield. "The First Ten Years of Public-Key Cryptography." *Proceedings of the IEEE* 76, no. 5

(May 1988): 560–77.

Merkle, Ralph. "Secure Communications over Insecure Channels (1974), by Ralph Merkle, With an Interview from the Year 1995." Arnd Weber, ed. Institut für Technikfolgenabschätzung und Systemanalyse (ITAS), January 16, 2002. http://www.itas.kit.edu/pub/m/2002/mewe02a.htm.

Savage, Neil. "The Key to Privacy." *Communications of the ACM* 59, no. 6 (June 2016): 12–14.

1977 年，RSA 加密算法

Garfinkel, Simson. *PGP: Pretty Good Privacy*. Sebastopol, CA: O'Reilly, 1994.

1979 年，密钥共享

Shamir, Adi. "How to Share a Secret." *Communications of the ACM* 22, no. 11 (November 1979): 612–613.

1980 年，闪存

Fulford, Benjamin. "Unsung Hero." *Forbes* online, June 24, 2002. https://www.forbes.com/global/2002/0624/030.html#314fe2023da3.

Yinug, Falan. "The Rise of the Flash Memory Market: Its Impact on Firm Behavior and Global Semiconductor Trade Patterns." *Journal of International Commerce and Economics* (July 2007). https://www.usitc.gov/publications/332/journals/rise_flash_memory_market.pdf.

1981 年，IBM 个人计算机

IBM. "The Birth of the IBM PC." IBM Archives, https://www-03.ibm.com/ibm/history/exhibits/pc25/pc25_birth.html.

Pollac, Andrew. "Next, a Computer on Every Desk." *New York Times*, August 23, 1981. https://www.nytimes.com/1981/08/23/business/next-a-computer-on-every-desk.html.

Yardley, William. "William C. Lowe, Who Oversaw the Birth of IBM's PC, Dies at 72." *New York Times*, October 28, 2013. https://www.nytimes.com/2013/10/29/business/william-c-lowe-who-oversaw-birth-of-the-ibm-pc-dies-at-72.html.

1981 年，日本第五代计算机系统

Feigenbaum, Edward A., and Pamela McCorduck. *The Fifth Generation: Japan's Computer Challenge to the World*. Reading, MA: Addison-Wesley, 1983.

Hewitt, Carl. "The Repeated Demise of Logic Programming and Why It Will Be Reincarnated." In *Technical Report SS-06-08*. AAAI Press. March 2006.

Nielsen, Jakob. "Fifth Generation 1988 Trip Report." Nielsen Norman Group, December 10, 1988. https://www.nngroup.com/articles/trip-report-fifth-generation.

Pollack, Andrew. "'Fifth Generation' Became Japan's Lost Generation." *New York Times*, June 5, 1992. https://www.nytimes.com/1992/06/05/business/fifth-generation-became-japan-s-lost-generation.html.

1982 年，PostScript 语言

Reid, Brian. "PostScript and Interpress: A Comparison." USENET Archives, March 1, 1985.

1982 年，第一个电影 CGI 片段

Lucasfilm Ltd. *Making of the Genesis Sequence from Star Trek II*. Graphics Project Computer Division, 1982. https://www.youtube.com/watch?v=Qe9qSLYK5q4.

Meyer, Nicholas, dir. *Star Trek II: The Wrath of Khan*. 1982. Hollywood, CA: Paramount Pictures.

1982 年，《国家地理》图片造假

The National Press Photographers Association, "Code of Ethics." https://nppa.org/code-ethics.

New York Times. "New Picture Technologies

Push Seeing Still Further from Believing." July 2, 1989. https://www.nytimes.com/1989/07/03/arts/new-picture-technologies-push-seeing-still-further-from-believing.html.

1982 年，安全多方计算

Maurer, Ueli. "Secure Multi-Party Computation Made Simple." *Discrete Applied Mathematics* 154, no. 2 (February 1, 2006): 370–381.

1982 年，"个人计算机"被评为"年度机器"

McCracken, Harry. "*TIME*'s Machine of the Year, 30 Years Later." *TIME* online, January 4, 2013. http://techland.time.com/2013/01/04/times-machine-of-the-year-30-years-later.

"The Computer, Machine of the Year." *TIME* cover, January 3, 1983. http://content.time.com/time/covers/0,16641,19830103,00.html.

1983 年，量子比特

MIT Technology Review. "Einstein's 'Spooky Action at a Distance' Paradox Older Than Thought." Emerging Technology from the arXiv, *Physics arXiv Blog*, March 8, 2012. https://www.technologyreview.com/s/427174/einsteins-spooky-action-at-a-distance-paradox-older-than-thought/.

Preskill, John. "Who Named the Qubit." *Quantum Frontiers* (blog), Institute for Quantum Information and Matter @ Caltech, June 9, 2015. https://quantumfrontiers.com/2015/06/09/who-named-the-qubit.

Schumacher, Benjamin. "Quantum Coding." *Physical Review A* 51, no. 4 (April 1995).

1983 年，3D 打印

Hull, Charles W. Apparatus for production of three-dimensional objects by stereolithography. US Patent 4 575 330, filed August 8, 1984, issued March 11, 1986.

NASA. "3D Printing in Zero-G Technology Demonstration." December 6, 2017. https://www.nasa.gov/mission_pages/station/research/experiments/1115.html.

Prisco, Jacopo. "'Foodini' Machine Lets You Print Edible Burgers, Pizza, Chocolate." CNN online, December 31, 2014. https://www.cnn.com/2014/11/06/tech/innovation/foodini-machine-print-food/index.html.

US Department of Energy. "Transforming Wind Turbine Blade Mold Manufacturing with 3D Printing." 2016. https://www.energy.gov/eere/wind/videos/transforming-wind-turbine-blade-mold-manufacturing-3d-printing.

1983 年，乐器数字接口

MIDI Association. https://www.midi.org.

1984 年，麦金塔计算机

Stanford University. *Making the Macintosh: Technology and Culture in Silicon Valley*. https://web.stanford.edu/dept/SUL/sites/mac.

1984 年，美国 VPL 研究公司

Lanier, Jaron. *Dawn of the New Everything: Encounters with Reality and Virtual Reality*. New York: Henry Holt, 2017.

1984 年，量子密码学

Mann, Adam. "The Laws of Physics Say Quantum Cryptography is Unhackable. It's Not." *Wired*, June 7, 2013.

Powell, Devin. "What is Quantum Cryptography?" *Popular Science* online,March 3, 2016. https://www.popsci.com/what-is-quantum-cryptography.

1985 年，连接机

Hillis, W. Danny. "The Connection Machine." Dissertation, Cambridge University, 1985.

Kahle, Brewster, and W. Daniel Hillis. "The Connection Machine Model CM-1 Architecture." *IEEE Transactions on Systems, Man, and Cybernetics* 19, no. 4 (July/August 1989): 707–713.

1985 年，零知识证明

Goldwasser, S. , S. Micali, and C. Rackoff. "The Knowledge Complexity of Interactive Proof Systems." *SIAM Journal on Computing* 18, no. 1 (1989): 186–208.

Green, Matthew. "Zero Knowledge Proofs: An Illustrated Primer." *A Few Thoughts on Cryptographic Engineering* (blog), November 27, 2014. https://blog.cryptographyengineering.com/2014/11/27/zero-knowledge-proofs-illustrated-primer/.

MIT. "Interactive Zero Knowledge 3-Colorability Demonstration." http://web.mit.edu/ ～ ezyang/Public/graph/svg.html.

1985 年，美国国家科学基金会网络

Photo: "T1 Backbone and Regional Networks Traffic, 1991," representing data collected by Merit Network, Inc. Visualization by Donna Cox and Robert Patterson, National Center for Supercomputing Applications, University of Illinois at Urbana-Champaign.

1985 年，现场可编程门阵列（FPGA）

Lanzagorta, Marco, Stephen Bique, and Robert Rosenberg. "Introduction to Reconfigurable Supercomputing." *Synthesis Lectures on Computer Architecture* 4, no. 1 (2009): 1–103.

1985 年，GNU 宣言

Williams, Sam. *Free as in Freedom: Richard Stallman's Crusade for Free Software*. Beijing: O'Reilly, 2002.

1986 年，软件故障引发命案

Leveson, Nancy G., and Clark S. Turner. "An Investigation of the Therac-25 Accidents." *IEEE Computer Society* 26, no. 7 (July 1993): 18–41.

1986 年，皮克斯动画工作室

Museum of Science. *The Science Behind Pixar*. http://sciencebehindpixar.org.

1987 年，图形交换格式（GIF）

Battilana, Mike. "The GIF Controversy: A Software Developer's Perspective." *mike.pub* (blog), last modified June 20, 2004. https://mike.pub/19950127-gif-lzw.

1988 年，光盘只读存储器（CD-ROM）

Coldewey, Devin. "30 Years Ago, the CD Started the Digital Music Revolution." *NBC News* online, last modified September 28, 2012. https://www.nbcnews.com/tech/gadgets/30-years-ago-cd-started-digital-music-revolution-flna6167906.

Dalakov, Georgi. "Compact Disk of James Russel." (online) August 23, 2017. http://history-computer.com/ModernComputer/Basis/compact_disc.html.

1990 年，数字货币

Chaum, David. "Blind Signatures for Untraceable Payments." In *Advances in Cryptology*, 199–203. Boston: Springer, 1983.

1991 年，完美隐私

Garside, Juliette."Philip Zimmermann: King of Encryption Reveals His Fears for Privacy." *The Guardian* online, May 25, 2015. https://www.theguardian.com/technology/2015/may/25/philip-zimmermann-king-encryption-reveals-fears-privacy.

McCullagh, Declan. "PGP: Happy Birthday to You." *Wired*, June 5, 2001. https://www.wired.

com/2001/06/pgp-happy-birthday-to-you/.

Ranger, Steve. "Defending the Last Missing Pixels: Phil Zimmerman Speaks Out on Encryption, Privacy, and Avoiding a Surveillance State." *TechRepublic*, https://www.techrepublic.com/article/defending-the-last-missing-pixels-phil-zimmermann.

Zimmermann, Philip R. "Why I Wrote PGP." Philip Zimmermann (website), 1991. https://www.philzimmermann.com/EN/essays/WhyIWrotePGP.html.

1991 年，《面临风险的计算机》

National Research Council. *Computers at Risk: Safe Computing in the Information Age*. System Security Study Committee. Washington, DC: National Academic Press, 1991.

1991 年，Linux 内核

Torvalds, Linus, and David Diamond. *Just for Fun: The Story of an Accidental Revolutionary*. New York: HarperBusiness, 2002.

"LINUX's History." A collection of postings to the group comp.os.minix, July 1991–May 1992. https://goo.gl/LrSjih.

1992 年，联合图像专家组（JPEG)

Pessina, Laure-Anne. "JPEG Changed Our World." Phys.org, December 12, 2014. https://phys.org/news/2014-12-jpeg-world.html.

1992 年，第一款面向大众的网络浏览器

Isaacson, Walter. *The Innovators: How a Group of Hackers, Geniuses, and Geeks Created the Digital Revolution*. New York: Simon & Schuster, 2014.

1992 年，统一码

Unicode Inc. "Unicode History Corner." History of Unicode, last modified November 18, 2015. https://www.unicode.org/history.

1993 年，第一款掌上电脑

Honan, Mat. "Remembering the Apple Newton's Prophetic Failure and Lasting Impact." *Wired* online, August 5, 2013. https://www.wired.com/2013/08/remembering-the-apple-newtons-prophetic-failure-and-lasting-ideals.

Hormby, Tom. "The Story Behind Apple's Newton." *Gizmodo*, January 19, 2010. https://gizmodo.com/5452193/the-story-behind-apples-newton.

1994 年，破解 RSA-129

Atkins, Derek, Michael Graff, Arjen K. Lenstra, and Paul C. Leyland. "The Magic Words Are Squeamish Ossifrage." *Advances in Cryptology* 917 (ASIACRYPT 1994): 261–277.

Kolata, Gina. "100 Quadrillion Calculations Later, Eureka!" *New York Times*, April 27, 1994. https://www.nytimes.com/1994/04/27/us/100-quadrillion-calculations-later-eureka.html.

Levy, Steven. "Wisecrackers." *Wired*, March 1, 1996. https://www.wired.com/1996/03/crackers.

Mulcahy, Colm. "The Top 10 Martin Gardner Scientific American Articles." *Scientific American* (blog), October 21, 2014. https://blogs.scientificamerican.com/guest-blog/the-top-10-martin-gardner-scientific-american-articles.

1997 年，深蓝战胜国际象棋世界冠军

Levy, Steven. "What Deep Blue Tells Us About AI in 2017" *Wired* online, May 23, 2017. https://www.wired.com/2017/05/what-deep-blue-tells-us-about-ai-in-2017.

Parnell, Brid-Aine. "Chess Algorithm Written by Alan Turing Goes Up against Kasparov." *The Register*, June 26, 2012. https://www.theregister.co.uk/2012/06/26/kasparov_v_turing.

1997 年，PalmPilot 掌上电脑

Hormby, Tom. "A History of Palm." Parts 1 through 5, Welcome to Low End Mac (website), July

19–25, 2016.

Krakow, Gary. "Happy Birthday, Palm Pilot." *NBC News* online, last modified March 22, 2006. http://www.nbcnews.com/id/11945300/ns/technology_and_science-tech_and_gadgets/t/happy-birthday-palm-pilot/#.WsPlltPwZTY.

1998 年，谷歌公司

Batelle, John. "The Birth of Google." *Wired*, August 1, 2005. https://www.wired.com/2005/08/battelle.

Brin, Sergey, and Lawrence Page. "The Anatomy of a Large-Scale Hypertextual Web Search Engine." In *Proceedings of the Seventh International Conference on World Wide Web 7*. Brisbane, Australia: Elsevier, 1998, 107–117.

1999 年，协作式软件开发

Brown, A. W., and Grady Booch. "Collaborative Development Environments." *Advances in Computers* 53 (June 2003): 1–29.

1999 年，博客

Merholz, Peter. "Play with Your Words." petermescellany (website), May 17, 2002. http://www.peterme.com/archives/00000205.html.

Wortham, Jenna. "After 10 Years of Blog, the Future's Brighter than Ever." *Wired*, December 17, 2007. https://www.wired.com/2007/12/after-10-years-of-blogs-the-futures-brighter-than-ever/.

2000 年，USB 闪存驱动器

Ban, Amir, Dov Moran, and Oron Ogdan. Architecture for a universal serial bus-based PC flash disk. US Patent 6 148 354, filed April 5, 1999, and issued November 14, 2000.

Buchanan, Matt. "Object of Interest: The Flash Drive." *New Yorker* online, June 14, 2013. http://www.newyorker.com/tech/elements/object-of-interest-the-flash-drive.

2001 年，量子计算机

Chirgwin, Richard. "Quantum Computing Is So Powerful It Takes Two Years to Understand What Happened." *The Register*, December 4, 2014. https://www.theregister.co.uk/2014/12/04/boffins_we_factored_143_no_you_factored_56153.

Chu, Jennifer. "The Beginning of the End for Encryption Schemes?" *MIT News* release, March 3, 2016. http://news.mit.edu/2016/quantum-computer-end-encryption-schemes-0303.

IBM. "IBM's Test-Tube Quantum Computer Makes History." News release, December 19, 2001. https://www-03.ibm.com/press/us/en/pressrelease/965.wss.

2004 年，首届国际合成生物学大会

Cameron, D. Ewen, Caleb J. Bashor, and James Collins. "A Brief History of Synthetic Biology." *Nature Reviews, Microbiology* 12, no. 5 (May 2014): 381–390.

Knight, Helen. "Researchers Develop Basic Computing Elements for Bacteria." *MIT News* release, July 9, 2015. http://news.mit.edu/2015/basic-computing-for-bacteria-0709.

Sleator, Roy D. "The Synthetic Biology Future." *Bioengineered* 5, no. 2 (March 2014): 69–72.

2005 年，"堕落之血"事件

Balicer, Ran D. "Modeling Infectious Diseases Dissemination through Online Role-Playing Games." *Journal of Epidemiology* 18, no. 2 (March 2007): 260–261.

Lofgren, Eric T., and Nina H. Hefferman. "The Untapped Potential of Virtual Game Worlds to Shed Light on Real World Epidemics." *The Lancet, Infectious Diseases* 7, no. 9 (September 2007): 625–629.

2006 年，Hadoop

Dean, Jeffrey, and Sanjay Ghemawat. "MapReduce: Simplified Data Processing on Large Clusters." In *Proceedings of the Sixth Symposium on Operating System Design and Implementation (OSDI '04): December 6–8, 2004, San Francisco, CA.* Berkeley, CA: USENIX Association, 2004.

Ghemawat, Sanjay, Howard Gobioff, and Shun-Tak Leung. "The Google File System." In *SOSP '03: Proceedings of the Nineteenth ACM Symposium on Operating Systems Principles*, 29–43. Vol. 37, no. 5 of *Operating Systems Review*. New York: Association for Computing Machinery, October, 2003.

2006 年，差分隐私

Dwork, Cynthia, and Aaron Roth. *The Algorithmic Foundations of Differential Privacy*. Breda, Netherlands: Now Publishers, 2014.

2007 年，iPhone

9to5 Staff. "Jobs' Original Vision for the iPhone: No Third-Party Native Apps." 9To5 Mac (website), October 21, 2011. https://9to5mac.com/2011/10/21/jobs-original-vision-for-the-iphone-no-third-party-native-apps/.

2010 年，震网病毒

Falliere, Nicolas, Liam O Murchu, and Eric Chien. "W32.Stuxnet Dossier." Symantec Corp., Security Center white paper, February 2011.

Kaspersky, Eugene. "The Man Who Found Stuxnet—Sergey Ulasen in the Spotlight." *Nota Bene* (blog), November 2, 2011. https://eugene.kaspersky.com/2011/11/02/the-man-who-found-stuxnet-sergey-ulasen-in-the-spotlight/.

Kushner, David. "The Real Story of Stuxnet." *IEEE Spectrum* online, February 26, 2013. https://spectrum.ieee.org/telecom/security/the-real-story-of-stuxnet.

O'Murchu, Liam. "Last-Minute Paper: An In-Depth Look into Stuxnet." *Virus Bulletin*, September 2010.

Stewart, Holly, Peter Ferrrie, and Alexander Gostev. "Last-Minute Paper: Unravelling Stuxnet." *Virus Bulletin*, September 2010.

Zetter, Kim. *Countdown to Zero Day: Stuxnet and the Launch of the World's First Digital Weapon*. New York: Crown, 2014.

2011 年，沃森战胜人类

Thompson, Clive. "What is I.B.M.'s Watson?" *New York Times* online, June 16, 2010. http://www.nytimes.com/2010/06/20/magazine/20Computer-t.html.

2013 年，算法影响司法判决

Angwin, Julia, Jeff Larson, Surya Mattu, and Lauren Kirchner. "Machine Bias" *ProPublica*, May 23, 2016. https://www.propublica.org/article/machine-bias-risk-assessments-in-criminal-sentencing.

Eric L. Loomis v. State of Wisconsin, 2015AP157-CR (Supreme Court of Wisconsin, October 12, 2016).

Harvard Law Review. "*State v. Loomis*: Wisconsin Supreme Court Requires Warning Before Use of Algorithmic Risk Assessments in Sentencing." Vol. 130 (March 10, 2017): 1530–1537.

Liptak, Adam. "Sent to Prison by a Software Program's Secret Algorithms." *New York Times* online, May 1, 2017. https://www.nytimes.com/2017/05/01/us/politics/sent-to-prison-by-a-software-programs-secret-algorithms.html.

Pasquale, Frank. "Secret Algorithms Threaten the Rule of Law." *MIT Technology Review*, June 1, 2017. https://www.technologyreview.com/s/608011/secret-algorithms-threaten-the-rule-of-law/.

State of Wisconsin v. Eric L. Loomis 2015AP157-CR (Wisconsin Court of Appeals District IV, September 17, 2015). https://www.wicourts.gov/ca/cert/DisplayDocument.pdf?content=pdf&seqNo=149036.

2013 年，软件订阅制

Pogue, David. "Adobe's Software Subscription Model Means You Can't Own Your Software."

Scientific American online, October 13, 2013. https://www.scientificamerican.com/article/adobe-software-subscription-model-means-you-cant-own-your-software.

Whitler, Kimberly A. "How the Subscription Economy Is Disrupting the Traditional Business Model." *Forbes* online, January 17, 2016.

2015 年，TensorFlow

Knight, Will. "Here's What Developers Are Doing with Google's AI Brain." *MIT Technology Review*, December 8, 2015.https://www.technologyreview.com/s/544356/heres-what-developers-are-doing-with-googles-ai-brain.

Metz, Cade. "Google Just Open Sources TensorFlow, Its Artificial Intelligence Engine." *Wired* online, November 9, 2015. https://www.wired.com/2015/11/google-open-sources-its-artificial-intelligence-engine.

2016 年，AlphaGo 战胜世界围棋大师

Byford, Sam. "Why Is Google's Go Win Such a Big Deal?" *The Verge*, March 9, 2016. https://www.theverge.com/2016/3/9/11185030/google-deepmind-alphago-go-artificial-intelligence-impact.

House, Patrick. "The Electronic Holy War." *New Yorker* online, May 25, 2014. https://www.newyorker.com/tech/elements/the-electronic-holy-war.

Koch, Christof. "How the Computer Beat the Go Master." *Scientific American* online, March 19, 2016. https://www.scientificamerican.com/article/how-the-computer-beat-the-go-master.

Moyer, Christopher. "How Google's AlphaGo Beat a World Chess Champion." *Atlantic* online, March 28, 2016. https://www.theatlantic.com/technology/archive/2016/03/the-invisible-opponent/475611.

—9999 年，计算是否有极限?

Lloyd, Seth. "Ultimate Physical Limits to Computation." *Nature* 406, no. 8 (August 2000): 1047–1054.

Yin, Juan, et al. "Bounding the Speed of 'Spooky Action at a Distance.'" *Physical Review Letters* 110, no. 26 (2013).

计算机之书 The Computer Book